物理学実験

2024

京都大学大学院人間・環境学研究科 物質科学講座
京都大学国際高等教育院 物理学部会
共 編

学術図書出版社

はじめに

本書は京都大学における理系の基礎科目である物理学実験のための教科書として編集されたものである．物理学実験の授業は次の3つの目的を持っている．第一の目的は，実験を通してより深く物理学を理解することである．物理学は実験による自然探求が理論的研究と相まって進展してきた．しかし，物理学の勉強はとかく座学すなわち教科書による机上の学習に偏りがちである．実験を通じて物理現象に直接ふれ，自然の構造と法則をより深く理解して欲しい．また，先人達が行った重要な実験を追体験することも貴重である．第二の目的は，実験技術と物理量の測定法の学習である．現在，自然科学，応用科学を問わず各種の測定装置が広く使用されている．したがって，どの分野の学生にとっても物理的測定装置に慣れること，得られたデータを正しく処理し適切に評価する能力を身につけることが望まれる．第三の目的は，報告書(レポート)の書き方の修得である．自分の行ったことを簡潔に要領よく他人に伝える技術は情報の正確で的確な伝達とともに，自己活動のアピールのためにも重要である．実験レポートを書くことにより，自然科学における報告書の書き方を修得することを目指している．

このたび，大学初年次の諸君にも，実験の目的や背景，物理的な意味をよく理解したうえで実験に取り組めるよう，各実験課題を見直し，さらに教科書の記述をわかりやすくする改訂を行った．本書の前半部分では，最初に基礎編として，履修にあたっての留意点(I)，測定と計測機器(II)，誤差および誤差の扱い(III)，グラフとデータ解析(IV)，実験ノートと実験レポートの書き方(V)について説明されている．これらは実験に取り組む前に理解しておくべき基本的な事項であり，受講者は事前によく読んできてほしい．後半部分では，実験編として，各実験のテーマおよび内容について説明してある．各課題ごとに，実験の目的，概要，実験原理が述べられ，実験装置や方法の説明へと続き，解析方法や考察すべき課題などが説明されている．実験当日の指導は，実験の内容についての予習は終わっていることを前提として行われる．予習なしで何もわからずに，ただ教科書の指示に従って実験したのではうまくはいかないし，学習効果も十分に得られないので，必ず予習してほしい．教科書の改訂は今後も継続し，課題内容の改良も含め，新しい実験テーマも複数導入する予定である．

中学や高等学校においては，以前に比べて実験・実習の時間が十分確保されていないという声を聞いて久しい．物理学実験は自分の手と頭を使って能動的に参加できる貴重な学習機会であり，学生諸君の意欲的な取り組みに期待している．実験を行うことで一方的に与えられた知識や情報を吸収するのではなく，いわば主体的な学びによって，知識と経験の間に関係性を見いだし，新たな創造につなげることができる．物理学実験によって，講義とは違った楽しみを見出し，自然と直接対話していることをぜひ実感してほしい．

目　次

【実験編】

■ 力学分野

■ 電磁気学分野

■ 熱力学分野

■ 光学分野

■ 原子・量子力学分野

【付録】

I. 実験をはじめるにあたって

§1 実験がもつ重要性

物理学は，他の自然科学分野と同様に，自然現象を観察・測定した結果を整理し，そこで見出した法則性をもとに仮説や理論を立て，それを検証することに，学問的な特徴がある．したがって，物理学を学ぶ上で，講義による理論学習と同時に実験を通じて自ら経験を積み重ねることにより，その基本的な概念や基礎的な技法を修得することが重要である．本書で扱う物理学実験は，理系の学生諸君が共通して修得すべき物理学の講義科目と並んで，最も基礎的な科目である．ここで注意してほしいのは，物理学実験を単にすでに学んだ理論を確認するための学習と捉えることは正しくないということである．実際，1 回生で履修する物理学実験においては，たとえば量子力学に関連した実験を行うことになるが，学生諸君は実験に先立って必ずしも量子力学の理論を学んでいるわけではない．先に，実験を通して自ら量子力学に基づく現象を経験した後に，そのことを説明する理論を学ぶことで，現象の意味を深く知ることになる．物理学の歴史を見ても，自然現象の注意深い観測と綿密な測定によって得られた数多くの実験結果が，理論よりも先に存在していたのは事実である．

逆に，理論が先行し，その理論的な予測が実験・観測によって確認される場合もある．どんなに美しい理論でも，最終的には実験によって確認されなければ正しいとは認められない．まさに，物理学は実証科学であり，その意味でも実験がもつ重要性は途轍もなく大きい．

§2 実験・実習を通して習得すべきこと

研究開発の最先端の現場における実験装置や実験技術は，年々複雑かつ高度化し，その習得には時間と熟練を要するものである．しかし，どんな複雑な装置による測定も，その原理は基本的な測定の複合といえる．そして，実験に取り組む心構えや実験の進め方，物理量を正しく測定する技術，得られたデータの扱い方などは，時代によって変わることのない普遍的重要性をもつ基礎的な技術である．履修者には，今後の学部専門課程あるいは大学院での研究の礎となるこれら基盤技術しっかり習得してもらいたい．

諸君のなかには，将来，理論的な研究分野に進むことを希望し，それゆえ自分には実験・実習はあまり必要ないと考えている人もいるかもしれない．理論的な研究では，確かに数式や数値計算による論理展開が中心であるが，それでも実験との接点をもつことはきわめて重要となる．たとえば，その数式は実際にはどのような自然現象として現れるのか，理論予想の正しさを実証するには，具体的にどのような物理量の測定あるいは現象の観測を行えばよいのかなど，その数式から具体的な現象をイメージできることは，理論的研究を行ううえでも大切な能力の1つである．物理学を学ぶ基礎的段階においては，ぜひとも理論と実験を分け隔てなく学び，積極的に取り組んでもらいたい．

§3　安全面と倫理面での注意

事前に教科書を読んで実験内容について予習をしておくことは，実験を効果的に進めるためだけでなく，安全に実験を行うためにも重要なことである．実験では，加熱して高温 (1000 K 以上) にしたり，逆に液体窒素で低温 (77 K) にすることもある．あるいは眼には危険となる指向性のよいレーザー光を使う実験もある．こうした実験では，取り扱い方を間違うと自分自身だけでなく周囲の人に対しても，後遺症が残る怪我や最悪，生命に危険にさらしかねない大きな事故さえ起こりかねない．実験中の安全性を高めるためにも，あらかじめ教科書で実験内容を理解し，教員の指示にしたがって，注意深く実験を行うよう留意すること．また，もしもの場合に備えて，学生教育災害保険にも加入しておくこと．

実際の実験では，失敗やミスを経験することもあるであろう．失敗を極度におそれてはいけないし，失敗から多くを学ぶことがあるのもまた事実であるが，実験時間に制約がある以上，再実験を要するような致命的なミスは避けるべきである．その意味でも，実験内容を事前に教科書で予習してくることは重要である．特に，何を目的とした実験なのか，どのような物理現象あるいは物理量を観測・測定するのかを前もって学んでおくか否かで，実験への取り組み方や測定の進み具合はまったく異なってくるであろう．

ここで強調しておきたいことは，仮に失敗やミスをしても，あるいはデータから予想とは大きく異なる結果が導き出される場合でも，望みに合わせるようなデータの改竄や捏造は絶対にしてはいけない，ということである．他人のレポートから転用するなども言語道断である．科学や技術に携わる研究者，技術者としての道が断たれかねない倫理的な理由からだけでなく，失敗に対しても真摯に向き合うことにより，その中から思いもしなかったブレークスルーが実現することがあるからである．

§4　履修にあたっての注意

ただひたすら教科書に書かれている通りに機械的な測定を繰り返すのではなく，必ず考えながら実験を進める．いま自分たちはどのような物理量を変化させているのか，何を測定しているのかを常に考えながら測定を行えば，自然との対話をしているという意識も生まれるであろう．

実験は2人一組で行うが，決して他人任せにはせず，各自が主体的に取り組みつつ互いに協力して測定すること．2人で議論しあうことも大いに奨励する．実験は2人で行うが，報告書は各人が別々に作成する．実験報告書を作成する作業は面倒なものであるが，これも実験の大切な一部である．優れたデータを得たとしても，十分な整理と検討を伴わない報告書では役に立たない．物理的考察にもとづく予測は大切だが，偏見や当て推量は禁物である．報告書は他人に読んでもらうために書くものであるから，読みやすく，丁寧に書くことが第一であり，さらに，読む人に報告者の意図が明瞭に伝わるように仕上げる努力が望まれる．

実験では実験専用のノート１冊を準備しておくこと．実験条件，データはもちろんのこと，計算結果や気付いた点なども細かく記録すべきである．これらはすべて後で実験結果の検討をする場合の材料になるし，実験レポートを書く際にも必要である．

物理学実験では，初回の講義はガイダンスとして，物理学実験の目的，学習内容，実験の進め方，レポートの書き方や全体的な履修スケジュールについて説明を行っている．ガイダンスの日程や場所は事前 (前期は４月上旬，後期は９月下旬) に案内が出されるので，履修希望者は必ず各自で確認したうえで，参加すること．

II.　測定と計測機器

§1　基本的な測定操作

たとえば，距離を測定するのに，巻尺を使うとしよう．距離は巻尺に記された目盛によって知ることができる．このような目盛の指示による「アナログ」的測定に対して，近年デジタル時計のように数字で表示される「デジタル」的測定器も増えてきており，PC による自動計測の実験テーマも導入されている．まず基本的な測定器の使用法を学ぶことにする．

a）視差をなくすこと　たとえば，教科書の縦横の長さを金属製の物指しを使って測定するとしよう．物指しを教科書にあてて，その端に相当する目盛を読むのであるが，そのあて方は図 II.1 (a) のように上に置くのは不可で，図 II.1 (b) のように物指しを立てなければならない．なぜならば，図 (a) では目盛と物体とが離れているので見る方向によって相当する目盛がずれ，そのための誤差が生じるからである．このことを**視差** (parallax) があるという．図 (b) では，目盛と対象物とが接触しているから視差はない．

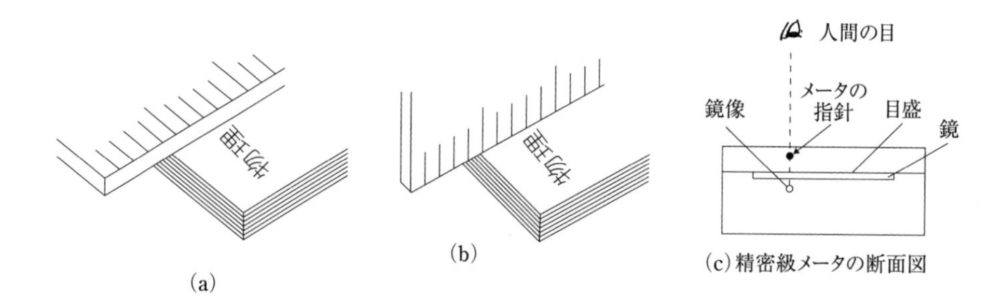

図 II.1　物指しによる測定と精密級メータの読み

上述のように，目盛を読み取る際には，余分な誤差の発生を避けるため，常に視差をなくすようにしなければならない．たとえば，電気計器のように指針が文字盤に記された目盛の上を動いて指示するような型式の測定器では，図 II.1 (b) のように目盛と指針とを接触させることができない．そこで視差をなくすために，目盛のすぐ近傍に鏡を置き，鏡に写る指針の像と指針を一致させるようにして測定する．すると，図 II.1 (c) のように見る方向は常に目盛に対して垂直になるので，方向が一定となり，視差によって生じる誤差を防ぐことができる．

b) 望遠鏡 (顕微鏡) における視差をなくすこと　望遠鏡 (顕微鏡) を測定に用いる際，視野の中の基準点として十字線が用いられる．図 II.2 において，対物レンズ O によって生じた物体の実像 I が十字線 C と同じ位置にないときは，それを接眼レンズ E でのぞくと，目の位置によって像 I と十字線 C とが相互にずれて視差が生じ，誤差の原因となる．この視差をなくすためには，十字線がもっともよく見えるように C と E との距離を調節した後で，実像 I の位置が十字線 C の位置に一致するように対物レンズ O の焦点，すなわち，O と C との距離を調節する．目を前後左右に動かしてみて，見えている対象物が十字線に対して相対的に動くなら，I と C の位置が一致していない，すなわち，視差がある．したがって，視差をなくすには，目を動かしても対象物と十字線とが相対的に動かないように対物レンズ O の位置を調整すればよい．

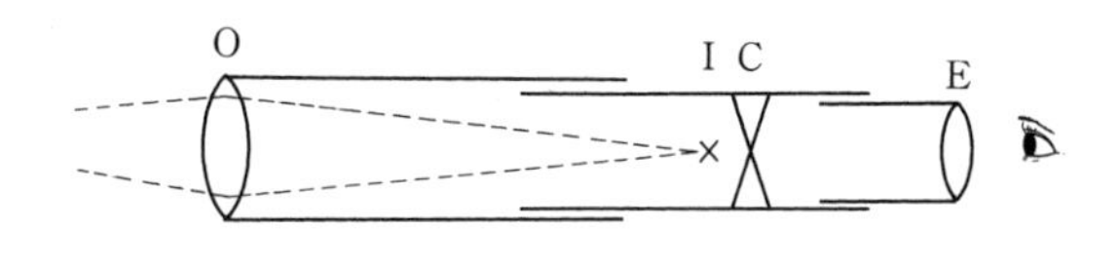

図 II.2　望遠鏡における視差

c) 副尺 (vernier) の使い方　尺度 (スケール) の最小目盛の何分の 1 (たとえば，1/10，1/20) を機械的に正確に読み取るもので，いろいろな測定器に使われている．たとえば，ノギス，分光計などがそうである．

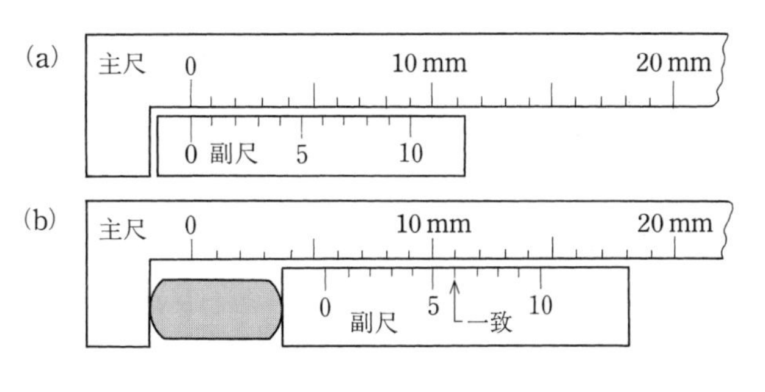

図 II.3　副尺

図 II.3 (a) のように，副尺は主尺の最小目盛 (図では 1 mm) の 9 倍 (9 mm) を 10 等分した目盛を持っていて，主尺の最小目盛の 1/10 (0.1 mm) まで読み取ることができる．図 (b) のように物体の長さを測定する際，まず，副尺の 0 目盛線の位置を主尺によって読む．次に副尺の目盛線のうち，主尺の目盛線と一致している目盛線が 1 本だけ存在するので，その副尺の目盛を読む．図 (b) では，主尺でまず 5 mm と読み取り，次に副尺の 6 が主尺目盛線と一致しているので，5.6 mm となる．これは，副尺では主尺の 9 目盛 (9 mm) 分が 10 等分 (0.9 mm) されているので主尺と副尺の 1 目盛が主尺の最小目盛の 1/10 (0.1 mm) だけ異なり，副尺を $0, 1, 2, \cdots$ とたどるにしたがって，1/10 (0.1 mm) ずつ減少し，主尺と副尺の目盛線が一致した副尺目盛が，副尺の 0 目盛と主

尺目盛 (図の場合 5 mm) との食い違い量を表すことになるからである．一般に，主尺の最小目盛の $(n-1)$ 倍を n 等分した副尺では，主尺の最小目盛の $1/n$ まで読み取ることができる．

なお，角度目盛の副尺には，主尺の最小目盛が 1/4 度でその 29 倍を 30 等分したものがある．このときは，角度の $30''$ ($= 0.25$ 度$/30 = 1/120$ 度) まで読み取ることができる．

d) ゼロ点補正・ゼロ点調整　入力がゼロでその測定器がゼロを表示しなければならないにもかかわらず，ゼロを示さないことがある．たとえば，図 II.3 (a) において主尺と副尺のゼロ標線が一致しているかどうかである．もし一致していなければ，その値だけ測定値から適宜加減しなければならない．これを**ゼロ点補正**という．

また，電気のメータのように指針がゼロからはずれているとき，調整してゼロとすることができる測定器もある．これを**ゼロ点調整**という．水銀気圧計などでは，ゼロ点調整を測定ごとに必ず行わなければならない．

e) 検定公差　物理実験で用いられる種々の測定器のうち，多くのものは物理学の範囲内にとどまらず，もっと広く一般の技術界，工業界においても使用される．したがって，それぞれの測定器について，社会的にその正確度を保証する必要が生じ，計量法などの法令によって許容誤差が定められ，市販に先だって検定されている．その許容誤差を**公差**という．具体的には，個々の測定器の項で示す．

なお，計器は通常経年変化，故障修理などによって精度は悪くなっていくのが普通である．そこで，もし絶対値が厳しく求められる場合には，あらかじめその製作者などの業者に委任して計器の誤差を確かめておく必要がある．

f) デジタル表示の測定器について　デジタル表示の測定器は，誰でも同じ値を読み取れるので視差がなく便利である．たとえば，デジタルマルチメータ (DMM) は 3 桁から 6 桁で表示される．何桁までを測定値とするのかであるが，表示がふらつかない場合は，最小桁までを読み取り，表示がふらつく場合は，ふらつく最大の桁までを読み取る．

§2　基本的な測定機器

a) ノギス (キャリパー)　図 II.4 のように，主尺の一端にジョウ AB があり，これにスライドするジョウ CD と副尺が取り付けられている．BD で円筒の外径など，AC で内径など，E で溝の深さなどを測る．いずれの場合も測定する物体との間は，軽く触れてすべる程度とし，あまり強く押しつけてはならない．副尺に付属したネジ頭は，これを固定させるためのものであるが，スライドさせるときは必ずこのネジをゆるめておかなければならない．締めたまま強引にスライドさせると，本体にきずをつけ，なめらかにすべらなくなるので注意すること．

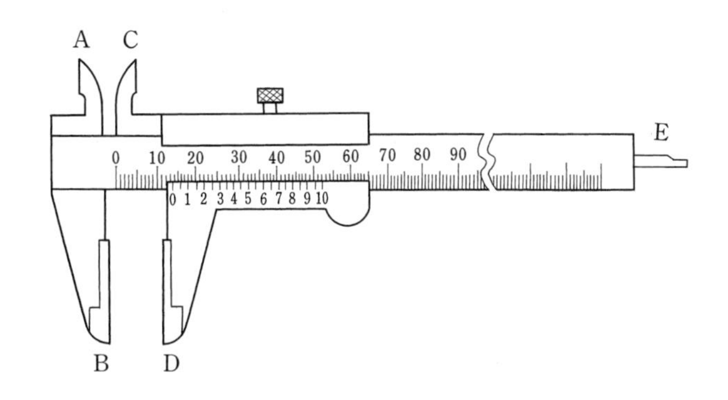

図 II.4　ノギス (キャリパー)

b) マイクロメータ (micrometer)　図 II.5 において，わん曲したフレーム F の一端にアンビル A が，他端にスリーブ B が固着されている．B には 1/2 mm の目盛が施され，また内面には 1/2 mm の歩み (ピッチ) の雌ネジが刻まれていて，それに先端が軸に垂直に切られたネジ・スピンドル C がはめこまれている．C にはシンブル T が固定されているから，T を 1 回転すると C が 1/2 mm 前進・後退をする．T の一端には 1 周を 50 等分する目盛が施されている．したがって，T の目盛は 1/100 mm にあたる．C が A と接触したとき，T の端が B の目盛のゼロ，B 上の標線が T の目盛のゼロと一致するようになっている．物体を A と C との間にはさんで測定する際，その押す力を一定にするために，T の端にラチェット R がつけられていて，R を回すと，C にかかる力が一定値を超えると空回りを始める．したがって，測定の際には，物体を A と C ではさむ直前までは T を回転し，その後は必ず R を用いて C を前進・後退させなければならない．D はクランプであって，左へ振ると固定される．固定されたままで，絶対に T を回してはならない．ゼロ点を確認し，必要ならば補正を行う．付属の調整棒で B を回し，ゼロ点調整をしてもよい．なお，使用しないときは，A と C の先端はあけておくこと．

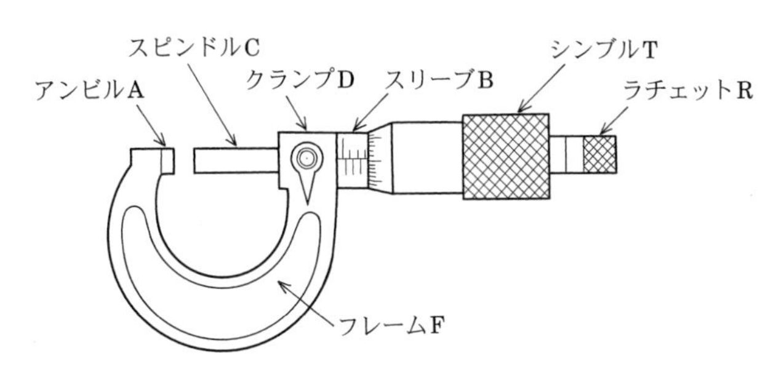

図 II.5　マイクロメータ

c) 水銀気圧計 (Fortin 型気圧計)　長さ約 1 m のガラス管の一端を閉じて水銀を充てんした後に開いた端を水銀中にさし込んで倒立させると，水銀柱は大気の圧力とつり合う高さまで下降して静止する．この Torricelli の水銀柱の上には，水銀蒸気 (室温で約 1×10^{-3} mmHg) の残存する真空が生じる．

この水銀柱の高さから気圧が求められる．図 II.6 において，A はガラス製の水銀容器で，それに上端を閉じたガラス管 B が固定されていて，その中に Torricelli の水銀柱がつくられている．A は外気と通じていて，A の底は皮袋 C からなり，ネジ D によって A 内の水銀表面の位置が上下するようになっている．測定にあたっては，まず気圧計を自由に垂直につり下げたままで E のネジで固定し，次にネジ D を動かして，A の内の水銀表面が A に固定された象牙の針 N の先端にくるように調整する．針 N の先端を基準として，金属の保護管 G に目盛が施してあり，副尺 V はネジ S によって動く．

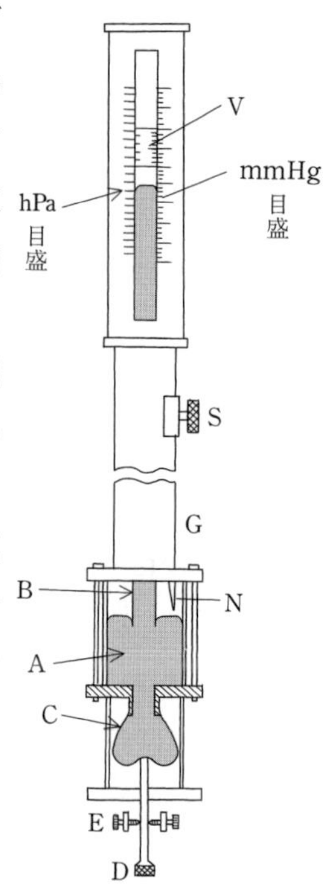

図 II.6 水銀気圧計

水銀表面は，表面張力によって上に凸にわん曲しているが，その頂点で高さを測る．目盛は左右に 2 種類ある．水銀柱の高さを mm 単位で測った圧力の単位 mmHg とヘクトパスカル (hPa) 単位とである．その換算関係は

$$1\,\mathrm{mmHg} = 1\,\mathrm{Torr}\,(\text{トール}) = (101325/760)\,\mathrm{Pa}$$

また，1 気圧 (標準) (atm) $= 760\,\mathrm{mmHg} = 1013.3\,\mathrm{hPa}$

気圧計の読みに対する補正には，次のようなものがある．水銀柱の高さ h に対応する圧力を p，重力加速度を g，密度を ρ とすると

$$p = \rho g h$$

である．したがって，ある圧力 p に対する気圧計の指示値 h は ρ と g の値によって変化する．水銀の密度は $0\,^\circ\mathrm{C}$ で $13.5951\,\mathrm{g\,cm^{-3}}$，$30\,^\circ\mathrm{C}$ で $13.5214\,\mathrm{g\,cm^{-3}}$ であるから，指示値には約 0.5%の差が生じ，無視できない．他方，重力加速度は 標準値 $= 9.80665\,\mathrm{m\,s^{-2}}$，京都の値 $= 9.79708\,\mathrm{m\,s^{-2}}$ であるから，その差は約 0.1%にとどまる．その他，水銀の表面張力の影響もあるが，通常は補正ずみである．

d）乾湿球湿度計　空気中の水蒸気の分圧を p，その温度における水の飽和水蒸気圧を p_s とすれば，湿度 (相対) H は，次式で定義される．

$$H = (p/p_\mathrm{s}) \times 100\,(\%)$$

2 本の温度計を相接しておき，その 1 本を濡れた薄い布で包んでおくと，水の蒸発によって温度が下降する．水の蒸発は室温のほかに，湿度によっても変化するから，この温度降下から湿度が求められる．それらの関係は 176 ページの付録 2-付 13 あるいは乾湿球湿度計に表示されている．

e）指針型電気計器　動作原理に従って，種々の型式がある．

① **動コイル型** (moving coil) ⋃　直流用．もっとも普遍的に用いられる．永久磁石のつ

くる磁場の中の回転可能なコイルに電流を流すと，電磁力によって偶力が生じる．それとつり糸 (精密用) またはゼンマイなどによる弾性力とつり合うまで指針が動く．

② **動鉄片型** (moving iron vane) 交直流用．コイルに電流を流すと，鉄片を吸引または反発する性質を利用したもの，精度はあまりよくない．

③ **空心電流力計型** (electrodynamometer) 交直流用．動コイル型の永久磁石に代えて測定電流による電磁石を用いる．電力を測定することもできる．

④ **整流型** (rectifier) 交流用．交流を整流して直流に変換し動コイル型で測る．整流器の経年変化があるので注意．

目盛板には，上記の種類の記号が記されているほかに，許容誤差 (公差) に応じた 5 階級 (class)，すなわち 0.2 級，0.5 級，1.0 級，1.5 級，2.5 級が記されている．この階級値は，計器の誤差が最大目盛値 (フルスケール) の階級値 (%) 以内であることを表している (たとえば，100 mA フルスケールで 0.2 級のミリアンペア計では，公差は $100\,\mathrm{mA} \times 0.2\% = 0.2\,\mathrm{mA}$ である)．目盛板にはそのほかに，電流計 (A) か電圧計 (V) か，直流用 (—) か交流用 (∼) か，立てて使用する (⊥) か水平にして使用する (⌐¬) か，製造年などが記されている．

電流計は，図 II.7 (a) のように，測定すべき回路に直列に入れるが，その入力インピーダンス Z_i は，回路のインピーダンス Z と比べて $Z_i \ll Z$ である必要がある．一方，電圧計はこれに反し，図 II.7 (b) のように，測定すべき回路に並列に入れる．その入力インピーダンス Z_i は $Z_i \gg Z$ でなければならない．複雑な回路について，電流計，電圧計の結線方法を誤らないようにしなければならない．

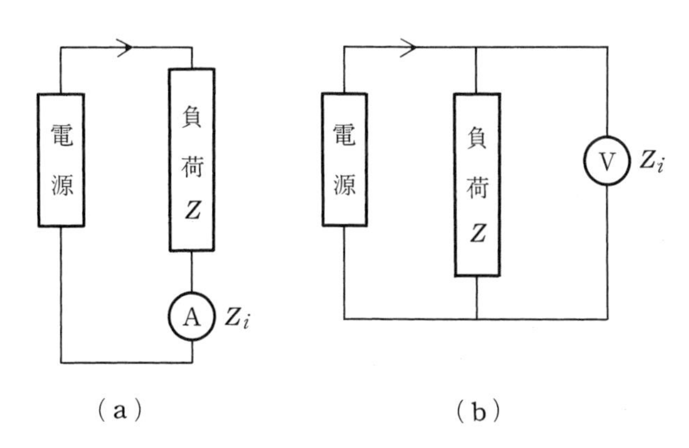

図 II.7 電流・電圧の測定

(注) 電流測定において，負荷 Z に直列に既知の抵抗を入れ，その両端に生じる電圧を測定することも多い．

III.　誤差および誤差の扱い

§1　測定と誤差

物指しや巻尺の目盛と長さとを対応させたり，重量計の針の指す目盛とものの重量とを対応させたりする作業は，量的な基準となる単位を設け，その何倍に相当するかを知ることである．このように，基準となるものとの対応によって，数量的な結果を得る作業を測定，得られた値を測定値という．測定値から**真の値** (true value) (**真値**という) を引いた値を**誤差** (error) という．

$$誤差 = 測定値 - 真値 \tag{III.1}$$

しかし，われわれが知りうる量は，あくまで測定値であって，真値は知ることができない．そのため，現在では計測値のばらつきの度合いを表す**不確かさ** (uncertainty) という語を用いることが国際規格で推奨されている．ここではこれまでの慣用的な言葉の使い方に従って，不確かさ (uncertainty) を意味する語として誤差 (error) を用いることにする．

a）誤差の種類　誤差には大別して以下のように系統誤差と偶然誤差の 2 種類がある．

1. 系統誤差 (systematic error)

これは，測定機器の不備や測定者の過失や未熟さなどに伴う人為的な誤差であり，測定値にある一定の影響を与える．

2. 偶然誤差 (accidental error)

いかに熟練者でも制御しえない多分に偶然的に発生する誤差である．系統誤差は，可能な限り取り除く努力をしなければならないが，偶然誤差はその性質上，正負の誤差がほぼ同じ割合で出現するはずなので，測定回数を増やすことにより，その影響を小さくすることができる．

測定値から最も確からしい値すなわち**最確値** (most probable value) を求めるのはどうすればよいか．それには測定回数を多くして平均値を求めることであることが以下のようにわかる．

b）最確値　いま，n 回行った測定値を $X_1, X_2, \cdots, X_n$ とすると平均値 $\overline{X}$ は

$$\overline{X} = \frac{1}{n}\sum_{i=1}^{n} X_i \tag{III.2}$$

で定義される．測定回数 n が大きいほど，真値 X_0 に近づく．各測定値の誤差 x_i を以下のように定義する：

$$x_i = X_i - X_0 \tag{III.3}$$

一方，測定値から平均値 $\overline{X}$ を引いたものを**偏差** (deviation) という．

$$偏差 = 測定値 - 平均値 \tag{III.4}$$

よって，上式を $i = 1$ から n まで加えて

$$\sum_{i=1}^{n} x_i = n(\overline{X} - X_0) \quad または \quad \overline{X} = X_0 + \frac{1}{n}\sum_{i=1}^{n} x_i \tag{III.5}$$

$n \to \infty$ とすれば，$\dfrac{1}{n}\displaystyle\sum_{i=1}^{n} x_i \to 0$ なので $\overline{X}$ は限りなく X_0 に近づく．すなわち直接測定回数 n が大きいほど平均値の信用度が高まる．したがって，測定量を機器との直接比較により得る形の直接測定の場合には，平均値をもって測定値の最確値とする．測定すべき量と一定の関数関係にある他のいくつかの量を測定し，計算により最終結果を得る間接測定でも，平均値を最確値とみなすのが妥当である．

c）測定の精度　目盛を読んで測定値を得る場合には，最小目盛の 1/10 程度までは目測では読み取ることができる (図 III.1 参照)．しかし，この読み取りには少なくとも ±1/10 程度の不確実性が伴うので機器の設定には誤差の要因が存在しなくても，測定値の最終桁には少なくとも 1 目盛の 1/10 程度以上の誤差が含まれていることになる．測定値を，23.4 g と記せば，±0.1 g 程度の誤差がありうることを示している．そこで，測定値を記す際に，23.4 g と 23.40 g とでは誤差の程度は 1 桁違うので，最終桁の 0 は省略できない．一般に，測定値を示すときに用いる数字の内で信頼できる部分を有効数字という．有効数字部分を明確に示したいときは，0.020 cm，1230 K の代わりに 2.0×10^{-2} cm，1.230×10^{3} K のように記す．

測定の精度は，誤差の絶対的な大きさばかりでなく，測定量の大きさ自身にも関係するので，相対誤差という考え方を用いる．

$$相対誤差 = \frac{誤差}{真値あるいは最確値} \tag{III.6}$$

100 m 程度の測定での 10 cm の誤差と，1 cm 程度の測定での 0.01 mm の誤差とは，同じ相対誤差 10^{-3} である．

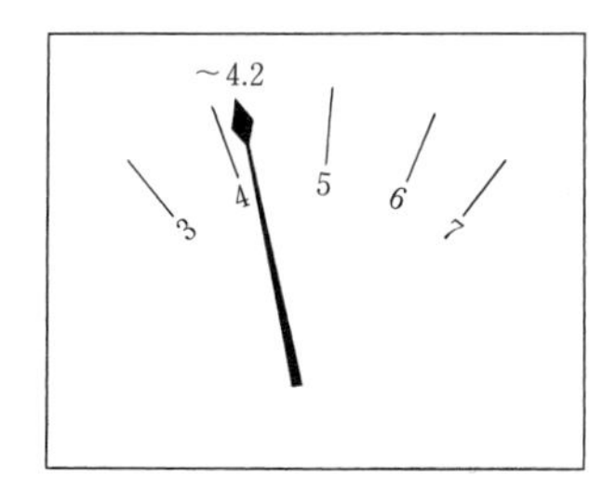

図 III.1　アナログ計器の目盛の読み ($\frac{1}{10}$ 目盛まで読む)

§2　誤差の評価

a）誤差の三公理　　ある量をくり返し測定しても，各測定値は偶然誤差のために値が異なる．いま，測定値の偏差を横軸にとり，小さな区間 ε ごとに区切り，第 i 番目の偏差の測定値の度数を n_i とする．偏差に対して度数の分布を図に表すと以下のようになる．

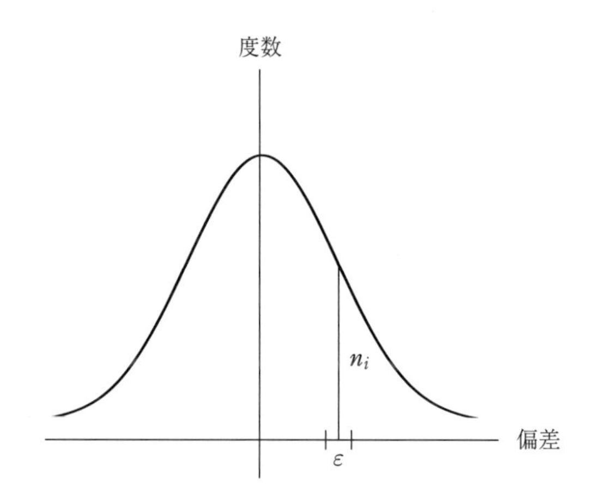

図 **III.2**　度数分布

n が小さいときは曲線は高低が不規則なものとなるが，n が極めて大きいとき左右対称で中央が高い山となり両側にすそを引く曲線となる．これを**度数曲線**という．測定回数が極めて大きいとき，偏差は誤差と見なせるから，以下の**誤差の三公理**が成り立つ．

1. 絶対値の等しい正の誤差と負の誤差が起こる度合いは等しい．
2. 絶対値の小さい誤差の方が大きい誤差よりも多く起こる．
3. ある程度以上の絶対値の大きな誤差は実際上起こらない．

b）確率分布と確率関数　　測定回数が多いときの偏差は誤差とみなされる．いま，誤差が x と $x + \mathrm{d}x$ の間の値をとる度数を n_i とし，全測定数を n とすれば誤差が x と $x + \mathrm{d}x$ の間にある確率は n_i/n に等しい．これは図 III.3 (a) のように幅 $\mathrm{d}x$ の細長い長方形の面積に等しい．いま，この区間で高さが n_i/n に等しい短冊の幅 $\mathrm{d}x$ を無限小にとった極限で右側の図 III.3 (b) に示すようななめらかな曲線に移行する．これを $f(x)$ という関数で表すと，x と $x + \mathrm{d}x$ の間に誤差がある確率は $f(x)\,\mathrm{d}x$ となる．$f(x)$ を**確率関数** (probability function) という．全区間で積分すると

$$\int_{-\infty}^{\infty} f(x)\,\mathrm{d}x = 1 \tag{III.7}$$

の性質を有する．この関数はガウスによって導かれた**正規分布** (Gauss 分布) と呼ばれる次の関数で与えられる (162 ページの付録 1-§1 確率・統計の項参照).

$$f(x) = \frac{1}{\sqrt{2\pi}\sigma} \exp\left(-\frac{x^2}{2\sigma^2}\right) \tag{III.8}$$

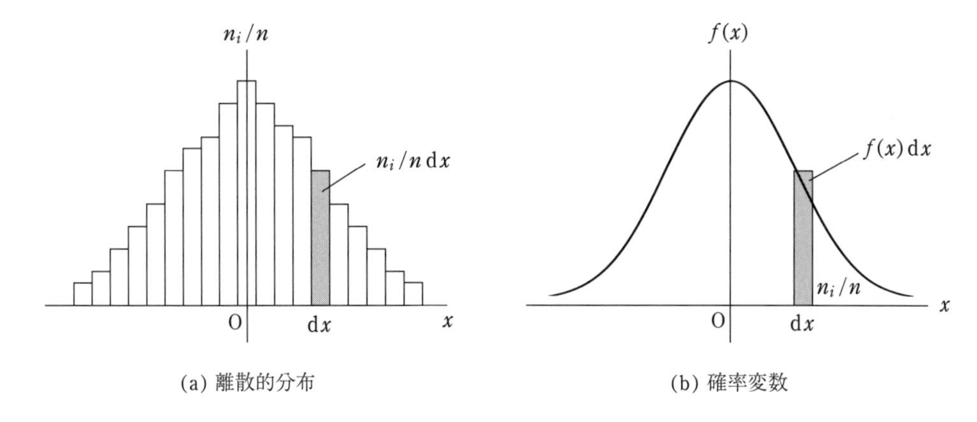

(a) 離散的分布　　(b) 確率変数

図 III.3

ここで，σ は標準偏差と呼ばれる量で，測定の精度に関する定数である．

上の正規分布を導いてみよう．いま，真の値が X_0 で，n 回測定を行った値が $X_1, X_2, \cdots, X_n$ だとすると，それぞれの誤差は

$$X_i - X_0 = x_i \qquad (i = 1, \cdots, n) \tag{III.9}$$

誤差が $x_i - \varepsilon$ と $x_i + \varepsilon$ の微小な範囲の値をとる確率は

$$f(x_i) \cdot 2\varepsilon \tag{III.10}$$

これらの誤差が同時に起こる確率 P は複合事象の確率の法則を用いて

$$P = f(x_1)f(x_2)\cdots f(x_n)(2\varepsilon)^n \tag{III.11}$$

となる．n が極めて大きくなる極限で，平均値 $\overline{X} = \dfrac{1}{n}\displaystyle\sum_{i=1}^{n} X_i$ が最確値となるので，X_0 を $\overline{X}$ とみなせば P が最大となる．この条件から $f(x)$ の関数形を見つける．すなわち P の最大値を求めるには，P の対数をとって X_0 に関する微分をゼロとおく．

$$\frac{\mathrm{d}}{\mathrm{d}X_0}\log P = \frac{f'(x_1)}{f(x_1)}\frac{\mathrm{d}x_1}{\mathrm{d}X_0} + \cdots + \frac{f'(x_n)}{f(x_n)}\frac{\mathrm{d}x_n}{\mathrm{d}X_0} = 0 \tag{III.12}$$

上式 (III.9) より，

$$\frac{\mathrm{d}x_1}{\mathrm{d}X_0} = \cdots = \frac{\mathrm{d}x_n}{\mathrm{d}X_0} = -1 \tag{III.13}$$

であり，$f'(x)/f(x) \equiv g(x)$ とおくと

$$\sum_{i=1}^{n} g(x_i) = 0 \tag{III.14}$$

次に誤差の公理より，n が十分大きいとき，絶対値の等しい正の誤差と負の誤差は同じ割合で生じると考えられるので，それらの総和はゼロ．すなわち

$$x_1 + \cdots + x_n = \sum_{i=1}^{n} x_i = 0 \tag{III.15}$$

が成り立つ．よって n 番目の誤差は

$$x_n = -(x_1 + x_2 + \cdots + x_{n-1}) \tag{III.16}$$

と書き換えられるので，x_n を他の誤差 $x_1, x_2, \cdots, x_{n-1}$ の従属変数とみなすことができる．したがって，(III.14) を x_1 で微分すると

$$g'(x_1) + g'(x_n)\frac{\partial x_n}{\partial x_1} = 0 \tag{III.17}$$

ここで，$\partial x_n/\partial x_1 = -1$ に注意すると，

$$g'(x_1) = g'(x_n) \tag{III.18}$$

が成り立ち，同様にして

$$g'(x_1) = g'(x_2) = \cdots = g'(x_n) \tag{III.19}$$

が成立する．したがって，$g'(x)$ は定数であることがわかる．この定数を a と書くと

$$g(x) = ax + b \tag{III.20}$$

ここで，b は積分定数である．上式を (III.14) に代入し，(III.15) を用いると $b = 0$ となり，

$$g(x) = \frac{f'(x)}{f(x)} = ax \tag{III.21}$$

が示される．よって，(III.21) を積分して，$f(x)$ を求めると

$$f(x) = C\exp\left(\frac{a}{2}x^2\right) \tag{III.22}$$

が得られる．ここで，C は定数．$x \to \infty$ で $f(x) \to 0$ になるためには，a は負の数でなければならず，これを $a/2 = -h^2$ とおくと

$$f(x) = C\exp(-h^2x^2) \tag{III.23}$$

規格化して，

$$C = \frac{h}{\sqrt{\pi}} \tag{III.24}$$

を得る．$h = 1/(\sqrt{2}\sigma)$ とすると

$$f(x) = \frac{1}{\sqrt{2\pi}\sigma}\exp\left(-\frac{x^2}{2\sigma^2}\right) \tag{III.25}$$

が導出される．

c）平均値と標準偏差　平均値 (最確値) が X_0 の正規分布

$$f(X - X_0) = \frac{1}{\sqrt{2\pi}\sigma}\exp\left[-\frac{(X-X_0)^2}{2\sigma^2}\right] \tag{III.26}$$

を考える．いま，n 回の測定を行って，測定値 $X_i (i = 1, 2, \cdots, n)$ を得たとき**二乗平均平方根** (root mean square) または**標準偏差** (standard deviation) は

$$S = \sqrt{\frac{1}{n}\sum_{i=1}^{n}(X_i - X_0)^2} \tag{III.27}$$

で定義される．この 2 乗が**分散** (variance) と呼ばれる量で S^2 と表し

$$S^2 = \overline{(X - X_0)^2} = \frac{1}{n}\sum_{i=1}^{n}(X_i - X_0)^2 \tag{III.28}$$

で与えられる．上記の正規分布について，分散 S^2 の和を積分に変えて計算すると

$$S^2 = \int_{-\infty}^{\infty} (X - X_0)^2 f(X - X_0)\,\mathrm{d}X = \int_{-\infty}^{\infty} x^2 f(x)\,\mathrm{d}x = \sigma^2 \tag{III.29}$$

よって，標準偏差 S は σ に等しい．すなわち，測定値の確率曲線の幅を与えるパラメータは，標準偏差 σ をとればよいことがわかる．$x = X_0 \pm \sigma$ において確率曲線 $f(x)$ は変曲点となり，また区間 $[X_0 - \sigma, X_0 + \sigma]$ までの積分値はほぼ 0.68 となる．したがって，測定値のおおよそ 70% は誤差の絶対値が σ より小さいことがわかるので，標準偏差 σ を測定値の信頼度の目安として用いる．$X_0 \pm 2\sigma$，$X_0 \pm 3\sigma$ を両端とする区間での確率関数の積分値をパーセントで図と表に示す．

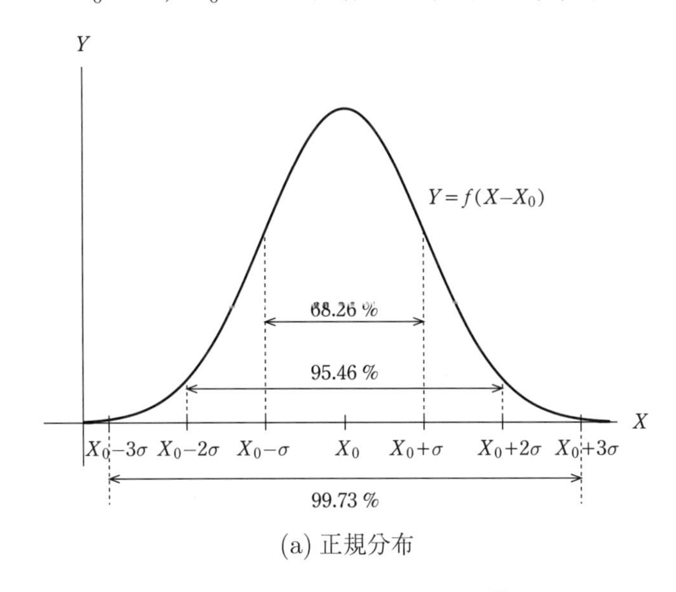

(a) 正規分布

区　間	確　率
$[X_0 - \sigma, X_0 + \sigma]$	68.26%
$[X_0 - 2\sigma, X_0 + 2\sigma]$	95.46%
$[X_0 - 3\sigma, X_0 + 3\sigma]$	99.73%
$[X_0 - 4\sigma, X_0 + 4\sigma]$	99.99%

(b) 正規分布の区間と確率

図 III.4

しかしながら，われわれの行う物理学実験では，真値 X_0 は未知とする立場をとる．そこで真値に代わる最確値として，測定値の平均値 $\overline{X}$ を採用する (165 ページの付録 1-§2 最尤法の項参照)．ただし，

$$\overline{X} = \frac{1}{n} \sum_{i=1}^{n} X_i. \tag{III.30}$$

この場合の標準偏差は (III.27) ではない．以下に示すように

$$\sigma_{\mathrm{exp}} = \sqrt{\frac{1}{n-1} \sum_{i=1}^{n} (X_i - \overline{X})^2} \tag{III.31}$$

を用いて，測定結果を

$$\overline{X} \pm \sigma_{\mathrm{exp}} \tag{III.32}$$

と表す．分母が $n-1$ となったのは，測定データを一度 $\overline{X}$ を決定するのに利用したから，独立なデータが $n-1$ 個に減ったことに対応している．

いま，誤差 δ_i を

$$\delta_i \equiv X_i - X_0 = X_i - \overline{X} + \overline{X} - X_0 \tag{III.33}$$

残差 Δ_i を

$$\Delta_i \equiv X_i - \overline{X} \tag{III.34}$$

と定義すると，$\delta_i = \Delta_i + \overline{X} - X_0$ であり，$\sum_{i=1}^{n} \Delta_i = 0$ ゆえ

$$\sum_{i=1}^{n} \delta_i^2 = \sum_{i=1}^{n} \Delta_i^2 + n(\overline{X} - X_0)^2 \tag{III.35}$$

ここで，

$$(\overline{X} - X_0)^2 = \frac{1}{n^2}\left[\sum_i (X_i - X_0)\right]^2 = \frac{1}{n^2}(\sum_i \delta_i)^2 = \frac{1}{n^2}\left(\sum_i \delta_i^2 + \sum\sum\nolimits_{i \neq j} \delta_i \delta_j\right) \tag{III.36}$$

で，上式の括弧の中の第 2 項 $\sum\sum_{i \neq j} \delta_i \delta_j$ は n が増加しても増大せず，n が十分大きければ

$$(\overline{X} - X_0)^2 \simeq \frac{1}{n^2} \sum_i \delta_i^2 \tag{III.37}$$

がよい近似で成り立つ．よって

$$\left(1 - \frac{1}{n}\right) \sum_i \delta_i^2 = \sum_i \Delta_i^2 \tag{III.38}$$

すなわち

$$\sigma^2 = \frac{1}{n} \sum_i \delta_i^2 = \frac{1}{n-1} \sum_i \Delta_i^2 \tag{III.39}$$

が導かれ，

$$\sigma_{\mathrm{exp}} = \sqrt{\frac{\sum_i (X_i - \overline{X})^2}{n-1}} \tag{III.40}$$

が示される．

d）誤差伝播の法則　いま，2 つの物理量 x, y の測定値で決まる z という物理量があるとしよう．関数関係を

$$z = f(x, y) \tag{III.41}$$

とし，x, y の測定の誤差をそれぞれ σ_x, σ_y とするとき z の誤差 σ_z は x, y の誤差が伝播して以下の式で与えられる．

$$\sigma_z = \sqrt{\left(\frac{\partial f}{\partial x}\right)^2 {\sigma_x}^2 + \left(\frac{\partial f}{\partial y}\right)^2 {\sigma_y}^2} \tag{III.42}$$

ここで，$\partial f/\partial x, \partial f/\partial y$ は，それぞれ $f(x,y)$ の x, y に関する**偏微分**といい，次式で定義される．

偏微分 (partial derivative)

すなわち，独立変数 x, y に依存する関数 $f(x,y)$ において，y を一定の値に固定して，x を Δx だけ変化させる．このとき次の極限値

$$\lim_{\Delta x \to 0} \frac{f(x+\Delta x, y) - f(x,y)}{\Delta x} = \frac{\partial f(x,y)}{\partial x} \tag{III.43}$$

が存在するとき，これを f の x に関する**偏微分係数**という．右辺の記号 ∂ をデルと読み，右辺を $f_x(x,y)$ とも記載する．同様に，x の値を一定に保って，y を Δy だけ変化させたとき

$$\lim_{\Delta y \to 0} \frac{f(x, y+\Delta y) - f(x,y)}{\Delta y} = \frac{\partial f(x,y)}{\partial y} \tag{III.44}$$

を f の y に関する偏微分係数といい，$f_y(x,y)$ とも書く．偏微分係数を x, y の関数として見たとき，これを**偏導関数**という．たとえば，$f(x,y) = x^2 y$ のとき，x，または y に関して偏微分すると，

$$\frac{\partial f(x,y)}{\partial x} = 2xy, \quad \frac{\partial f(x,y)}{\partial y} = x^2 \tag{III.45}$$

となる．

さて，先ほどの物理量 z は 2 変数 x, y だけによっていたが，一般に n の変数 $x_1, x_2, \cdots, x_n$ による場合

$$z = f(x_1, x_2, \cdots, x_n) \tag{III.46}$$

の z の誤差は

$$\sigma_z = \sqrt{\left(\frac{\partial f}{\partial x_1}\right)^2 {\sigma_{x_1}}^2 + \left(\frac{\partial f}{\partial x_2}\right)^2 {\sigma_{x_2}}^2 + \cdots + \left(\frac{\partial f}{\partial x_n}\right)^2 {\sigma_{x_n}}^2} \tag{III.47}$$

で与えられる．これを**誤差伝播の法則**という．

例題　直径 D，質量 W の球状物体の密度 ρ は，D, W を用いて

$$\rho = \frac{6W}{\pi D^3} \tag{III.48}$$

と表される．D, W の誤差が，σ_D, σ_W で与えられるとき，ρ の誤差 σ_ρ を上記の誤差の伝播則を用いて求めよ．

解　ρ を D, W で偏微分して

$$\frac{\partial \rho}{\partial D} = -\frac{18W}{\pi D^4}, \quad \frac{\partial \rho}{\partial W} = \frac{6}{\pi D^3} \tag{III.49}$$

よって，真値を平均値で近似して

$$\sigma_\rho = \sqrt{\left(\frac{18\overline{W}}{\pi \overline{D}^4}\sigma_D\right)^2 + \left(\frac{6}{\pi \overline{D}^3}\sigma_W\right)^2} \tag{III.50}$$

により，密度 ρ についての標準偏差が求められることになる．

e) 平均値の標準偏差　多くの場合，われわれにとって真値は未知であるから，測定値 $X_i\,(i = 1, 2, \cdots, n)$ とその平均値 $\overline{X}$ から標準偏差 σ を求める方法を考える．平均値は最確値で

あるが，誤差を伴う．平均値の信用度を表すために，平均値の標準偏差を考察する．

n 回の測定をして平均値 $\overline{X}$ を求める操作を多数回繰り返したとすると，$\overline{X}$ の分布が得られる．n 回の独立した測定を行って，平均値はこれらの変数から決まる間接的な測定量と考えると

$$\overline{X} = f(X_1, X_2, \cdots, X_n) = \frac{1}{n}(X_1 + X_2 + \cdots + X_n) \tag{III.51}$$

と表される．$X_1, X_2, \cdots, X_n$ はそれぞれ誤差を含んでおりそれらを $\sigma_{X_1}, \sigma_{X_2}, \cdots, \sigma_{X_n}$ とする．誤差の伝播の法則から

$$\sigma_{\overline{X}} = \sqrt{\left(\frac{\partial f}{\partial X_1}\right)^2 \sigma_{X_1}^2 + \cdots + \left(\frac{\partial f}{\partial X_n}\right)^2 \sigma_{X_n}^2} = \sqrt{\frac{1}{n^2}\sigma_{X_1}^2 + \cdots + \frac{1}{n^2}\sigma_{X_n}^2} \tag{III.52}$$

$X_1, \cdots, X_n$ の誤差がすべて等しく，$\sigma_{X_1} = \cdots = \sigma_{X_n} = \sigma_X$ とすると，

$$\sigma_{\overline{X}} = \frac{\sigma_X}{\sqrt{n}} \tag{III.53}$$

一方，σ_X は $\sqrt{\sum_i (X_i - \overline{X})^2/(n-1)}$ で与えられるので，平均値の標準偏差は

$$\sigma_{\overline{X}} = \sqrt{\frac{\sum_{i=1}^{n}(X_i - \overline{X})^2}{n(n-1)}} \tag{III.54}$$

となる．$\sigma_{\overline{X}}$ は平均値の信頼度を表す．以上より

$$\overline{X} \pm \sigma_{\overline{X}} \tag{III.55}$$

と評価される．

IV. グラフとデータ解析

§1 実験におけるグラフの重要性

グラフは実験結果を表示する上で重要であるが，それだけでなく，実験を進める上でもたいへんに重要である．

ある物理量と別の物理量との相関関係が，グラフを描くことによって初めて発見されることは珍しくない．実験を進めつつグラフを描くことによって，得られた実験データは妥当なものか，すなわち，故障やつまらない測定ミスをしていないか，また，次の測定点はどこに定めるべきなのかを判断しながら実験を行うことができる．たとえば，測定したばかりの実験データが，それまでの実験データの傾向から大きく外れた場合，再度，その最後の測定点を測定しなおしてみるべきだし，大きく変化をする部分は測定点を密にするべきである．全実験データを取り終えた後でグラフを描くと，上述の利点を生かすことはできないばかりか，致命的なミスを実験後に気付き，実験を一からやり直しという，膨大なる時間と労力，そして，資源の無駄遣いに終わる危険性さえも存在している．

この授業における実験では，幸か不幸か，測定結果をある程度わかっていたり，測定点を指示されたりするので，実験中のグラフの重要性に気付きにくい面もある．しかし，卒業研究，あるいは，卒業後に研究に取り掛かることを想像して欲しい．聡明なる諸君ならば，上述のような点がいかに重要か，はっきりと認識できたと思う．後々の本格的な実験的研究の練習と捉えて，この授業における実験中もしっかりとグラフを描いてもらいたい．

§2 グラフ

グラフ用紙いっぱいに大きく使うように心がける．プロットするデータの最大値，最小値を考えて，グラフが紙面上で片寄らないように，目盛の単位を選ぶ必要がある．左下隅を座標の原点 (0,0) にする必要はない．縦軸・横軸にそれぞれ何を目盛るのかを考え，その物理量と単位と目盛を記入する．単位を忘れたグラフは無意味である．次に，データを記入するときは，データ点の位置がわかるように，直径 1～2 mm (点と点とを結ぶ線分と区別できる程度) の円などの印をつける．点列がほぼ直線やある曲線上に並ぶ場合は，それらをなめらかな線で結ぶだけでよいが，一般的にはばらつくことが多いから，データ全体を見わたし，曲線からのはずれが平均するように描く．データ点をただつないだだけの折れ線グラフはいけない．ある結論を想定し，それに合うように線を引くために，データ点を捏造するなどはもってのほかである．

使用するグラフ用紙は，長方形なので，縦・横2通りの向きをプロットするデータによって使い分け，グラフがほぼ対角線方向に描けるよう，目盛などに工夫する．この授業の実験に使うグラフ用紙は，mm方眼用紙，両対数グラフ用紙および片対数グラフ用紙の3種類である．mm方眼用紙で直線にならない場合は，いろいろな関数関係を想定してプロットしてみる心構えが望ましいが，両対数グラフ用紙や片対数グラフ用紙を使ってみるのもひとつの工夫である．対数をとると，値が圧縮されるので，測定値が広い範囲に分布しているときなどは便利である．

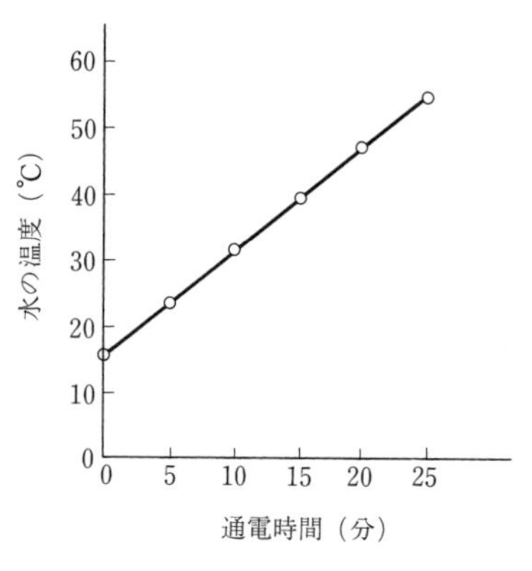

図IV.1 加熱器の特性

実験を進めつつ描くグラフも，先行する理論研究や実験研究にもとづいて，データを予想することによって，用紙いっぱいに大きく使うことは可能である．とはいえ，予想外の実験データの出現で，当初の目盛ではグラフ用紙からはみ出してしまうこともあるかもしれない．その場合は，新しいグラフ用紙をはみ出してしまう方に貼り付けて描き，レポートを作成する際にきれいに収まるように描き直せばよい．

§3 データ解析

a）mm方眼目盛　ほぼ直線上にデータ点列が並ぶときは，x 軸，y 軸に記入した量の間に1次関係があると想定される．

$$Y = a + bX \tag{IV.1}$$

勾配 b や切片 a は直線上の適当な2点における X, Y の値が与えられれば定まるが，より正確な値を求めるためには，最小2乗法を使うなどの作業が必要となる．

〔最小2乗法〕　原理は，「描いた直線と測定点との差の2乗の和を最小にするよう直線を決める」，という簡単なことである．詳細は，付録1の§3 (166ページ) を参照してもらうこととして，X の測定値 x_i に対して Y の測定値は y_i で誤差は一定 $(\equiv \sigma)$ のときの結果だけを述べる．

$$a = \frac{1}{\Delta}\left(\sum x_i^2 \cdot \sum y_i - \sum x_i \cdot \sum x_i y_i\right) \tag{IV.2}$$

$$b = \frac{1}{\Delta}\left(n \sum x_i y_i - \sum x_i \cdot \sum y_i\right) \tag{IV.3}$$

ここで，Δ は

$$\Delta = n \sum x_i^2 - \left(\sum x_i\right)^2 \tag{IV.4}$$

で与えられ，また総和記号は $i = 1$ から n までとるものとし，添字を省略した．また，a, b の誤差 σ_a, σ_b は以下のようになる．

$$\sigma_a = \sqrt{\frac{1}{\Delta}\sum x_i^2} \cdot \sigma \qquad \sigma_b = \sqrt{\frac{n}{\Delta}} \cdot \sigma \tag{IV.5}$$

$$\sigma \sim \sqrt{\frac{1}{n-2}\sum (y_i - a - bx_i)^2} \tag{IV.6}$$

パソコンや関数電卓には，この演算機能が組み込まれているので，簡単に係数 a, b を計算することができる．

b) 片(かた)対数グラフ　横軸は普通の目盛 (線形目盛) で，縦軸に対数目盛をふったグラフを片対数グラフという．

対数目盛とは，値 $\log_{10} y$ の点に y の目盛をつけたものである．したがって，グラフ上で $y = 0$ には絶対にならないことに注意する．

2 つの量 (X, Y) の間に

$$Y = a\mathrm{e}^{bX} \tag{IV.7}$$

という関係があるとき，両辺の常用対数 $(\log \equiv \log_{10})$ をとると

$$\log Y = \log a + bX \log \mathrm{e} \tag{IV.8}$$

となるから，横軸に X，縦軸に $\log Y$ を描くと，切片が $\log a$，勾配が $b \log \mathrm{e}$ の直線になる．ゆえに，$Y = a\mathrm{e}^{bX}$ なる関数関係にある現象のグラフ化や解析に片対数グラフは便利である．

片対数グラフでは縦軸に，$\log Y$ に対する目盛がふってあるので，$\log Y$ の値を計算することなく，直接 Y の値をプロットすることができる (図 IV.2 参照)．

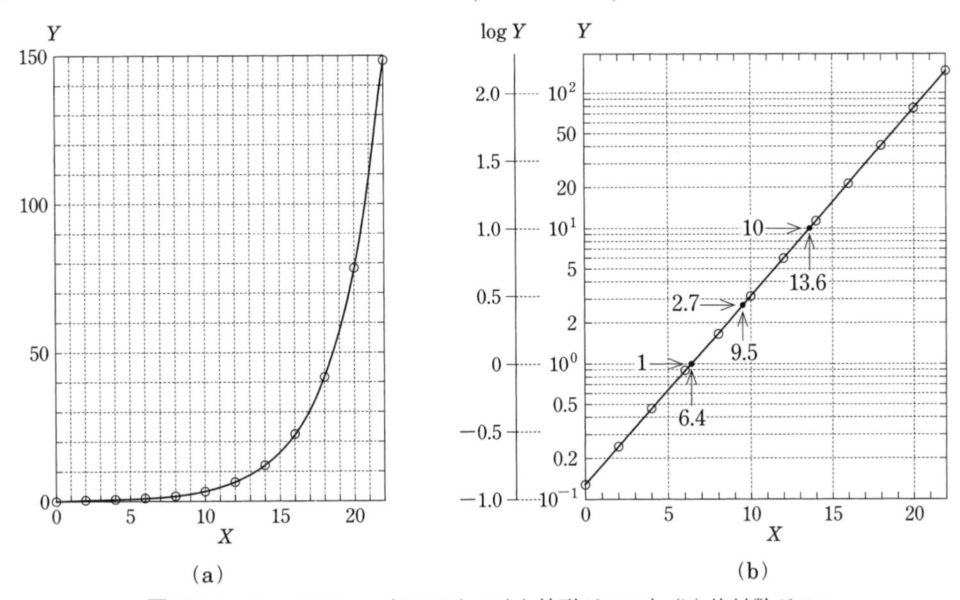

図 IV.2　$Y = 0.13 \exp(0.32X)$ の (a) 線形グラフと (b) 片対数グラフ

逆に，片対数グラフ上で，データ点群が直線状に並ぶ場合には，このグラフの切片と勾配から実験式を求めることができる．すなわち，a は，$X = 0$ における Y の値，つまりグラフの切片から求まる．または，b を求めてから，実験直線上の任意の 1 点の値 (X_1, Y_1) を式 (IV.7) に代入して求めることができる．一方，b を求める方法は，何通りかある．以下では，3 つの方法を説明する．

1)　グラフの実験直線上に，任意の 2 点 (X_1, Y_1)，(X_2, Y_2) をとると，

$$\log Y_1 = \log a + bX_1 \log \mathrm{e}$$

$$\log Y_2 = \log a + bX_2 \log \mathrm{e}$$

が成り立つので，この 2 式の差をとると，

$$b = \frac{1}{\log \mathrm{e}} \frac{\log Y_2 - \log Y_1}{X_2 - X_1} \tag{IV.9}$$

となる．この式に，(X_1, Y_1)，(X_2, Y_2) の値を代入すれば，b を求めることができる．

2)　上記 a) の方法で Y_2 を $10Y_1$ になるように (X_2, Y_2) をとると，式 (IV.10) は

$$b = \frac{1}{\log \mathrm{e}} \frac{\log 10Y_1 - \log Y_1}{X_2 - X_1} = \frac{1}{0.4343} \frac{1}{X_2 - X_1} \tag{IV.10}$$

となるので，Y_1 と $10Y_1$ に当たる X_1 と X_2 をグラフから読み取れば，(IV.10) 式から b を求めることができる．図 IV.2 の例では

$$b = \frac{1}{0.4343} \frac{1}{13.6 - 6.4} = 0.32$$

である．

3)　$Y = a\mathrm{e}^{bX}$ の両辺の自然対数 ($\ln \equiv \log_{\mathrm{e}}$) をとると，

$$\ln Y = \ln a + bX \tag{IV.11}$$

となる．グラフの実験直線上に，$Y_1 = 10^n$ および $Y_2 = \mathrm{e} \times 10^n = 2.718 \times 10^n$($n$ は任意の整数) である 2 点を選び，それに対応する X 座標をそれぞれ X_1, X_2 とする．すなわち $(X_1, 10^n)$，$(X_2, 2.718 \times 10^n)$ である．この 2 点はそれぞれ式 (IV.11) を満たすので

$$\ln 10^n = \ln a + bX_1$$

$$\ln \mathrm{e}10^n = \ln a + bX_2$$

が成り立つ．この 2 式の差をとると，

$$b = \frac{\ln \mathrm{e}10^n - \ln 10^n}{X_2 - X_1} = \frac{1}{X_2 - X_1} \tag{IV.12}$$

となるので，X_1 と X_2 をグラフから読み取れば，(IV.12) 式から b を求めることができる．図 IV.2 の例では

$$b = \frac{1}{9.5 - 6.4} = 0.32$$

である．

c) 両対数グラフ　横軸も縦軸も対数目盛をふったグラフを両対数グラフという．もし，2 つの量の間に

$$Y = aX^b$$

という関係がある場合は，両辺の対数をとると

$$\log_{10} Y = \log_{10} a + b \log_{10} X$$

であるから，点 $(\log_{10} X, \log_{10} Y)$ は，両対数グラフで直線上に並ぶ．べき乗 b の値はたいへん重要な意味をもつ場合が多いので，有用なデータ整理法のひとつである．直線のグラフから実験式を求めるためには，いわゆる勾配 b と切片 a とを計算すればよい．勾配 b は，たとえば横へ p (cm) いったとき，q (cm) 上がったとすると，$b = \dfrac{q}{p}$ で，切片 a は，$\log_{10} X = 0$ となる位置 $(X = 1)$ での Y の値で与えられる．この計算は，普通の物指しによる測定で行える．もし $\log_{10} X = 0$ となる点がグラフ上にない場合は，2 つのデータ点を使って求めることになる．このとき，$\log_{10} a$ と a がしばしば混同されるので，注意してほしい．

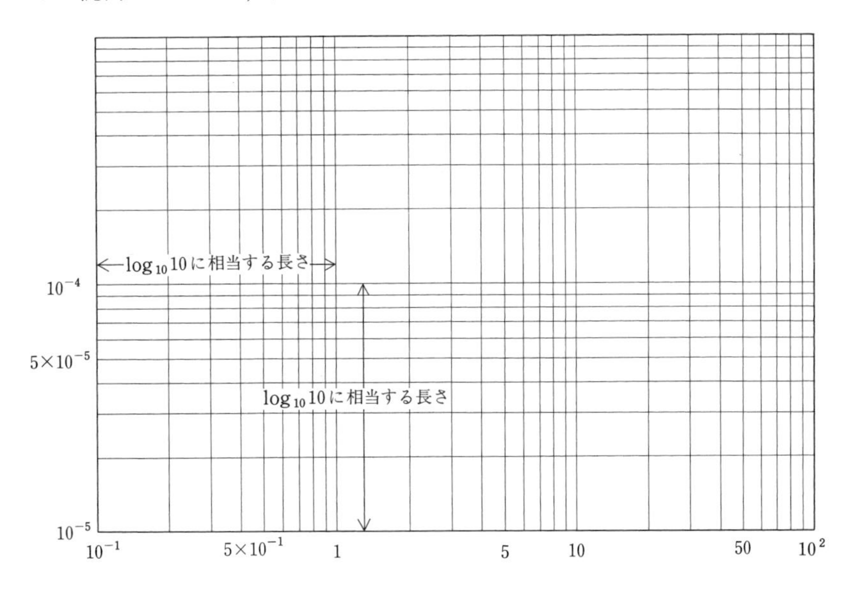

図 IV.3　両対数グラフ

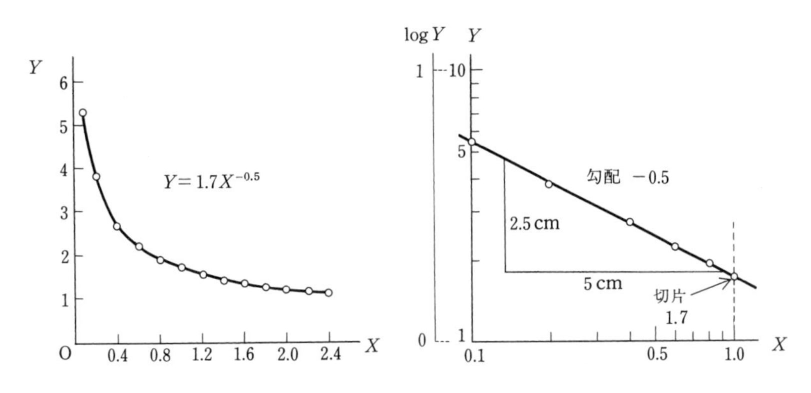

図 IV.4　両対数グラフによるべきの求め方

V.　実験ノートと実験レポートの書き方

予定していた測定がすべて終えたからといって，実験が終了したわけではない．必ずレポートあるいは論文の形でまとめ上げなければ，終了したことにはならない．このレポートを作成する作業に必要となるのが実験ノートである．以下では，実験ノートおよび実験レポートの書き方について順に説明する．

§1　実験ノート

研究成果を論文・報告書にまとめるにあたって，**「実験ノート」に実験中のあらゆる事柄をその都度記録**し，実験結果の再現性を確保することは，本質的であり不可欠である．そのために，ある結果が得られたら，繰り返し測定を行って同じ結果を再現させ実験条件を確認していく．しかしながら，予想とは異なる結果が得られる場合もよくある．このような場合，実験結果の再現性に重要な条件は何か，どのような実験条件のちがいが，結果の差を生み出したのか，実験ノートをもとに考察を進めていくことになる．すなわち，実験ノートに記録する行為は，研究を進めるうえで極めて重要な事項であり，研究の成否を決めると言っても過言ではない．研究分野にもよるが，ノートの記述の仕方が特許獲得の成否にかかわる場合もあり，実験終了後に，研究成果を勝手に持ち出せないように実験ノートを厳重に管理することすらある．

実験ノートの一例を図 V.1 に示しておく．ノートは頁の散逸の心配のない糸綴じのものを強く推奨する．5 mm 程度の方眼が印刷されていると，簡単な図やグラフを書くのに重宝する．記入は，鉛筆ではなく容易に消して書き直せないボールペンなどで書く．誤記は二重線などで消せばよい．間違いもまた記録として同じ重要性を持つ．間違いと思っていたことが，実は正しかったと後に判明する場合もある．年月日・時刻もまめに記録するべきである．途中の計算経過も一緒に書き残しておくと，自分たちがいつから間違いやミスをしていたかを知ることができ，協同研究者間で正しく情報を共有することにも役立つ．

たとえ同じ測定や操作をルーチン的に行う場合でも，日によって微妙な差異に気付くこともあろう．実験中に思ったこと気付いたことなども，何でも書き留めるとよい．これらは考察を書く際に役に立つだけではない．自然からの反応は，最初から必ずしも大きな数値上の差となって現れるとは限らない．自然のわずかな変化に対して鋭敏な感覚をもち続けるためにも，実験ノートをとる習慣を確実に身に付けてほしい．

実験ノートに関する諸注意はガイダンスや課題に取り組む際に折に触れ指導があるであろう．

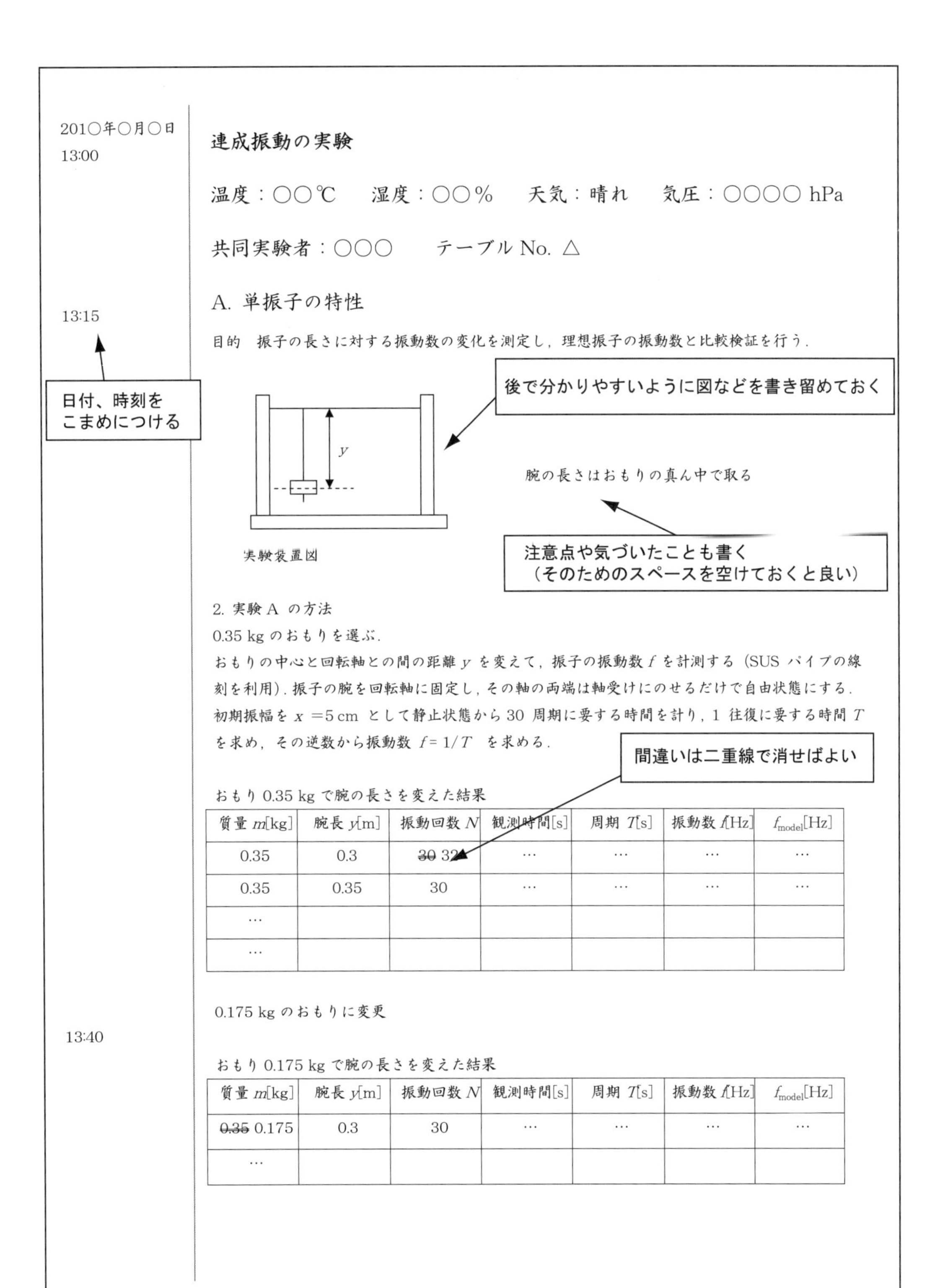

2010○年○月○日
13:00

連成振動の実験

温度：○○℃　湿度：○○％　天気：晴れ　気圧：○○○○ hPa

共同実験者：○○○　テーブル No. △

13:15

A. 単振子の特性

目的　振子の長さに対する振動数の変化を測定し，理想振子の振動数と比較検証を行う．

日付、時刻を
こまめにつける

後で分かりやすいように図などを書き留めておく

y

実験装置図

腕の長さはおもりの真ん中で取る

注意点や気づいたことも書く
（そのためのスペースを空けておくと良い）

2. 実験 A の方法
0.35 kg のおもりを選ぶ．
おもりの中心と回転軸との間の距離 y を変えて，振子の振動数 f を計測する（SUS パイプの線刻を利用）．振子の腕を回転軸に固定し，その軸の両端は軸受けにのせるだけで自由状態にする．初期振幅を x =5 cm として静止状態から 30 周期に要する時間を計り，1 往復に要する時間 T を求め，その逆数から振動数 $f=1/T$ を求める．

間違いは二重線で消せばよい

おもり 0.35 kg で腕の長さを変えた結果

質量 m[kg]	腕長 y[m]	振動回数 N	観測時間[s]	周期 T[s]	振動数 f[Hz]	f_{model}[Hz]
0.35	0.3	~~30~~ 32	…	…	…	…
0.35	0.35	30	…	…	…	…
…						
…						

0.175 kg のおもりに変更

13:40

おもり 0.175 kg で腕の長さを変えた結果

質量 m[kg]	腕長 y[m]	振動回数 N	観測時間[s]	周期 T[s]	振動数 f[Hz]	f_{model}[Hz]
~~0.35~~ 0.175	0.3	30	…	…	…	…
…						

図 V.1　実験ノートの一例

§2 実験レポート

実験のレポート (報告書) は，教員に提出する答案ではない．実験を行った者が著者となり，実験で得られた知見と意義を他者に伝えるために作成する文章である．自分が行ったことを簡潔に要領よく明快に表現し，他人に読んでもらえるように書くことが大切である．自己の研究活動を他人にアピールする意味もある．

レポート作成の作業は実験が終わった後から始まるものではない．実験を行う過程の中で，間違いなく実験を進められているか，正しく測定できているかどうかを確認することが大切である．そのためには大まかでよいから測定値をグラフに書き込みながら進めるのが確実であり，結果的には効率がよい．グラフに現れる傾向が予測から外れるときは，新発見の可能性もあるが，操作に手違いがあるか装置に不具合が起きた可能性を示すことが多い．次のデータの予測をしながら実験をすると，課題に対して自分なりのイメージができるものである．それが検討・考察を行うときの出発点となり，レポートを書くときの視点を得る一助となる．

レポートはおおよそ次の項目に分けて記す．

1. 実験目的　2. 実験の原理　3. 実験装置　4. 実験方法 (手順)
5. 測定データ　6. 解析と結果　7. 検討・考察　8. 結論

1)　実験目的　何をどのようにして求める実験であるかを具体的に数行の文章にまとめる．

2)　実験の原理　なぜこの実験によって上記の目的が達せられるか，実験の物理的内容について記す．原理的な説明および必要な関係式の説明を行う．その際，教科書を丸写しするようなことは避け，理解したうえで自分の言葉で簡潔に記す．教科書は知らない諸君に教えるためのものであり，レポートは自分のしたことを他人に報告するものである．その違いを考えること．

3)　実験装置　使用した実験装置をすべて列記する．用いた装置の番号も記入せよ．また，それらの装置をどのように構成したか，配線図などを記す．

4)　実験方法 (手順)　自分がどのような方法で実験を行ったか，装置の設定条件を中心に過去形で簡潔に記す．ここでも教科書と報告書の違いを考える．

5)　測定データ　まずはじめに，測定して得られる生のままのデータを見やすい形に整理して示す．表にするのが一般的である．

測定値の取り扱いにはいくつかの注意が必要である．まず，単位を忘れないように．物理量には必ず単位が必要である．たとえば，長さとして 2.5 だけでは 2.5 m なのか，2.5 cm なのか，わからない．次に問題なのは，測定の精度と有効数字である．たとえば，mm まで測ったときに 1 m では間違いであり，1.000 m と書かなくてはならない．また，同一測定を繰り返したときの値が 1.21，1.2，1.225 というように，有効数字がばらばらに見えるという結果にはならないはずである．

その後で，解析に必要な表や図 (グラフ) を作成する．報告書に書いた表と図 (グラフ) には必ず，表 1，表 2，…，図 1，図 2，…，というように通し番号をつけ，表題をつける．本文中に，表やグラフとの対応関係を明記し，本文のどの位置で表や図を見ればよいのかを明記するとともに説明を加える．本文を順に読んでいくと表や図に適宜誘導される読みやすい形式にすること．何の説明もなく表やグラフだけが記されているのはよくない．測定値は何をどんな条件で測定して得たものかを説明しておかなければならない．第何図は何のグラフであり，どの表をグラフ化したものであるか，曲線はどのようにして描いたものか，などの説明を本文中に記す．グラフは実験データの整理ばかりではなく，実験結果にもとづく物理的考察に欠くことのできない重要な資料である．

グラフの書き方については第 IV 章を参照せよ．グラフは見やすいことが大切である．本文中や表とは違って，グラフの縦軸と横軸の目盛に添える数値には，できるだけ切りのよい数字を簡潔に使うこと (たとえば $1.00 \to 1$，$0.100 \to 0.1$)．グラフ用紙は小さく切ってレポートに糊付けしたりしないこと．片対数グラフと両対数グラフ用紙はこの教科書の巻末に添付してある．使用方法は IV-§3-b)，c) を参照のこと．

6)　解析と結果　測定データを使用して，結果を計算によって求めるときには，教科書第 III 章 1 節を参照して有効数字について理解し，有効数字に注意すること．たとえば，測定データは 3 桁しかないのに，これを用いた計算を電卓で行って，3 桁をこえて表示される桁数までをそのまま記すことは正しくないと，理解できるであろう．

測定データの平均値を示す場合には，第 III 章を参照して標準偏差を求めて，$\overline{X} \pm \sigma_{\mathrm{exp}}$ のように表す．そして可能ならばグラフの中に誤差バーとして記入する．

7)　検討・考察　その内容は課題によってさまざまである．実験結果から，本当に自分の結論を主張できるのかその妥当性を客観的・科学的に記述する．たとえば，測定精度は十分だったか，測定方法は適切だったか，測定原理の適用範囲は逸脱していないか，他の解釈はないか，などいろいろな論点がありうる．

ある物質量を決定する課題であれば，自分の行った実験から得られた結果を (平均値)±(標準偏差) で表し，その精度の評価とともに値を報告する．

そのうえで教科書等に記された参照値や理論値が，その幅の中に入るかどうかを検討する．もし違いが大きければその理由を考える．III-§2 の (III.47) 式を参照して，実験の中で最も大きな誤差を持ちこむ要素が何であるかを定量的に検討するのもよい．教科書の記述に関連して自分で勉強したことを書くのもよい．特に検討課題が記されている場合は自分なりの考察を述べること．

8)　結論　はじめに述べた「実験目的」に呼応した結論を示してレポートを締めくくる．たとえば目的に照らしあわせてどのようなことが明らかになったのか，予想と結果は一致したのかどうかなどについて述べる．「実験目的」，「結果」および研究対象・研究手法について要点を簡潔に盛り込み，結論を読んで実験の全体像が理解できるように記述する．計算結果ばかりで，結論が示されていない提出物がしばしば見られる．

[注意]

① レポートは，PandA を通じて，PDF 形式で提出すること．期限は，次回実験日の前日正午までとする．提出日に遅れたレポートは，原則，受理しない．

② レポートの表紙は，PandA にあるテンプレートの表紙を使用する．

③ レポート用紙やグラフ用紙には，ルーズリーフを使わないこと．

④ 1 mm 方眼紙は各人で用意し，実験に使うときは常に持参して，データをその場でプロットすること．自宅でデータの整理をしているとき，誤りに気付いては手遅れである．

⑤ 表紙には，協同実験者名を忘れず記入すること．

⑥ 実験指定日に欠席したものは，担当教員と相談すること．規定の実験回数に達しない場合には，単位認定ができない．

⑦ レポート返却時に，再提出・再実験・要面接の指示のあった者は，速やかに従うこと．

実験 1.　フーコー振り子の実験

§1　目的

地球上の振り子の振動面が回転することを観測し，その回転角速度の測定を行うことによって地球が自転していることを実証する．さらに回転座標系の運動の記述やコリオリの力の効果などを学習し，フーコー振り子の原理を理解することを目的とする．

§2　概要

地球上で長い針金に錘を取り付けた振り子を振らせたとき，地球上でそれを観測するとどう見えるだろうか？　北極点や南極点で振り子を振ると振動面は 1 日で 360° 回転するように見える．これは地球が自転している結果である．言い換えると，地球に固定した座標系 (回転座標系) では，振動面が回転しているように見える．これを慣性系で観測すれば，振動面は変化せず地球が回転していることが観測される．この事実を使えば，振り子の振動面の回転を観測することで地球が自転していることを証明できる．1851 年フーコーは，長さ 67 m，質量 28 kg の錘からなる振り子をパリのパンテオン大聖堂の天井から吊り下げて実験を行い，地球の自転を直接証明した．本実験ではこれと同様の測定を行う．

§3　フーコー振り子の原理 — 回転している系における振り子の運動

フーコー振り子を簡単なモデルで定量的に解析する．単振り子の運動方程式に対して，原点が地球の中心である慣性系から，北緯 λ 度で原点が地球の表面である回転座標系への座標変換を行う．計算の詳細は付録を参照すること．ここでは概略を述べる．

慣性系での単振り子の満たす運動方程式は，図 1.1 から復元力が $mg\sin\theta$，円弧の長さが $l\theta$ なので，

$$ml\frac{\mathrm{d}^2\theta}{\mathrm{d}t^2} = -mg\sin\theta \tag{1.1}$$

となり整理して

$$\frac{\mathrm{d}^2\theta}{\mathrm{d}t^2} = -\frac{g}{l}\sin\theta \tag{1.2}$$

振幅が十分小さければ

$$\sin\theta \approx \theta \approx \frac{x}{l} \tag{1.3}$$

が成り立ち，運動方程式は

$$\frac{\mathrm{d}^2 x}{\mathrm{d}t^2} = -\frac{g}{l}x \tag{1.4}$$

となって一直線上の単振動と考えることができる．この微分方程式の解は，振幅を A，初期位相を α とすると

$$x_0 = A_1 \sin(\omega_0 t + \alpha_1) \tag{1.5}$$

となる．ここで，ω_0 は地球の自転を考慮しない場合の振り子の角振動数であり，振り子の長さ l，重力加速度 g を用いて，

$$\omega_0 = \sqrt{\frac{g}{l}} \tag{1.6}$$

で与えられる．式 (1.4) の右辺は復元力である．全く同じ運動方程式が y 方向でも独立に成り立っている．その解は，

$$y_0 = A_2 \sin(\omega_0 t + \alpha_2) \tag{1.7}$$

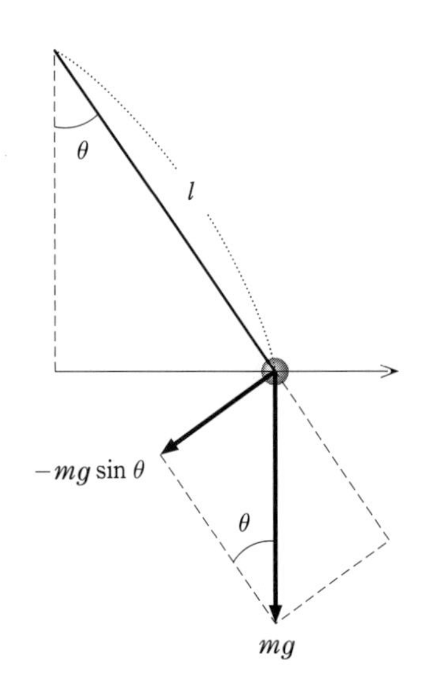

図 **1.1**　振り子にはたらく力．

である．初期値によって一直線上で単振動する場合と楕円運動する場合があることがわかる．地球の自転を考慮しないと軌道が必ず閉じるため，楕円運動しても振動面の回転は起こらないことになる．

次に地球の自転を考慮するために，北緯 λ 度で原点が地球の表面である回転座標系での運動方程式をもとめる．地球の自転の角速度を Ω とすると，

$$\frac{\mathrm{d}^2 x}{\mathrm{d}t^2} = -{\omega_0}^2 x + 2\Omega \sin\lambda \frac{\mathrm{d}y}{\mathrm{d}t} \tag{1.8}$$

$$\frac{\mathrm{d}^2 y}{\mathrm{d}t^2} = -{\omega_0}^2 y - 2\Omega \sin\lambda \frac{\mathrm{d}x}{\mathrm{d}t} \tag{1.9}$$

となる．右辺第 2 項がコリオリ力であり，慣性系での運動方程式に付け加わった項である．このコリオリ力が振り子の振動面を回転させることになる．なお遠心力は無視している．この連立微分方程式の解は，$\Omega_\mathrm{F} = \Omega \sin\lambda$ として

$$x + iy = \{\cos(\Omega_\mathrm{F} t) - i \sin(\Omega_\mathrm{F} t)\}(x_0 + iy_0) = \exp(-i\Omega_\mathrm{F} t)(x_0 + iy_0) \tag{1.10}$$

となる．または行列形式では，回転の行列を用いて次のように表すことができる．

$$\begin{pmatrix} x(t) \\ y(t) \end{pmatrix} = \begin{pmatrix} \cos(\Omega_\mathrm{F} t) & \sin(\Omega_\mathrm{F} t) \\ -\sin(\Omega_\mathrm{F} t) & \cos(\Omega_\mathrm{F} t) \end{pmatrix} \begin{pmatrix} x_0(t) \\ y_0(t) \end{pmatrix} \tag{1.11}$$

すなわち，振り子を鉛直上方から見たとき，回転系で振り子は ω_0 で振動しながら，その振動面は角速度 Ω_F で時計回りに回転する．振り子が，北極 (南極) では 1 日に 1 回転し，赤道では回転しないこともわかる．

コリオリ力 (式 (1.8)，(1.9) の右辺第 2 項) は，振り子の復元力 (式 (1.8)，(1.9) の右辺第 1 項) に比べると

$$\omega_0{}^2 x : 2\Omega \frac{\mathrm{d}y}{\mathrm{d}t} \simeq \omega_0{}^2 x : 2\Omega\omega_0 y = \omega_0 x : 2\Omega y \tag{1.12}$$

であるから，$x \sim y$ のときは，コリオリ力の復元力に対するその比は本実験では約 $\dfrac{2\Omega}{\omega_0} \simeq \dfrac{1}{30,000}$ 程度となり，非常に小さい．これから，種々の小さな擾乱でもフーコー振り子の観測に大きな支障となることがわかる．今回の実験では，実験室内での歩行，机，椅子のきしみや壁への振動など力学的な振動や擾乱の遮蔽は極めて難しいので，十分注意を要する．さらにエアコンによる空気の流れが大きく影響する．

§4 実験装置と方法

図 1.2 にフーコー振り子の実験装置全体の概念図を示す．振り子は直径 0.8 mm の長さ 1.5 m の真直線のピアノ線に，直径 60 mm，長さ 100 mm，重さ約 2.4 kg の真鍮製円柱の錘をつけたものである．

図 1.3 に示すような鋼製のナイフエッジを直角に交差させたものを錘のピアノ線の支持台として最上部に設置してある．ナイフエッジは長さ 35 mm，一辺 10 mm の正三角柱であり，中央にピアノ線の取り付け穴がある．エッジに挟まれるディスクは 120 度の V 字型の溝が十字に交差しており，振り子の支点を構成する．この構造により，振り子の支点は水平面に対し 360 度等方的な振動を保証する．この支持台全体を台座に固定してある．

この台座を取り囲み，全高約 2.3 m，断面約 30 cm のケイジをアルミ製のフレーム (断面 30 mm×30 mm) で組み立て実験室の壁に固定してある．空調機などからの風よけのため装置全体をポリカーボネートとビニールの透明なシートで覆ってある．

振り子の振幅を維持するため，補助的な駆動コイルを用いる (図 1.4)．錘の下端のホルダーに取り付けた磁石の運動により生じる信号をセンサーコイルで取り込み，それに同期して駆動電圧をコイルに印加する．センサーコイルと駆動コイルは一体型のアクリル製台座に取り付けてある．錘が中心から遠ざかるときにプッシュし，近づくときにプルするように駆動する．

錘下に取り付けた磁石 (ホルダー内にある) が錘とともに運動するとき，電磁誘導により銅リングに渦電流を生起する．渦電流は磁石の運動を妨げる方向に働く．これを利用して錘のスピードを制動する．この制動効果と駆動電圧とのバランスで，最大振幅が決定される．同時に，短軸方向の運動も制動され，振り子の楕円運動の成長が抑制される．その結果，フーコー振り子の運動の xy 平面への投影曲線はほぼ直線的になり，振り子の回転がより観測しやすくなる．

最下部には振り子の中心軸を調整するための XY ステージが取り付けてある．初期には設定済みであるので直接触れないようにする[1]．

[1] 明らかに中心軸がずれていると目視できるときは，担当教員に連絡をし，調整し直すこと．

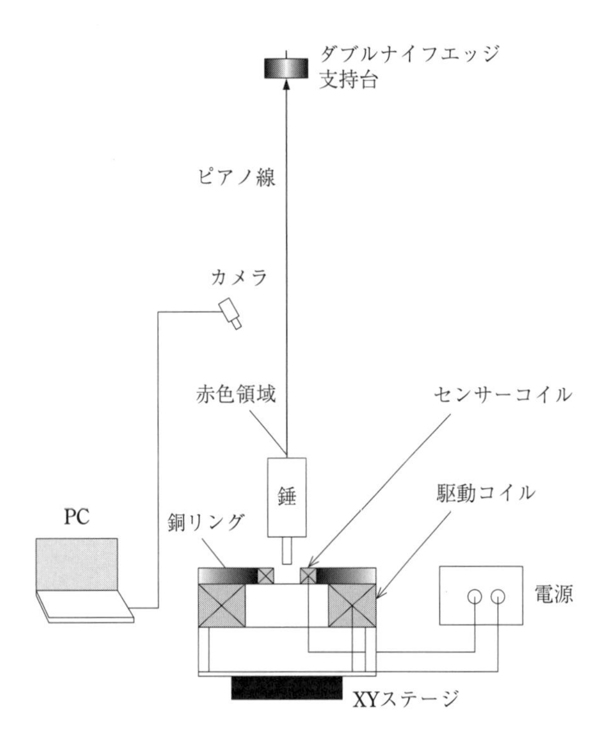

図 1.2　フーコー振り子の実験装置の概念図

図 1.3　ダブルナイフエッジ

図 1.4　錘，銅リング，センサーコイル，駆動コイルおよび XY ステージ

錘の重心運動の測定は，錘の約 50 cm 上方にフレームに固定したウェブカメラで上面図を動画撮影することによって行う．カメラの解像度は 1 フレームあたり 640×480 ピクセルで，空間分解能は約 0.3 mm/ピクセルである．実験では錘上部の赤色領域の中心を測定し，補正を行うことによって，錘の重心の運動を記述する (図 1.5)．撮影はリアルタイムで PC 画面に映し出し，振り子の振動周期の時間内で軌道のデータを 80 フレームで取り込む．各フレームごとにフレーム番号，測定の開始時間，錘の上部の赤色領域の中心の x 座標，y 座標が記録される．これを 360 周期の時間 (約 15 分) 間隔で計 5 回測定する．

初期の運動で，赤色領域の中心軌道の xy 平面への投影が直線的になっているか図を描いて確認する．図 1.5 の左図は x，y 軸を 1：1 に描いている．この場合は直線的にみえても，縦軸を拡大すると，実際は楕円状の運動である場合がある．右図のように縦軸を拡大して描き，その軌道の直線性を確認する．

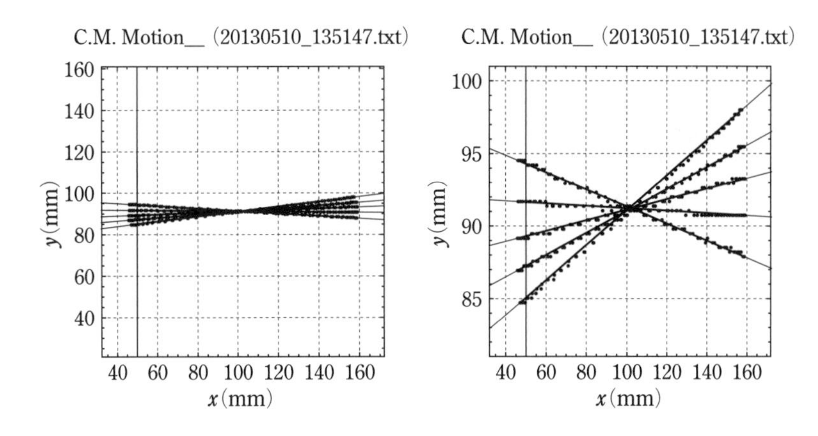

図 1.5　重心座標 (●印) の軌道の例；座標はピクセルから mm 単位に補正してある．左図は x 軸と y 軸の比は 1：1，右図は 7：1 で描いてある．

赤色領域中心の軌道座標をプロットし，x 軸とのなす角度 γ を求める．最初に測定した角を初期角 $\gamma(0)$ とする．各時刻の回転角 $\gamma(t)$ と初期角との差 $\gamma_0 = \gamma(t) - \gamma(0)$ を時間の関数としてを図 1.6 のようにプロットする．得られたデータに対する最適な直線を決定し，その傾きから振り子の回転角速度 ω を求める．

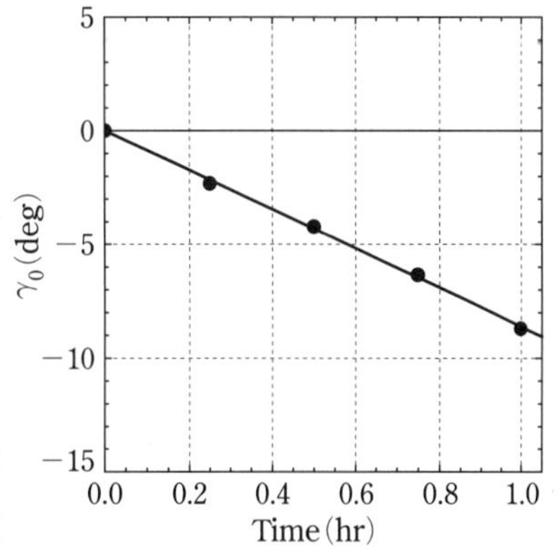

図 1.6　回転角の時間変化

また測定時間中に，"データ表示" ボタンをクリックし，データファイル (.txt 名) を開いて，その表から各測定開始時刻の差を求め，式 (1.6) を利用して京都での重力加速度 g を解析する．ただし，各測定開始間隔は前述したように，360 回の振動回数に対応している．

得られたデータからカメラと錘との位置関係や倍率などから重心の位置座標の補正を行い，振り子の重心運動の軌跡，回転角，回転角速度などの解析をする．

§5　実 験 手 順

実際の実験を開始する前に次の点に留意する．フーコー振り子の実験中は実験装置に無用な擾乱を与えないようにする．たとえば，フレームをいたずらに触ったり振動を与えたりしないようにする．また，机や椅子などからの擾乱にも気を配るようにする．これらの擾乱は回転速度に大きく影響するので細心の注意を配ること．

!!錘やピアノ線に触れたり，持ち上げたり絶対にしないこと；錘を支持しているダブルナイフエッジは容易にずれるので注意する．

実験手順を以下に示す.

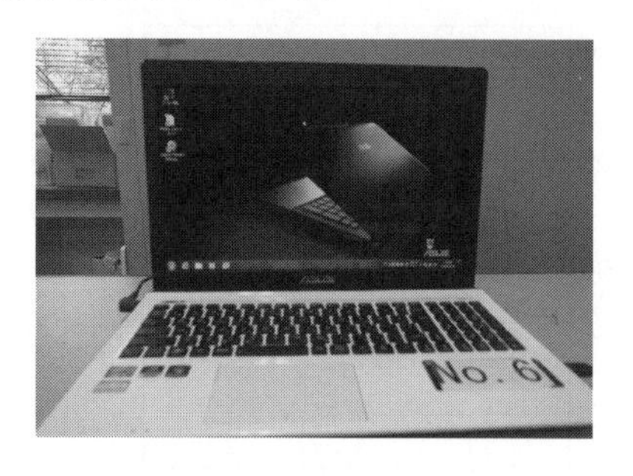

図 **1.7**　解析用 PC

図 **1.8**　解析中の PC 画面

1.　初期設定

(a)　PC の電源を入れ，Windows7 が起動したら，GUEST をクリックする.

(b)　PC のデスクトップに配置してある『フーコー実験』のアイコンをダブルクリックして測定用アプリケーションを起動する.

(c)　テーブルタップのスイッチで駆動電源をオンする．フレームの下部に設置してある電源のパネル (壁に向かって左側) の赤の LED ランプが点灯していることを確認する.

(d)　初期振幅は図 1.9 のように錘につけてある細い糸をゆっくりと引き，錘の下のホルダーの下端がセンサーコイル (中央の直径 50 mm ϕ のリング状のもの) からその外側の銅リングにかかるほどになったら，ゆっくりとリリースする.

(e)　振り子がふれだしたら電源右側のパネルの緑色 LED ランプが約 1 秒間隔で点滅していることを確認する．このあと，振り子が**直線的かつ一定振幅**になるまで約 15 分から 20 分程度注意深く観測する.

初期の運動状態がフーコー振り子の回転に重要な影響を与える．特に振り子の楕円運動は短軸が 0.5 mm 程度でもフーコー振り子の回転速度と同程度の効果を引き起こす (発展課題参照).

それゆえ，初期に**振幅が一定で直線的な運動状態を実現してから測定**を行う.

(f)　最初の測定データで，初期の運動が十分に直線状になっているかを図を描いて確認する (図 1.5 を参照)．明らかに楕円運動をしている場合は，再度初期振幅の設定からやり直す.

2.　測　定

(a)　PC のデスクトップに配置してある『フーコー実験』のアイコンをダブルクリックして測定用アプリケーションを起動する.

(b)　起動したら，フォーム画面の『カメラ入力』ボタンを押下して，プレヴュー画面を表示させて，振り子が振動しているときに錘上部の赤色領域が画面上にすべて見えているかどうか確認する.

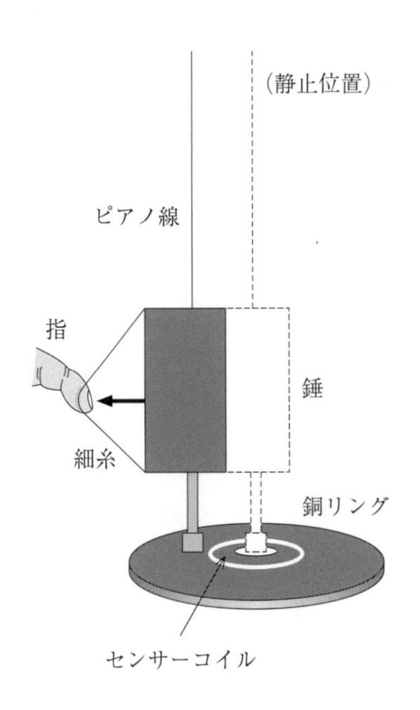

図 1.9　振り子の初期始動の方法

(c) 計測はフォーム画面の『録画開始』ボタンを押下し，『OK』をすれば測定が開始される．錘の赤色領域の中心座標を振り子の 360 周期 (約 15 分) 毎に 5 回計測 (約 1 時間) を行う．
デスクトップ上のフォルダー『FPData』の中に 5 回分のフレーム番号，時間，中心の xy 座標がピクセル単位で記録されたデータファイル (テキスト形式) が保存される．“データ表示” ボタンを押下すればこのデータを表示できる．

(d) 1 度目の計測 (5 回分) が終わったら，2 度目の計測を行う．2 度目は手順 1) の初期設定を行わなくてもよい．そのまま測定を繰り返せばよい．具体的には手順 2-c) から繰り返せばよい．
全 2 回の測定が終わったら，『終了』ボタンを押下しアプリケーションを終了させる．

(e) 何らかの理由で，最初から計測を行うときは，一度アプリケーションを終了し，手順 2-a) からの操作を行う．

(f) 計測が終わったら，“データ表示” ボタンをクリックしてデータを表示し，実験室内のプリンターで印刷あるいは USB メモリなどにコピーして各自持ち帰る．

(g) 実験時間中に適宜課題を行う．

(h) 全計測が終わっても，PC および電源スイッチは切らずにおく．振り子の振動も止めないで，そのままにしておく．身の回りの整理をすること．

3.　データ整理

(a) 測定データから振り子の周期 T を求め，$T = \dfrac{2\pi}{\omega_0}$ から重力加速度 g を求めよ．

振り子の長さ l は各テーブルに記されてある値を用いよ．

(b) 図 1.5 のように，データから振り子の赤色領域の中心の軌道 (ピクセル単位でよい) をプロットする (5 回分)．長軸方向と x 軸とのなす角 $\theta(t)$ を求めよ．

(c) 各測定ごとの角度 $\theta(t)$ と最初の測定データのなす角との差を $\theta_0 = \theta(t) - \theta(0)$ とし，その相対角 θ_0 の時間変化をグラフに示せ．図 1.6 を参考にせよ．その図から最適な直線を決定し，平均の回転角速度 ω を求めよ．

§6　課題と検討

1. 式 (1.8)+(1.9)×i に，$x + iy = \exp(-i\Omega_{\rm F}t)(x_0 + iy_0)$ を代入して，確かに解になっていることを確認せよ．このとき x_0 と y_0 が単振動の運動方程式を満たしていることを使い，地球の自転の角速度 Ω の 2 乗の項を無視せよ．
2. 式 (1.10) または式 (1.11) から，角速度 $\Omega_{\rm F}$ で時計回りに回転していることを確認せよ．
3. 京都大学のフーコー振り子の実験室の緯度は北緯 35 度 1 分 22 秒である．
予想されるフーコー振り子の回転角速度 $\Omega_{\rm F}$ を度/時の単位で求めよ．ただし，地球自転の周期は IERS(国際地球回転・基準系事業) による 23 時間 56 分 4.098903691 秒を用いよ．
4. 測定した回転角速度 ω と課題 (3) で求めたフーコー振り子の回転角速度 $\Omega_{\rm F}$ と比較検討せよ．

a）発展課題

さらに，次の発展課題も検討してみよ．

1. 単振動の場合は，振り子が xy 平面で直線的でなく楕円運動をしている場合でも振動面の回転は起こらない．しかし実際の振り子は厳密には単振動ではなく復元力が変位に対して非線形になっている．この場合，楕円軌道がわずかに閉じないために振動面の回転が起こる．この効果を考慮すると，振動面の回転角速度 ω は次式で与えられる [2)]．
$$\omega = -\Omega_{\rm F} \pm \omega_{\rm n1}, \tag{1.13}$$
$$\omega_{\rm n1} = \frac{3}{8}\frac{\omega_0 ab}{l^2}. \tag{1.14}$$
ここで，$\omega_{\rm n1}$ は「楕円運動」+「単振動ではないこと」による振り子の振動面の回転角速度である．a, b は楕円の半長軸，半短軸である．符号 ± は振り子の楕円運動の軌道を上から見て，反時計回りか時計回りかに対応している．そこで，長さ $l = 1.5\,{\rm m}$ の振り子の場合，$\Omega_{\rm F} = \omega_{\rm n1}$ となる場合の楕円の面積 $\pi ab\,({\rm cm}^2$ 単位) を有効数字 3 桁で求めよ．また，そのとき，半長軸が $a = 3\,{\rm cm}$ のとき，b はどれくらいになるか？
2. フーコー振り子以外に，地球が自転していることを証明する方法を考えよ．
3. フーコー振り子やコリオリの力に関連する現象を調べてみよ [3)]．

参考文献

[1] 力学 (裳華房, 原島鮮)

[2] V.F. Zhuravlev and A.G. Petrov, 'The Lagrange Top and the Foucault Pendulum in Observed Variables' , Doklady Physics 59(1) 35-39, 2014.

[3] 日本のフーコーの振り子調査リスト, "Foucault Pendulum in Japan", http://www.sci-museum.kita.osaka.jp/~yoshiya/foucault/list2.html

付録 1　北緯 λ 度で原点が地球の表面である回転座標系での単振動の運動方程式を導く

原点が地球の中心である慣性系 (O - x, y, z) を考える．この慣性系での力を (F_x, F_y, F_z) とすると，一般に運動方程式は次式のようになる．

$$m\frac{\mathrm{d}^2x}{\mathrm{d}t^2} = F_x,\ m\frac{\mathrm{d}^2y}{\mathrm{d}t^2} = F_y,\ m\frac{\mathrm{d}^2z}{\mathrm{d}t^2} = F_z \tag{1.15}$$

北極点での鉛直方向を z 軸とし，水平面内に x 軸と y 軸を定義する．自転している地球上にのっている回転座標系を (O - x', y', z') とする．北極点では，自転は xy 面内の回転である．x, y から x', y' への座標変換は，図 1.10 より

$$x' = x\cos\Omega t + y\sin\Omega t \tag{1.16}$$

$$y' = -x\sin\Omega t + y\cos\Omega t \tag{1.17}$$

となる．また，逆変換は

$$x = x'\cos\Omega t - y'\sin\Omega t \tag{1.18}$$

$$y = x'\sin\Omega t + y'\cos\Omega t \tag{1.19}$$

となる．式 (1.15) に，式 (1.18), (1.19) を代入して，

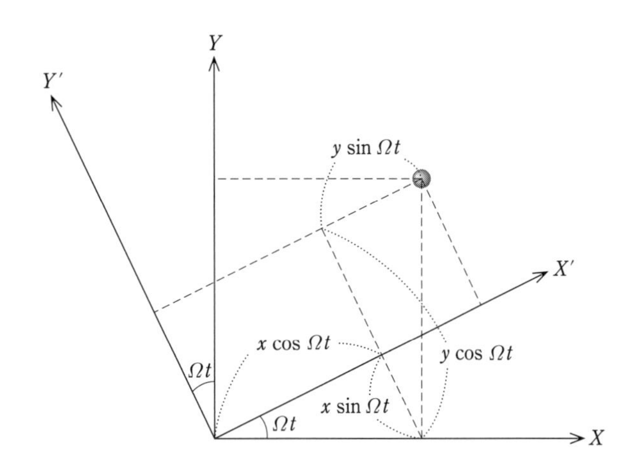

図 1.10　回転座標系への変換の様子

$$m\left[\frac{\mathrm{d}^2x'}{\mathrm{d}t^2}\cos\Omega t-\frac{\mathrm{d}^2y'}{\mathrm{d}t^2}\sin\Omega t-2\left(\frac{\mathrm{d}x'}{\mathrm{d}t}\sin\Omega t+\frac{\mathrm{d}y'}{\mathrm{d}t}\cos\Omega t\right)\Omega\right.$$
$$\left.-(x'\cos\Omega t-y'\sin\Omega t)\Omega^2\right]=F_x \qquad (1.20)$$

$$m\left[\frac{\mathrm{d}^2x'}{\mathrm{d}t^2}\sin\Omega t+\frac{\mathrm{d}^2y'}{\mathrm{d}t^2}\cos\Omega t+2\left(\frac{\mathrm{d}x'}{\mathrm{d}t}\cos\Omega t-\frac{\mathrm{d}y'}{\mathrm{d}t}\sin\Omega t\right)\Omega\right.$$
$$\left.-(x'\sin\Omega t+y'\cos\Omega t)\Omega^2\right]=F_y \qquad (1.21)$$

$$m\frac{\mathrm{d}^2z'}{\mathrm{d}t^2}=F_z \qquad (1.22)$$

式 (1.20)$\times\cos\Omega t+$ 式 (1.21)$\times\sin\Omega t$ を計算すると，

$$m\frac{\mathrm{d}^2x'}{\mathrm{d}t^2}-2m\frac{\mathrm{d}y'}{\mathrm{d}t}\Omega-mx'\Omega^2=F_x\cos\Omega t+F_y\sin\Omega t=F'_x \qquad (1.23)$$

式 (1.20)$\times(-\sin\Omega t)+$ 式 (1.21)$\times\cos\Omega t$ を計算すると，

$$m\frac{\mathrm{d}^2y'}{\mathrm{d}t^2}+2m\frac{\mathrm{d}x'}{\mathrm{d}t}\Omega-my'\Omega^2=-F_x\sin\Omega t+F_y\cos\Omega t=F'_y \qquad (1.24)$$

これで，回転座標系に変換できた．まとめると

$$m\frac{\mathrm{d}^2x'}{\mathrm{d}t^2}=F'_x+2m\Omega\frac{\mathrm{d}y'}{\mathrm{d}t}+mx'\Omega^2 \qquad (1.25)$$

$$m\frac{\mathrm{d}^2y'}{\mathrm{d}t^2}=F'_y-2m\Omega\frac{\mathrm{d}x'}{\mathrm{d}t}+my'\Omega^2 \qquad (1.26)$$

$$m\frac{\mathrm{d}^2z'}{\mathrm{d}t^2}=F'_z \qquad (1.27)$$

1. 座標変換 2，北緯 λ 度 への回転

北緯 λ 度での鉛直方向を z'' 軸とする座標系 (O-x'', y'', z'') を考える．この座標系への座標変換は，北極点から北緯 λ 度への xz 面内での回転であり，さきほどの回転と同様に考えることができる．注意点は，座標回転は北極から始めるが，北緯は赤道を 0 度として定義されていることである．したがって座標回転の角度を ϕ とすると，$\phi=90^\circ-\lambda$ である．このことに注意すると座標回転は，

$$x'=x''\cos\phi-z''\sin\phi \qquad (1.28)$$

$$z'=x''\sin\phi+z''\cos\phi \qquad (1.29)$$

であり，これを λ に置き換えて，

$$x'=x''\sin\lambda-z''\cos\lambda \qquad (1.30)$$

$$z'=x''\cos\lambda+z''\sin\lambda \qquad (1.31)$$

となる．(1.30)(1.31) 式を (1.25)(1.27) 式に代入すると，

$$m\frac{\mathrm{d}^2x''}{\mathrm{d}t^2}\sin\lambda - m\frac{\mathrm{d}^2z''}{\mathrm{d}t^2}\cos\lambda = F'_x + 2m\Omega\frac{\mathrm{d}y''}{\mathrm{d}t} + mx''\Omega^2\sin\lambda - mz''\Omega^2\cos\lambda \tag{1.32}$$

$$m\frac{\mathrm{d}^2x''}{\mathrm{d}t^2}\cos\lambda + m\frac{\mathrm{d}^2z''}{\mathrm{d}t^2}\sin\lambda = F'_z \tag{1.33}$$

式 (1.32)$\times\sin\lambda+$ 式 (1.33)$\times\cos\lambda$ を計算すると，

$$m\frac{\mathrm{d}^2x''}{\mathrm{d}t^2} = F''_x + 2m\Omega\frac{\mathrm{d}y''}{\mathrm{d}t}\sin\lambda + mx''\Omega^2\sin^2\lambda - mz''\Omega^2\sin\lambda\cos\lambda \tag{1.34}$$

式 (1.32)$\times(-\cos\lambda)+$ 式 (1.33)$\times\sin\lambda$ を計算すると，

$$m\frac{\mathrm{d}^2z''}{\mathrm{d}t^2} = F''_z - 2m\Omega\frac{\mathrm{d}y''}{\mathrm{d}t}\cos\lambda - mx''\Omega^2\cos\lambda\sin\lambda + mz''\Omega^2\cos^2\lambda \tag{1.35}$$

(1.26) 式より，

$$m\frac{\mathrm{d}^2y''}{\mathrm{d}t^2} = F''_y - 2m\Omega\frac{\mathrm{d}x''}{\mathrm{d}t}\sin\lambda + 2m\Omega\frac{\mathrm{d}z''}{\mathrm{d}t}\cos\lambda + my''\Omega^2 \tag{1.36}$$

2. 座標変換 3，原点の地球表面への移動

地球の中心にあった座標軸の原点を地球の表面まで移動する．この変換は，

$$x'' = x''' \tag{1.37}$$

$$y'' = y''' \tag{1.38}$$

$$z'' = z''' + R \tag{1.39}$$

である．これを使い，x''', y''', z''' をあらためて x, y, z とおくと，

$$m\frac{\mathrm{d}^2x}{\mathrm{d}t^2} = F_x + 2m\Omega\sin\lambda\frac{\mathrm{d}y}{\mathrm{d}t} + mx\Omega^2\sin^2\lambda - m(z+R)\Omega^2\cos\lambda\sin\lambda \tag{1.40}$$

$$m\frac{\mathrm{d}^2y}{\mathrm{d}t^2} = F_y - 2m\Omega\left(\frac{\mathrm{d}x}{\mathrm{d}t}\sin\lambda - \frac{\mathrm{d}z}{\mathrm{d}t}\cos\lambda\right) + my\Omega^2 \tag{1.41}$$

$$m\frac{\mathrm{d}^2z}{\mathrm{d}t^2} = F_z - 2m\Omega\cos\lambda\frac{\mathrm{d}y}{\mathrm{d}t} - m(x\sin\lambda - (z+R)\cos\lambda)\Omega^2\cos\lambda \tag{1.42}$$

これから考える振り子の振動に比べて地球の自転の角速度 Ω は小さいので，Ω^2 の項を無視する．なお，$mR\Omega^2$ の項は，R が大きいために小さくはない．しかし，一定値なので振動面の回転には寄与しないため省略する．

$$m\frac{\mathrm{d}^2x}{\mathrm{d}t^2} = F_x + 2m\Omega\sin\lambda\frac{\mathrm{d}y}{\mathrm{d}t} \tag{1.43}$$

$$m\frac{\mathrm{d}^2y}{\mathrm{d}t^2} = F_y - 2m\Omega\left(\frac{\mathrm{d}x}{\mathrm{d}t}\sin\lambda - \frac{\mathrm{d}z}{\mathrm{d}t}\cos\lambda\right) \tag{1.44}$$

$$m\frac{\mathrm{d}^2z}{\mathrm{d}t^2} = F_z + 2m\Omega\cos\lambda\frac{\mathrm{d}y}{\mathrm{d}t} \tag{1.45}$$

これらの式を慣性系と比べると，$2m\Omega\sin\lambda\dfrac{\mathrm{d}y}{\mathrm{d}t}$ のような付加的な力が加わった形をしていることがわかる．これがコリオリ力である．

3. フーコー振り子の運動方程式

慣性系での単振動の満たす運動方程式は，

$$\frac{\mathrm{d}^2x}{\mathrm{d}t^2} = -\omega_0^2 x \tag{1.46}$$

$$\frac{\mathrm{d}^2y}{\mathrm{d}t^2} = -\omega_0^2 y \tag{1.47}$$

である．これを北緯 λ 度での回転座標系に変換するには，前節で得られた付加的な力を加えればよい．微小振動を考えるので，z 方向の変位を無視すると，運動方程式は，

$$\frac{\mathrm{d}^2x}{\mathrm{d}t^2} = -\omega_0^2 x + 2\Omega\sin\lambda\frac{\mathrm{d}y}{\mathrm{d}t} \tag{1.48}$$

$$\frac{\mathrm{d}^2y}{\mathrm{d}t^2} = -\omega_0^2 y - 2\Omega\sin\lambda\frac{\mathrm{d}x}{\mathrm{d}t} \tag{1.49}$$

となる．

付録 2　一般の場合の回転座標系における運動方程式

ベクトルの外積を使うと次のように簡便に回転座標系における運動方程式を導くことができる．同一の点 O を原点とする 2 つの座標系 S，S′ があり，S′ 系は O を通るある軸 OQ のまわりで一定の角速度 Ω で，S 系に対し回転しているとする (図 1.11)．角速度ベクトル $\boldsymbol{\Omega}$ は回転軸 OQ 方向で，大きさ Ω で，向きは右ねじで進む方向とする．この 2 つの系で任意の座標ベクトル $\boldsymbol{r}(t)$ の時間変化を考える．微小時間 Δt の間に，S 系から見たとき $\boldsymbol{r}(t)$ が $\Delta\boldsymbol{r}$ 変化し，S′ 系から見ると $\Delta'\boldsymbol{r}$ 変化したとする．このとき，$\Delta\boldsymbol{r}$ と $\Delta'\boldsymbol{r}$ は系の回転の効果だけ異なっているはずである．回転の効果は P→P′ の変化に対応しているから，それを考慮すると，

$$\Delta\boldsymbol{r} = \Delta'\boldsymbol{r} + (\boldsymbol{\Omega}\times\boldsymbol{r})\Delta t \tag{1.50}$$

という関係がある．$\Delta t \to \mathrm{d}t$ の極限では次式となる．

$$\frac{\mathrm{d}\boldsymbol{r}}{\mathrm{d}t} = \frac{\mathrm{d}'\boldsymbol{r}}{\mathrm{d}t} + \boldsymbol{\Omega}\times\boldsymbol{r}. \tag{1.51}$$

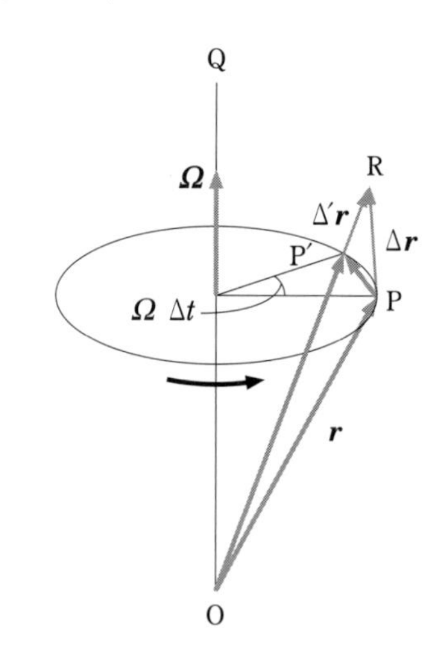

図 1.11　回転系から見た位置ベクトルの時間変化

次に 2 階の時間微分を考える．式 (1.51) の S 系から見た時間変化 $\left(\dfrac{\mathrm{d}}{\mathrm{d}t}\right)$ は

$$\frac{\mathrm{d}^2\boldsymbol{r}}{\mathrm{d}t^2} = \frac{\mathrm{d}}{\mathrm{d}t}\left(\frac{\mathrm{d}'\boldsymbol{r}}{\mathrm{d}t}\right) + \boldsymbol{\Omega}\times\frac{\mathrm{d}\boldsymbol{r}}{\mathrm{d}t}. \tag{1.52}$$

ただし，$\dfrac{\mathrm{d}\boldsymbol{\Omega}}{\mathrm{d}t} = 0$ を用いた．上の式を式 (1.51) を利用し書き直すと

$$\frac{\mathrm{d}^2\boldsymbol{r}}{\mathrm{d}t^2} = \frac{\mathrm{d}'^2\boldsymbol{r}}{\mathrm{d}t^2} + \boldsymbol{\Omega} \times \frac{\mathrm{d}'\boldsymbol{r}}{\mathrm{d}t} + \boldsymbol{\Omega} \times \left(\frac{\mathrm{d}'\boldsymbol{r}}{\mathrm{d}t} + \boldsymbol{\Omega} \times \boldsymbol{r} \right) \tag{1.53}$$

となる．整理すると，

$$\frac{\mathrm{d}^2\boldsymbol{r}}{\mathrm{d}t^2} = \frac{\mathrm{d}'^2\boldsymbol{r}}{\mathrm{d}t^2} + 2\boldsymbol{\Omega} \times \frac{\mathrm{d}'\boldsymbol{r}}{\mathrm{d}t} + \boldsymbol{\Omega} \times (\boldsymbol{\Omega} \times \boldsymbol{r}). \tag{1.54}$$

となり，両辺に質量 m を乗じ，力 $\boldsymbol{F}$ を等置し，微分の d' をあらためて d と置き換えると，本文の回転系での運動方程式 (1.8),(1.9) を得る．

実験2.　連成振動

§1　目的

金属軸の捻じれを通じて相互作用する連成振子について次の3つの課題に取り組み，連成振動を表すモデルの検証を行う．

A. 単振動特性

振子の長さに対する振動数の変化を測定し，理想振子の振動数と比較検証を行う．

B. Hooke の法則

金属軸のねじれ角とトルクの間の関係を求め，2つの振子間の相互作用の強さを評価する．

C. 連成振動の特性

連成振子の基準振動数を測定し，連成振動は基準振動の重ね合わせで表されることを確かめる．

§2　実験装置

この課題で用いる剛体振子実験装置の構成を図2.1に示す．振子は軽いステンレス鋼 (SUS) パイプ (直径 7 mm，厚さ 0.5 mm，長さ 632 mm) 製の腕と 0.35 kg の鉄のおもり (直径 60 mm，厚さ 16 mm) で構成される．比較のため 0.70 kg と 0.175 kg のおもりと交換可能である．腕の実効長さを変える場合は，おもりの位置を SUS パイプに沿って移動しネジで固定する．SUS パイプには 25 mm の間隔で線刻が入っているので，腕の長さの設定に利用するとよい．振子運動の回転軸としては直径 2 mm の SUS 丸棒を用いる．この丸棒が曲がらず，摩擦も小さく，自由に回転できるために，軸受けを 50 mm の間隔で梁に固定する．丸棒を軸受けに載せ，丸棒を支えているエッジの中間地点において，この丸棒に振子の腕の上端にある取り付け金具をネジで固定する．回転軸に取り付け得る振子の数は1個または2個とする．図2.1に示すように，二対の軸受けの中心 (振子位置) の間隔 Δz は 0.5 m にとる．

振子の角度 θ の測定には，腕の先にとりつけたポインターが曲面定規上に示す目盛 s から振子の静止時に示す目盛 $s(0)$ を差し引いた長さ $x = s - s(0)$ をまず測定する．この目盛は cm 単位で刻んであるので，軸から定規までの距離 $R = 63.5$ cm で割るとラジアン単位で角度 $\theta = x/R$ を決めることができる．時間の計測にはストップウオッチを用いる．

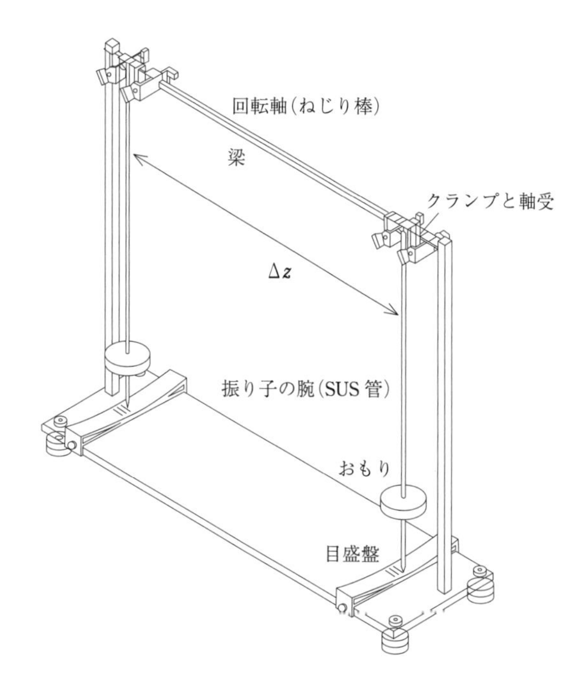

図 2.1　連成振動の実験装置.

§3　実験 A　単振動特性

1.　実験 A の考え方

回転軸から振動子の重心までの距離を h [m]，振動子の質量を m [kg]，回転軸に対する振動子の慣性モーメントを I [kg m^2] とすると，振動子の振れの角度 θ は

$$I\frac{\mathrm{d}^2\theta}{\mathrm{d}t^2} = -mgh\sin\theta$$

と表される．左辺は回転運動の慣性の大きさを表し，右辺は重力により引戻すトルクを表す．振幅が小さければ $\sin\theta \approx \theta$ と近似できて，この運動方程式は

$$I\frac{\mathrm{d}^2\theta}{\mathrm{d}t^2} = -mgh\theta \tag{2.1}$$

と書き表すことができる．これはバネ定数が mgh のバネに取り付けられた質量 I の質点が，力 $-mgh\theta$ を受けて単振動することに対応しているから，その角振動数 ω [rad s^{-1}] は

$$\omega = \sqrt{\frac{mgh}{I}} \tag{2.2}$$

である．振れ角の初期値を θ_0 として，静止状態から振動が始まるとすれば，時刻 t の振れ角 θ は

$$\theta = \theta_0 \cos\left(\sqrt{\frac{mgh}{I}}t\right) \tag{2.3}$$

と表すことができる．振動の周波数 f [Hz] は

$$f = \frac{\omega}{2\pi} = \frac{1}{2\pi}\sqrt{\frac{mgh}{I}} \tag{2.4}$$

である．

2. 実験 A の方法

0.35 kg(16 mm 厚) のおもりを選ぶ．SUS パイプの線刻を利用しつつ，おもりの中心と回転軸との間の距離 y を変えて，振子の振動数 f を計測する．振子の腕を回転軸に固定し，その軸の両端は軸受けに載せるだけで自由状態にする．初期振幅を $x = 5$ cm として静止状態から 30 周期 (あるいはそれ以上) に要する時間を計り，1 往復に要する時間 T を求め，その逆数から振動数 $f = \omega/2\pi = 1/T$ を求める．得られたデータは表 2.1 の形式で記録する．y としては 0.3 m から 0.6 m まで約 5 cm 刻みで変えること．さらに，全質量がおもりの中心に集中すると仮定した単振子の振動数，

$$f_{\mathrm{model}} = \frac{1}{2\pi}\sqrt{\frac{g}{y}} \tag{2.5}$$

を京都での重力加速度 $g = 9.797\ \mathrm{m\,s^{-2}}$ と腕の長さ y を用いて，表に追加する．表の中で導いた f と f_{model} を図として描くこと．参考例を図 2.2 に示す．

表 2.1 単一の剛体振子の振動数

質量 m[kg]	腕長 y[m]	振動回数 N	観測時間 [s]	周期 T[s]	振動数 f[Hz]	f_{model}[Hz]
0.35	0.3	⋯	⋯	⋯	⋯	⋯
⋯	⋯	⋯	⋯	⋯	⋯	⋯

§4 実験 B Hooke の法則と結合係数の測定

1. 実験 B の考え方

実験 A の単振子の場合，軸は振子とともに自由に回転するので回転軸の捻れは生じない．しかし外力を加えて軸を故意に回転させると，軸に固定された振子は垂直の位置から角度 θ だけ傾く．この結果，重力による力のモーメント (トルク) が振子の腕を通じて回転軸に加わることになる．外力のトルク N と重力のトルク $mgh\sin\theta$ が釣り合ったところで振れの角度が決まる．すなわち

$$N = mgh\sin\theta \tag{2.6}$$

ここで導入した h は，振子の腕の質量分布の寄与を含めた振子の実効長さである．腕の質量が無視できれば，軸からおもりの中心までの実際の長さ y に等しい．ここで 2 番目の振子を共通の軸に追加して，2 つの振子 (A, B としよう) が距離 Δz だけ離れて連結した連成振子系を作る．2 つの振子は，自然に放置されたままではともに垂直方向を向いており，両者の間には捻れがない．振

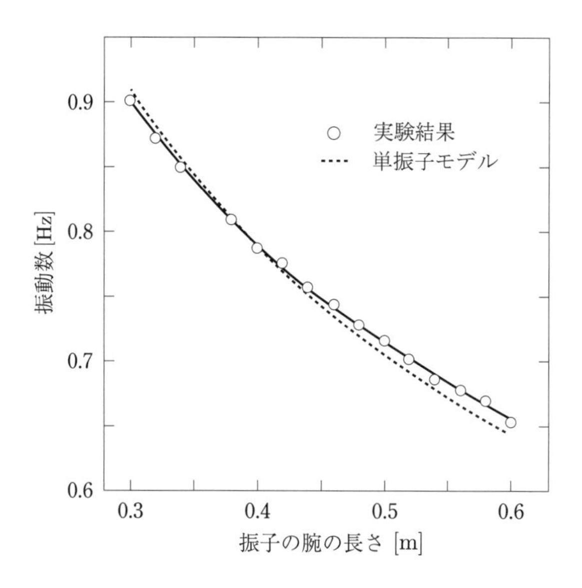

図 2.2　単振子の腕の長さに対する振動数の依存性．実験 A に対応する．

子 A を手でつかんで静かに回転させ，角度 $\theta_{\rm A}$ の位置に持ってくると，振子 B はこれにつられて角度 $\theta_{\rm B}$ に傾く．振子 B を傾けるトルク N は，2 つの振子の間に生じる角度のズレ $\Delta\theta = \theta_{\rm A} - \theta_{\rm B}$ により生じる．もし捻れの角度 $\Delta\theta$ が π に比べて十分小さければ，N と $\Delta\theta$ の間には比例関係があると考えてよい．結合係数 c を導入して，この関係を

$$N = c(\theta_{\rm A} - \theta_{\rm B}) \tag{2.7}$$

と表そう．トルクの釣り合いの式 (2.6) を振子 B に適用し，式 (2.7) の関係を仮定すると，

$$\theta_{\rm A} - \theta_{\rm B} = \frac{m_{\rm B} g h_{\rm B}}{c} \sin\theta_{\rm B} \tag{2.8}$$

の関係が成り立つと期待される．これは捻れに対する Hooke の法則である．この関係を実験で定量的に確かめることが課題である．

2.　実験 B の方法

おもりが 0.35 kg で腕の長さ $y = 0.45$ m の振子 A, B を，$\Delta z = 0.5$ m の間隔をあけて，回転軸に固定する．回転軸に固定する際，捻れがないように注意せよ．これは実験の精度を高めるのに大切である．まず一方の振子のみを，ドライバーを用いて，回転軸にきつく固定する．他方の振子は手締めのままで，軸に対して空まわりできるようにしておく．放置して 2 振子が平行にたれ下ったところで，手締めの振子もドライバーで締める．外力のない状態で，ポインターの示す目盛 $s_{\rm A}(0)$, $s_{\rm B}(0)$ を記録しておく．Δz と振子 B の腕の長さ $y_{\rm B}$ の測定は正確に行い，きちんと記録しておくこと．図 2.3 に示すように，ここで振子 A のおもりを手で持って，静かにポインターの示す座標 $s_{\rm A}$ をマイナスの値からプラスの値まで少しずつ増やしていき，傾角 $\theta_{\rm A} = (s_{\rm A} - s_{\rm A}(0))/R$ を変える．それぞれの $s_{\rm A}$ ごとに，振子 B のポインターの示す座標 $s_{\rm B}$ を

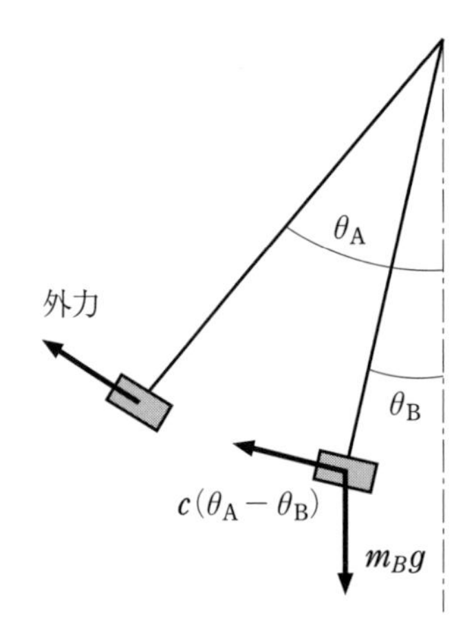

図 2.3 捻れに対する Hooke の法則の実験方法.

読み取り，傾角 $\theta_B=(s_B-s_B(0))/R$ を測定する．データは表 2.2 の形式で記録すること．表の1行目には実験条件を記入し，3行目以降にデータを記録する．そして各測定のたびに，データを表とグラフ (図 2.4 参照) に記入せよ．実験の効率を上げ，エラーをなくすうえで有効である．横軸を $\theta_B\sim\sin\theta_B$，縦軸を $\theta_A-\theta_B$ にとって，表 2.2 の結果を図としてグラフを描く．参考までに $\Delta z=0.5$ m の場合に，腕の長さを $y_B=0.45$ m として，実験した例を図 2.4 に示す．このグラフにおいてデータ点が全体的によく集まる直線 (回帰直線と呼ぶ) を引き，その勾配 q を決定する．(20 ページの IV-§3 データ解析 参照)．さらに勾配の上限と下限を求め，

$$q=\frac{m_B g h_B}{c}=\text{勾配の最確値}\pm\text{勾配の幅} \tag{2.9}$$

と表現する．

表 2.2 2振子の角度差 $\theta_A-\theta_B$ と傾角 θ_B との関係

Δz[cm] =	y_B[cm] =	m_B[kg] =	$s_A(0)$[cm] =	$s_B(0)$[cm] =	
s_A[cm]	θ_A[rad]	s_B[cm]	θ_B[rad]	$\sin\theta_B$	$\theta_A-\theta_B$[rad]
−8	−0.126	⋯	⋯	⋯	⋯
−7	−0.110	⋯	⋯	⋯	⋯
⋯	⋯	⋯	⋯	⋯	⋯

§5 実験 C 連成振動

1. 実験 C の考え方

連成振子の運動

実験 B と同様に同じ質量と腕の長さを持つ 2 つの振子 A, B が軸で結合されているときの，2 つの振子の運動を考えよう．振子 A と振子 B のそれぞれには重力のモーメントと振れ角の違いから生まれる捻れによる復元力のモーメントが働く．各振子の質量を m，慣性モーメントを I,

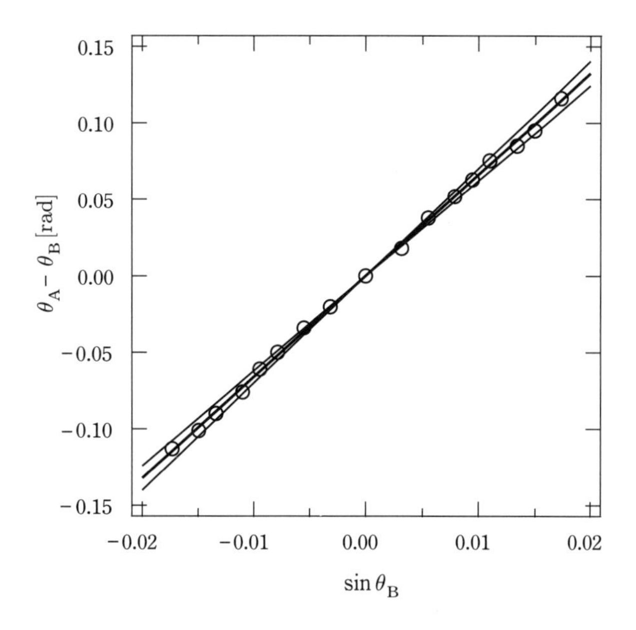

図 2.4　捻れに対する Hooke の法則の実験結果例．実験 B に対応．

腕の実効長さを h とすると，2 つの振子の運動は次の運動方程式で表される．

$$I\frac{\mathrm{d}^2\theta_\mathrm{A}}{\mathrm{d}t^2} = -mgh\sin\theta_\mathrm{A} + c(\theta_\mathrm{B} - \theta_\mathrm{A})$$

$$I\frac{\mathrm{d}^2\theta_\mathrm{B}}{\mathrm{d}t^2} = -mgh\sin\theta_\mathrm{B} - c(\theta_\mathrm{B} - \theta_\mathrm{A}) \tag{2.10}$$

振れ角が小さいとして，$\sin\theta_\mathrm{A} = \theta_\mathrm{A}, \sin\theta_\mathrm{B} = \theta_\mathrm{B}$ と近似する．さらに表記を簡略化するため，$\omega_0 = \sqrt{mgh/I}, \gamma = \sqrt{c/I}$ とおくと，この運動方程式は次のように書き換えることができる．

$$\frac{\mathrm{d}^2\theta_\mathrm{A}}{\mathrm{d}t^2} = -({\omega_0}^2 + \gamma^2)\theta_\mathrm{A} + \gamma^2\theta_\mathrm{B} \tag{2.11}$$

$$\frac{\mathrm{d}^2\theta_\mathrm{B}}{\mathrm{d}t^2} = -({\omega_0}^2 + \gamma^2)\theta_\mathrm{B} + \gamma^2\theta_\mathrm{A} \tag{2.12}$$

このような 2 つの振子が結合した場合の運動方程式にはお互いの位置座標が入り込んでいて，このままでは解けないが，(式 (2.11)+式 (2.12))/2 および (式 (2.11) − 式 (2.12))/2 を変数変換，

$$\theta_\mathrm{G} = \frac{\theta_\mathrm{A} + \theta_\mathrm{B}}{2}, \qquad \theta_\mathrm{R} = \frac{\theta_\mathrm{A} - \theta_\mathrm{B}}{2} \tag{2.13}$$

で書き換えると次の単振動の式に帰着する．

$$\frac{\mathrm{d}^2\theta_\mathrm{G}}{\mathrm{d}t^2} = -{\omega_0}^2\theta_\mathrm{G}, \qquad \frac{\mathrm{d}^2\theta_\mathrm{R}}{\mathrm{d}t^2} = -({\omega_0}^2 + 2\gamma^2)\theta_\mathrm{R} \tag{2.14}$$

ここで，θ_G は $\theta_\mathrm{A}, \theta_\mathrm{B}$ の重心を表し，θ_R は相対座標の半分を意味していることに注意せよ．

$$\omega_1 = \omega_0, \qquad \omega_2 = \sqrt{{\omega_0}^2 + 2\gamma^2} \tag{2.15}$$

とおくと $\theta_{\mathrm{G}}, \theta_{\mathrm{R}}$ は単振動の一般解として

$$\theta_{\mathrm{G}} = A\cos(\omega_1 t + \phi_1), \qquad \theta_{\mathrm{R}} = B\cos(\omega_2 t + \phi_2) \tag{2.16}$$

と書ける．(A, B, ϕ_1, ϕ_2 は未定定数)．これらの 2 種類の単振動を**基準振動**と呼ぶ．変数変換 (2.13) より $\theta_{\mathrm{A}}, \theta_{\mathrm{B}}$ に戻すと一般解として

$$\theta_{\mathrm{A}} = A\cos(\omega_1 t + \phi_1) + B\cos(\omega_2 t + \phi_2)$$

$$\theta_{\mathrm{B}} = A\cos(\omega_1 t + \phi_1) - B\cos(\omega_2 t + \phi_2) \tag{2.17}$$

が得られる．このことから 2 つの結合した振り子の運動は**基準振動の重ね合わせ**で表せることが分かる．

基準振動とうなり

初期条件として次の 3 つの場合を考えてみよう．

1. 振れ角 $\theta_{\mathrm{A}} = \theta_{\mathrm{B}} = \theta_0$ でどちらの振り子も静止状態にある場合．
   数式で表すと時刻 t=0 で，
   $$\theta_{\mathrm{A}} = \theta_0,\ \theta_{\mathrm{B}} = \theta_0,\ \frac{\mathrm{d}\theta_{\mathrm{A}}}{\mathrm{d}t} = 0,\ \frac{\mathrm{d}\theta_{\mathrm{B}}}{\mathrm{d}t} = 0$$
   が成り立つので未定定数は $A = \theta_0$, $B = 0$, $\phi_1 = \phi_2 = 0$ と決めることができる．その結果，
   $$\theta_{\mathrm{A}} = \theta_0\cos(\omega_1 t), \qquad \theta_{\mathrm{B}} = \theta_0\cos(\omega_1 t) \tag{2.18}$$
   を得る．つまり，この初期条件を与えると**角振動数** ω_1 **の基準振動**を作ることができる．この基準振動は θ_{A}, θ_{B} の振幅が同じ (同位相) であることが特徴である．
2. 振れ角 $\theta_{\mathrm{A}} = \theta_0, \theta_{\mathrm{B}} = -\theta_0$ でどちらの振り子も静止状態にある場合．
   この場合も同様に未定定数を決めると $A = 0$, $B = \theta_0$, $\phi_1 = \phi_2 = 0$ となるので，
   $$\theta_{\mathrm{A}} = \theta_0\cos(\omega_2 t), \qquad \theta_{\mathrm{B}} = -\theta_0\cos(\omega_2 t) \tag{2.19}$$
   を得る．すなわち，この初期条件からは**角振動数** ω_2 **の基準振動**を作ることができる．この基準振動は θ_{A}, θ_{B} の振幅の絶対値が同じだが符号が逆 (逆位相) であることが特徴である．
3. 振れ角 $\theta_{\mathrm{A}} = \theta_0$, $\theta_{\mathrm{B}} = 0$ でどちらの振り子も静止状態にある場合．
   初期条件より未定定数は $A = B = \theta_0/2$, $\phi_1 = \phi_2 = 0$ となるので，
   $$\theta_{\mathrm{A}} = \frac{\theta_0}{2}\{\cos(\omega_1 t) + \cos(\omega_2 t)\},$$
   $$\theta_{\mathrm{B}} = \frac{\theta_0}{2}\{\cos(\omega_1 t) - \cos(\omega_2 t)\} \tag{2.20}$$
   である．三角関数の公式を使って書き変えると
   $$\theta_{\mathrm{A}} = \theta_0\cos\left(\frac{\omega_1+\omega_2}{2}t\right)\cos\left(\frac{\omega_2-\omega_1}{2}t\right),$$
   $$\theta_{\mathrm{B}} = \theta_0\sin\left(\frac{\omega_1+\omega_2}{2}t\right)\sin\left(\frac{\omega_2-\omega_1}{2}t\right) \tag{2.21}$$

となるので，振幅が時間によって変動する振動 (振幅振動) を示している．振幅振動の周期は

$$T_{\mathrm{AB}} = \frac{2\pi}{\omega_2 - \omega_1} \tag{2.22}$$

で表される．ω_2 と ω_1 が近い値のとき，この周期は長くなり 2 つの振り子の振動は**うなり**を示すことがわかる．

2. 実験 C の方法

実験条件

2 つの振子のおもりは同質量の $m = 0.35$ kg に，両振子の間隔 Δz は実験 B と同様に $\Delta z = 0.5$ m，腕の長さは $y = 0.45$ m に設定する．振子の振れの大きさはスケールの目盛 s_{A} と s_{B} で計測する．3 種類の初期条件を次のように与えて，それぞれの場合の振子の運動を調べる．

(a) 基準振動 1(角振動数 ω_1) を与える初期条件
時刻 $t = 0$ に $s_{\mathrm{A}} = 5$ cm, $s_{\mathrm{B}} = 5$ cm の位置にポインターを置き，静止状態から静かに手を放す．

(b) 基準振動 2(角振動数 ω_2) を与える初期条件
時刻 $t = 0$ に $s_{\mathrm{A}} = 5$ cm, $s_{\mathrm{B}} = -5$ cm の位置にポインターを置き，静止状態から静かに手を放す．

(c) うなりを与える初期条件
時刻 $t = 0$ に $s_{\mathrm{A}} = 5$ cm, $s_{\mathrm{B}} = 0$ cm の位置にポインターを置き，静止状態から静かに手を放す．

実験・計測

基準振動を与える初期条件 (a), (b) については固有振動数を，うなりを与える (c) については振幅振動の振動数を計測する．

(1) 初期条件 (a) のとき，振子 A, B は同位相で振動する．実験 A と同様に 30 周期に要する時間を計測して振動数 $f_1 = \omega_1/(2\pi)$ を決定せよ．初期条件 (b) のときは振子 A, B は逆位相で振動するので，同様の方法で振動数 $f_2 = \omega_2/(2\pi)$ を決定せよ．データは表 2.3 の形式で記録すること．

(2) 初期条件 (c) のとき，振幅振動の周期を計測する．振子 B は周期的に静止するので，停止状態を数回繰り返させて，その回数と所要時間より振幅振動の周期 T_{AB} を決定する．データは表 2.3 の形式で記録すること．式 (2.22) に対応するように，1 周期の定義を注意深く考えること．

注意点

静止状態から手を放すとき，軸方向へのぶれがないように注意する必要がある．また 2 つの振子の振動開始のタイミングをきちんとそろえることが極めて大切である．2 人で実験するときは，

パートナー同士でお互いに息があうようによく練習する必要がある．指でつかんで引っ張ると，よけいな振動まで引き起こすことが多い．なめらかな厚板で 2 つのおもりを静止位置に片側から押しておいて，一気にはずすと，このようなトラブルは避けられる．

表 2.3　連成 2 振子の基準振動と振幅振動

Δz[cm] =	$s_{\mathrm{A}}(0)$[cm]	$s_{\mathrm{B}}(0)$[cm]	振動回数 N	観測時間 [s]	周期 $T_{1,2}, T_{\mathrm{AB}}$[s]	振動数 $f_{1,2}, f_{\mathrm{AB}}$[Hz]
初期条件 (a)	5.0	5.0				
初期条件 (b)	5.0	−5.0		⋯	⋯	
初期条件 (c)	5.0	0.0		⋯	⋯	

§6　検討課題

(1) 実験 A において，振子のおもり以外の質量が無視できれば，振動数は単振子と同じになるはずである．単振子からの振動数のずれ Δf を y の関数としてプロットし，ずれの振る舞いを定性的に考察せよ．

(2) 実験 C において基準振動の振動数 f_1, f_2 が $f_1 < f_2$ となる理由を定性的に説明せよ．

(3) 振幅振動周期 T_{AB} と q の関係は，

$$T_{\mathrm{AB}} = \frac{2\pi}{\omega_0}\frac{1}{\sqrt{1+2/q}-1}$$

で与えられることを示せ．この式より T_{AB} を実験 B で求められた q を用いて見積もれ．見積もりには式 (2.9) のように q の誤差幅も考慮せよ．また，この値と実験 C で得られた T_{AB} と比較し，誤差の範囲で一致しているか確認せよ．

(4) 初期条件 (c) の場合について振子 A，B の振れ角の時間変化のグラフを実測値 f_1, f_2, f_{AB} にもとづき描け．

(5) この実験課題では連成振子における連成振動の特徴を調べた．電気回路や他の力学系に現れる連成振動について 1 つ例を挙げ，基準振動などの特徴を簡潔に説明せよ．

§7　発展 — 連成振動の一般解 —

実験 C では，腕の長さとおもりの質量が同じ場合の連成振子を扱ったが，以下では質量等が異なる振子を結合した場合の連成振動について述べる．各振子の質量を m_{A}, m_{B}，慣性モーメントを I_{A}, I_{B}，腕の実効長さを h_{A}, h_{B} とすると，2 つの振子は次の連立方程式で表される．

$$I_{\mathrm{A}}\frac{\mathrm{d}^2\theta_{\mathrm{A}}}{\mathrm{d}t^2} = -m_{\mathrm{A}}gh_{\mathrm{A}}\sin\theta_{\mathrm{A}} + c(\theta_{\mathrm{B}} - \theta_{\mathrm{A}}) \qquad (2.23)$$

$$I_B \frac{d^2\theta_B}{dt^2} = -m_B g h_B \sin\theta_B - c(\theta_B - \theta_A) \tag{2.24}$$

振れ角が小さいとして，$\sin\theta_A = \theta_A$, $\sin\theta_B = \theta_B$ と近似する．さらに表記を簡略化するため，$\omega_A = \sqrt{m_A g h_A / I_A}$, $\omega_B = \sqrt{m_B g h_B / I_B}$, $\gamma_A = \sqrt{c/I_A}$, $\gamma_B = \sqrt{c/I_B}$ とおくと，この運動方程式は次のように書きかえることができる．

$$\frac{d^2\theta_A}{dt^2} = -({\omega_A}^2 + {\gamma_A}^2)\theta_A + {\gamma_A}^2\theta_B \tag{2.25}$$

$$\frac{d^2\theta_B}{dt^2} = -({\omega_B}^2 + {\gamma_B}^2)\theta_B + {\gamma_B}^2\theta_A \tag{2.26}$$

この連立微分方程式を解くために，まず基準振動の解を

$$\theta_A = A\cos(\omega t + \phi), \qquad \theta_B = B\cos(\omega t + \phi) \tag{2.27}$$

と仮定して代入すると，次の A,B の連立方程式を得る．

$$(\omega^2 - {\omega_A}^2 - {\gamma_A}^2)A + {\gamma_A}^2 B = 0 \tag{2.28}$$

$$ {\gamma_B}^2 A + (\omega^2 - {\omega_B}^2 - {\gamma_B}^2)B = 0 \tag{2.29}$$

上式が $A = B = 0$ 以外の解をもつためには，係数の作る 2×2 行列が逆行列を持たないことが必要である．このとき，この行列の行列式がゼロになることより，次のような振動数 ω を決定する方程式が得られる．

$$(\omega^2 - {\omega_A}^2 - {\gamma_A}^2)(\omega^2 - {\omega_B}^2 - {\gamma_B}^2) - {\gamma_A}^2{\gamma_B}^2 = 0 \tag{2.30}$$

これを解くと正の解として 2 つの振動数 ω_1, ω_2 $(\omega_1 < \omega_2)$ が求まる．さらに連立方程式 (2.28), (2.29) から得られる次の関係

$$\frac{A}{B} = -\frac{\omega^2 - {\omega_B}^2 - {\gamma_B}^2}{{\gamma_B}^2} = -\frac{{\gamma_A}^2}{\omega^2 - {\omega_A}^2 - {\gamma_A}^2} \tag{2.31}$$

に $\omega = \omega_1, \omega_2$ を代入すれば，それぞれの基準振動について振幅の比 A/B を求めることができる．ω_1 のときの振幅を A_1, B_1, ω_2 のときの振幅を A_2, B_2 とすると，θ_A, θ_B の一般解は基準振動の重ね合わせで表されるので以下の式になる．

$$\theta_A = A_1\cos(\omega_1 t + \phi_1) + A_2\cos(\omega_2 t + \phi_2)$$

$$\theta_B = B_1\cos(\omega_1 t + \phi_1) + B_2\cos(\omega_2 t + \phi_2) \tag{2.32}$$

ここで，ϕ_1, ϕ_2 は位相差である．振幅比 A/B がすでにそれぞれの基準振動で求まっているので，未定定数は A_1, A_2, ϕ_1, ϕ_2 の 4 つである．4 つの未定定数は 4 つの初期条件 (θ_A, θ_B の初期位置と初速度) から決定できる．

実験 3.　電気抵抗の測定

§1　目的

金属，半導体および超伝導体の電気抵抗を液体窒素温度まで温度を下げながら測定する．温度の低下とともに，金属の電気抵抗は減少し温度に比例すること，半導体の電気抵抗は増加すること，超伝導体の電気抵抗は金属と同様に減少するが転移温度で急激にゼロになることを確認する．

§2　概要

電気抵抗 (R) の測定は，電圧 (V) と電流 (I) が比例関係にあるというオームの法則 $V = RI$ にもとづいている．ある電流を流したときに試料に発生する電圧を測定することで電気抵抗を見積もることができる．本実験では，接触抵抗や導線の抵抗の影響を避けるために，電気抵抗測定の標準的な方法である 4 端子法を用いる．4 端子法の原理を理解し，電気抵抗測定を液体窒素を使って温度を下降しながら行う．試料の温度は熱電対で測定する．以上の測定操作をパソコンによる自動測定によって行う．これらの測定と並行して超伝導体のマイスナー効果を観察する．

§3　原理

物質内の電流は自由電子などの荷電粒子の移動である．電場 $\boldsymbol{E}$ があるときに電荷 e をもった 1 個の電子の運動方程式を考えると，

$$\boldsymbol{F} = e\boldsymbol{E} = m\frac{\mathrm{d}\boldsymbol{v}}{\mathrm{d}t} \tag{3.1}$$

である．これを解くと，

$$\boldsymbol{v} = \frac{e\boldsymbol{E}}{m}t + \boldsymbol{v}_0 \tag{3.2}$$

となり電子は加速され続けるので，電流は増加し続けるということになる．また電場をゼロにしても電流は流れ続ける．実際には電子は不純物や格子振動などによって散乱されこのようなことにはならない．この散乱を考慮するために運動方程式を次式のように修正する．

$$e\boldsymbol{E} - m\frac{\boldsymbol{v}}{\tau} = m\frac{\mathrm{d}\boldsymbol{v}}{\mathrm{d}t} \tag{3.3}$$

電場をゼロにすると，電子の速度は時定数 τ でゼロに減衰することがわかる．また電場をかけた状態で定常状態に達すると電子の速度が一定値になるので，$\mathrm{d}\boldsymbol{v}/\mathrm{d}t = 0$ である．運動方程式より，

定常状態での電子の速度は

$$\boldsymbol{v} = \frac{e\boldsymbol{E}}{m}\tau \tag{3.4}$$

と求められる．電子の単位体積中の数を n すれば，電流密度 $\boldsymbol{i}$ は

$$\boldsymbol{i} = en\boldsymbol{v} = \frac{ne^2\tau}{m}\boldsymbol{E} \tag{3.5}$$

と与えられ，$\boldsymbol{i}$ は電場 $\boldsymbol{E}$ に比例する．ここで

$$\boldsymbol{i} = \sigma\boldsymbol{E} \tag{3.6}$$

$$\sigma = \frac{ne^2\tau}{m} \tag{3.7}$$

と書き，比例係数 σ は電気伝導率と呼ばれる．さらに，

$$\sigma = ne\mu \tag{3.8}$$

と書き，$\mu = e\tau/m$ は移動度 (mobility) と呼ばれる．

試料の断面積を S，長さを L とすると，電流の大きさは

$$I = iS = ne\mu ES \tag{3.9}$$

であり，$E = V/L$ より，

$$V = \frac{1}{ne\mu}\frac{L}{S}I \tag{3.10}$$

となり，

$$R = \frac{1}{ne\mu}\frac{L}{S} \tag{3.11}$$

とおけば，$V = RI$ と書くことができる．これがオームの法則である．電気抵抗率は電気伝導率に反比例し，

$$\rho = \frac{1}{\sigma} \tag{3.12}$$

となる．実験では電気抵抗 R を測定し，試料の形状を測定して物質固有の物理量である電気抵抗率を求める．

電気抵抗率の値は，物質によって 10^{-8} から $10^{16}\,\Omega\,\mathrm{m}$ にわたっており，非常に広い範囲の値をもつ物理量である．金属，半導体，絶縁体はその電気抵抗率の値でおおざっぱに区別することができるがあまり明瞭ではない．しかし，温度変化を見ると明瞭に区別することができる．

絶縁体の特徴は，価電子帯が電子によって完全に満たされ，伝導帯との間にエネルギーギャップが存在することである (図 3.1(a))．

このうちエネルギーギャップが小さいものを半導体と呼ぶ．電子によって完全に満たされた価電子帯中の電子は電圧をかけても運動量分布にかたよりを作ることができず電流に寄与しない．電流に寄与するのは伝導帯に熱的に励起された電子とその結果生じた価電子帯のホール (正孔)

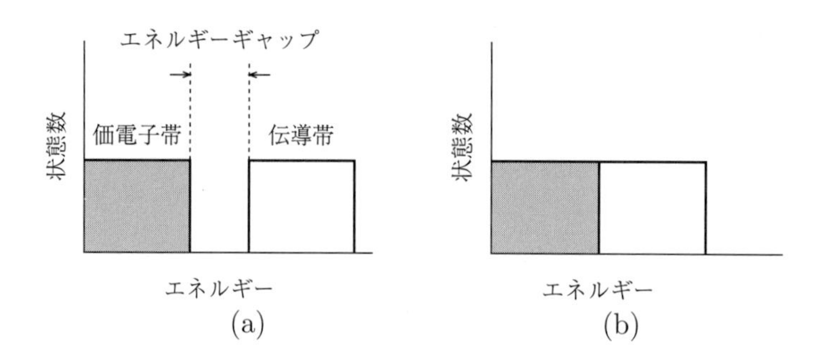

図 3.1 バンド構造の模式図．黒い部分は電子で満たされていることを示している．(a) 半導体のバンド構造．電子で満たされた価電子帯と，電子で満たされていない伝導帯との間にエネルギーギャップがあることが特徴である．(b) 金属のバンド構造．伝導帯が部分的に満たされている．

のみである．(このような半導体をバンド半導体，あるいはウイルソンの半導体ということもある．) 価電子帯から伝導帯に励起される電子の個数は，

$$n \propto \exp\left(-\frac{Q}{k_{\mathrm{B}}T}\right) \tag{3.13}$$

で表される．Q は物質に固有な活性化エネルギーである．k_{B} は Boltzmann(ボルツマン) 定数で，

$$k_{\mathrm{B}} = 8.62 \times 10^{-5}\,\mathrm{eV\ K^{-1}} = 1.38 \times 10^{-23}\,\mathrm{J\ K^{-1}} \tag{3.14}$$

である (eV は電子ボルトと呼ばれる単位)．T は絶対温度 (単位 K) で，摂氏温度 t との関係は

$$T = t + 273.15 \tag{3.15}$$

である．上式からわかるように温度上昇とともに，伝導電子数 n が増加し，電気伝導度 σ が増大する．抵抗の温度依存性は

$$R \propto \frac{1}{\sigma} \propto \frac{1}{n} \propto \exp\left(\frac{Q}{k_{\mathrm{B}}T}\right) \tag{3.16}$$

となる．この両辺の対数をとると

$$\log_{10} R = (\log_{10} \mathrm{e}) \times \frac{Q}{k_{\mathrm{B}}T} + 定数 = 0.4343 \times \frac{Q}{k_{\mathrm{B}}T} + 定数 \tag{3.17}$$

となる．したがって片対数グラフ用紙に R と $1/T$ をプロットすれば，図 3.2 に示すように直線部分があり，その直線の傾きから活性化エネルギー Q が求まる．すなわち，グラフ上でこの直線部分を延長して抵抗値の比が $R_{\mathrm{A}}/R_{\mathrm{B}} = 10/1$ となるような A, B 2 点を選べば

$$Q = \frac{k_{\mathrm{B}}}{0.434}\frac{1}{\frac{1}{T_{\mathrm{A}}} - \frac{1}{T_{\mathrm{B}}}}(\mathrm{eV}) \tag{3.18}$$

となり，半導体試料の活性化エネルギーが求まる．(21 ページの IV-§3-b) 片対数グラフ参照) 半導体のエネルギーギャップ E_{g} は，活性化エネルギーの 2 倍になることがわかっていて，

$$E_{\mathrm{g}} = 2Q \tag{3.19}$$

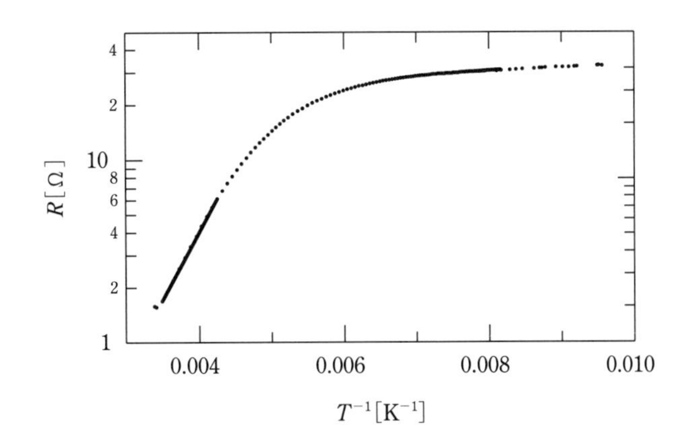

図 3.2　半導体の実験例.

である．低温域での温度変化は直線からはずれていて，上記のようなモデルでは説明できないことがわかる．この領域は不純物の影響を受けていることが知られていて，不純物領域と呼ばれる．

一方，金属の特徴は，伝導帯が部分的に電子に占有されていることである (図 3.1(b))．したがって伝導電子数はほとんど温度によらない．金属の電気抵抗の温度変化は，主に電子が格子振動と呼ばれる構成原子の振動に散乱されることによっている．格子振動は温度上昇とともに激しくなるので，金属の電気抵抗は温度上昇とともに大きくなる．理論計算の結果から，電気抵抗は高温では温度に比例することが知られている．

このようにバンド構造の違いによって，半導体と金属の電気抵抗の違いを理解することができる．ここで重要なのは，バンド半導体 (あるいは絶縁体) の電気抵抗が金属と違った振る舞いをするのは，バンド構造の違いによるためであり，半導体における電子が局在しているためではないということである (モット絶縁体のように電子が局在している場合もある)．

金属のうち，ある温度以下で電気抵抗が 0 になってしまうものが知られている．この現象は超伝導と呼ばれ，超伝導を示す物質を超伝導体と呼ぶ．図 3.3 のように超伝導状態と通常の金属状態の間にエネルギーギャップが存在することが特徴である．超伝導は伝導電子 2 個が結びつき，クーパー対を形成することによって引き起こされる相転移現象であり，ある特定の転移温度 (T_{C}) 以下で超伝導状態に相転移する．典型的な性質として次のようなものが知られている．

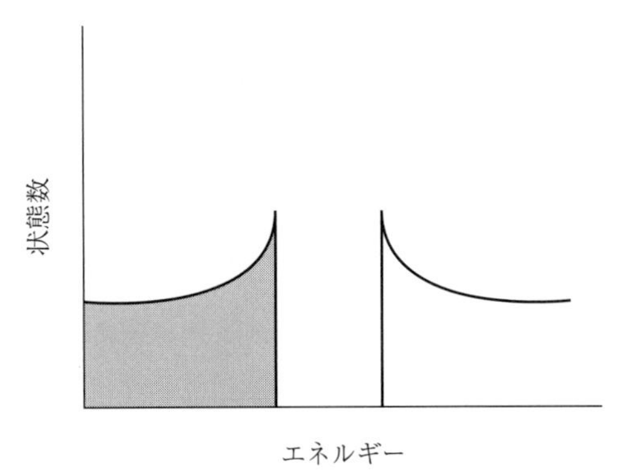

図 3.3　超伝導体のバンド構造の模式図．黒い部分は電子で満たされていることを示している．エネルギーギャップを持っているところが絶縁体と似ているが，実際には全く違う．黒い部分は超伝導状態で，白い部分は通常の伝導状態 (常伝導状態) である．

- 電気抵抗が 0 になる．
- 超伝導体に磁場をかけても，その物質内部には磁場が侵入できない (マイスナー効果).

- 熱起電力が 0 になる.

1986 年に Bednorz と Müller が, $La_{2-x}Ba_xCuO_4$ ($x \sim 0.15$) という物質の T_C が 35 K であることを発見してから, T_C の高い物質が次々と合成されてきた. 現在では T_C が液体窒素温度 (77.35 K) 以上の物質も合成され, 様々な応用が考えられ始めている.

§4 装置

1. 試料および低温用試料ホルダー
   金属試料 (Cu), 半導体試料 (Te), 超伝導体試料 ($Bi_{1.6}Pb_{0.4}Sr_2Ca_2Cu_{2.8}O_x$) は, 低温用試料ホルダーにセットしてある. 各試料に 4 つの端子 (電流端子と電圧端子) が取り付けられていることを確認すること.
2. デュワー瓶 (大)
   液体窒素を入れて, 低温用試料ホルダーをセットする.
3. デュワー瓶 (小)
   氷を入れて, 温度測定用の熱電対の 0°C の基準点にする.
4. 定電流電源 (ADVANTEST　R6144)
   試料の電流端子間に一定の電流を流す.
5. デジタルマルチメーター (ADVANTEST　R6552)
   熱電対に生じた電圧を測定する.
6. デジタルマルチメーター (KEITHLEY　2000)
   試料の電圧端子間に生じた電圧を測定する.
7. パーソナルコンピューター (Windows 10, あるいは MacOSX) 上記の定電流電源とデジタルマルチメーター 2 台を自動制御し, 抵抗と温度の測定を行う. パソコンのデスクトップに補足説明の pdf ファイルがあるので, それも参照すること.

§5 実験 (1) 4 端子法のモデル実験

電気抵抗を測定するには, 装置と電気接触させるための端子を試料に取り付ける必要がある. この端子と試料の間には接触抵抗と呼ばれる抵抗が生じる. 接触抵抗は小さい方が望ましいが, 0 にすることはできない. また接続のために使う導線にも電気抵抗がある. この状況を模式的に図 3.7 に示す. 電気抵抗の測定においては, 値が未知である接触抵抗と導線抵抗が存在する状態で, 試料の抵抗だけを測定することが必要である. このような測定を実現するために 4 端子法という方法が使われる. 実験 (1) では, 図 3.8 のような試料と接触抵抗をモデル化した回路を用いて, 4 端子法によって接触抵抗に関わらず試料の抵抗を測定できることを確かめる.

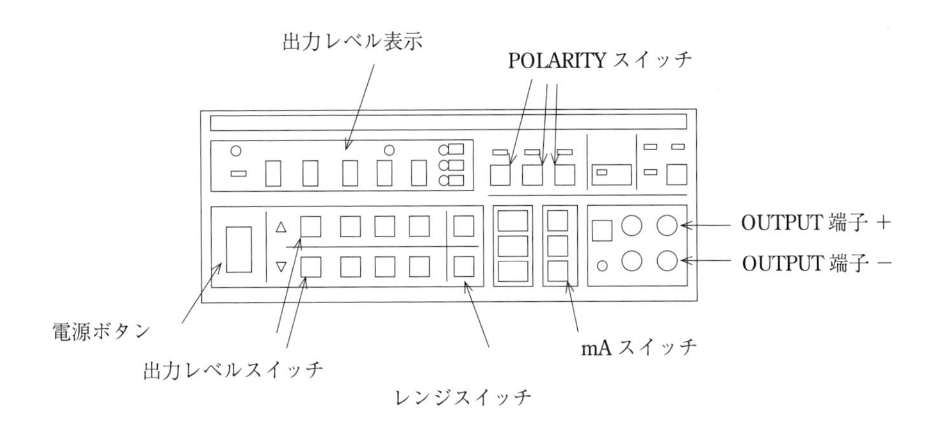

図 3.4　定電流電源 R6144 の前面パネル.

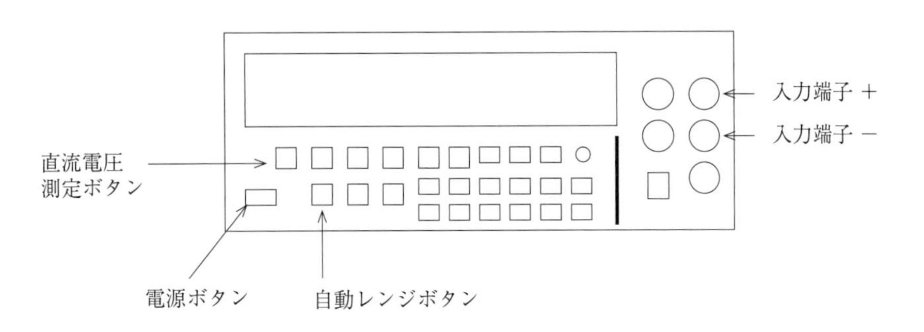

図 3.5　デジタルマルチメーター R6552 の前面パネル.

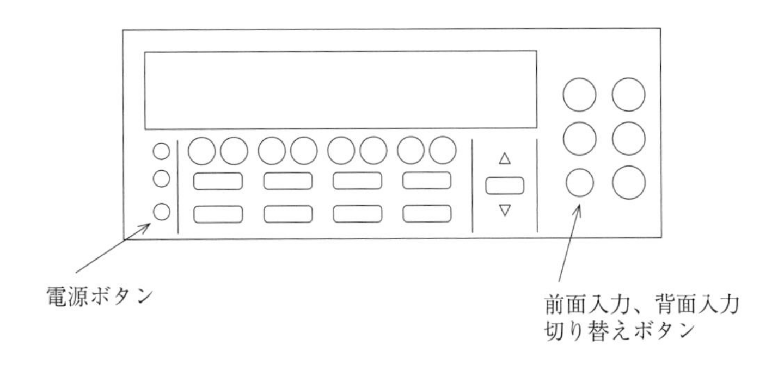

図 3.6　デジタルマルチメーター 2000 の前面パネル.

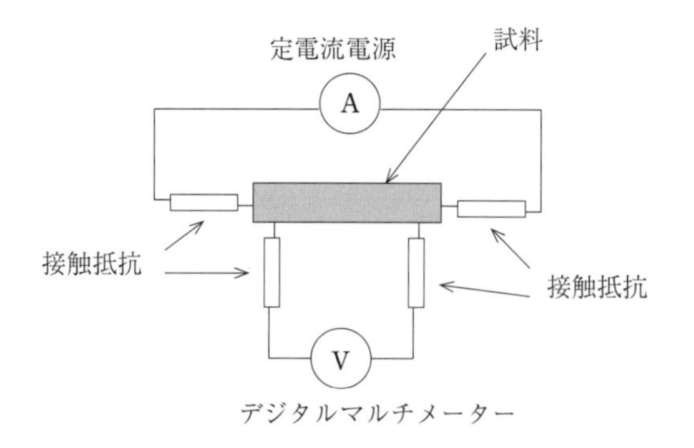

図 3.7 試料に定電流電源とマルチメーターを接続したときの模式図．接触抵抗はさけられない．

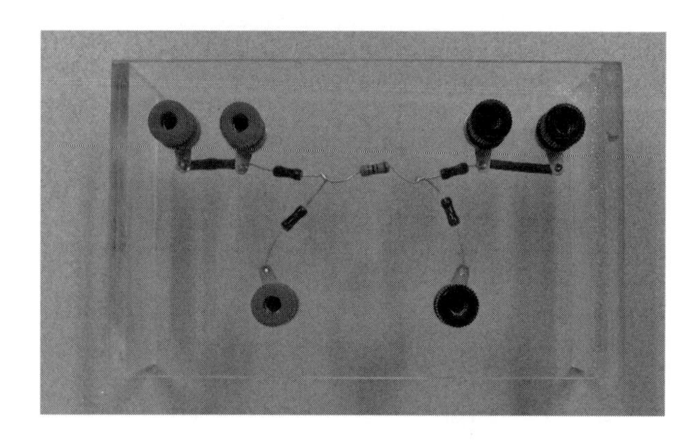

図 3.8 4 端子法をモデル化した回路．

1. 実験方法

定電流電源から電流を流しデジタルマルチメーターで電圧を測定することにより電気抵抗を測定する．電流を反転して同じ測定を行い熱起電力の差し引きを行う．これを 2 端子の場合と 4 端子の場合に行って違いを考察する．

1) 2 端子の場合

1. 図 3.9 のように抵抗，定電流電源 (ADVANTEST R6144)，デジタルマルチメーター (ADVANTEST R6552) を接続する．デジタルマルチメーター (ADVANTEST R6552) の INPUT ボタンが押し込まれていないことを確認すること．これは，前面から電圧を入力するためである．
2. 定電流電源，デジタルマルチメーターの POWER ボタンを押して電源を入れる．
   初期化動作が行われるのでしばらく (30 秒程度) 待つこと．
3. デジタルマルチメーターの FUNCTION の DCV ボタン，RANGE の AUTO ボタンを押す．
   これで直流電圧を，range 自動切り替えで測定できるようになる．

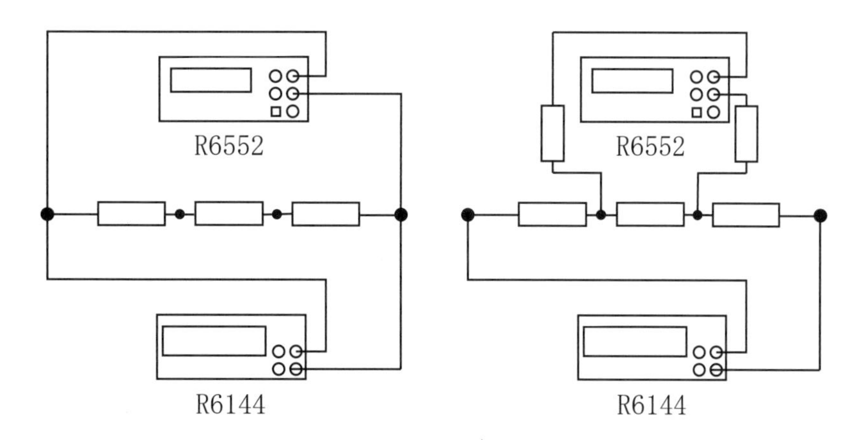

図 3.9　2 端子の場合の配線図.　　**図 3.10**　4 端子の場合の配線図.

4. 定電流電源のフロントパネルの mA ボタンを押し mA モードになっていることを確認する．OPERATE ボタンが点灯していないことを確認する．
5. 電流を 10 mA に設定する．
6. POLARITY の+ボタンを押して電流の方向を+方向 (output の high から low) に流れるようにする．
7. OPERATE ボタンを押す．
   これで設定した電流が流れる．
8. このときのデジタルマルチメーターの読みを記録する．
9. 次に定電流電源の OPERATE ボタンを押していったん電流を止める．
10. POLARITY の − ボタンを押して電流の方向を − 方向 (output の low から high) に流れるようにする．
11. OPERATE ボタンを押して電流を流す．
12. このときのデジタルマルチメーターの読みを記録する．
13. 電流の大きさを I，電流が+方向のときの電圧を V_+，電流が − 方向のときの電圧を V_- として電気抵抗 R_2 を，

$$R = (V_+ - V_-)\ /\ 2I \tag{3.20}$$

   のように求める．

2）4 端子の場合

図 3.10 のように抵抗，定電流電源 (ADVANTEST　R6144)，デジタルマルチメーター (ADVANTEST　R6552) を接続する．以下，2 端子のときと同様に測定して，電気抵抗 R_4 を求める．ここまでの測定が終わったら，定電流電源の OPERATE ボタンを押して電流を止めておく．

ここで使用している抵抗の表面には，カラーコードと呼ばれる色の帯が付いている．このカラーコードが抵抗の大きさを示している．実験室にカラーコードの表があるので各抵抗の値を確

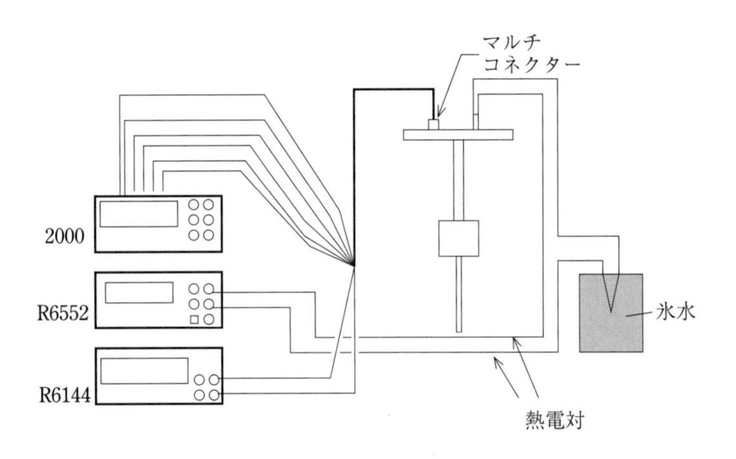

図 3.11　電気抵抗測定のための配線図.

認し，2 端子の場合，4 端子の場合にどの抵抗が測定されたことになるのか確認すること.

2.　検討課題

1. 4 端子法を使うことによってなぜ接触抵抗や導線の抵抗に関係なく試料の電気抵抗だけを測定できるのかを考察すること.
   (ヒント：デジタルマルチメーターの入力抵抗は 1000 MΩ 以上で非常に大きいため，ほとんど電流を流さずに電圧を測定することができる.)
2. 電流を反転することで，熱起電力を差し引くことができるのはなぜか.

§6　実験 (2) オーミックテスト

試料に取り付けた端子の接触抵抗が，オームの法則 $V = RI$ を満たしていない場合がある．半導体試料に端子を取り付けた場合にこのようなことが起こりやすい．この場合，試料の電気抵抗が正しく測定できないため，実験 (3) に進む前にオームの法則を満たしているかどうかのチェック (オーミックテスト) を行う.

1.　実験方法

実験 (1) のような測定を，半導体試料について電流を変えながら測定していく．実験 (1) では定電流電源とマルチメーターをフロントパネルのボタンで操作したが，ここではそのかわりにパソコンから GP-IB コマンドを入力することで操作する．GP-IB とは General Purpose of Interface Bus の略で，コントローラー (普通はコンピューター) と計測機器 (ここでは定電流電源とマルチメーター) の間のデータのやりとりの規格である.

1. 図 3.11 のように配線する.
2. 定電流電源，マルチメーター 2 台の電源を入れる.

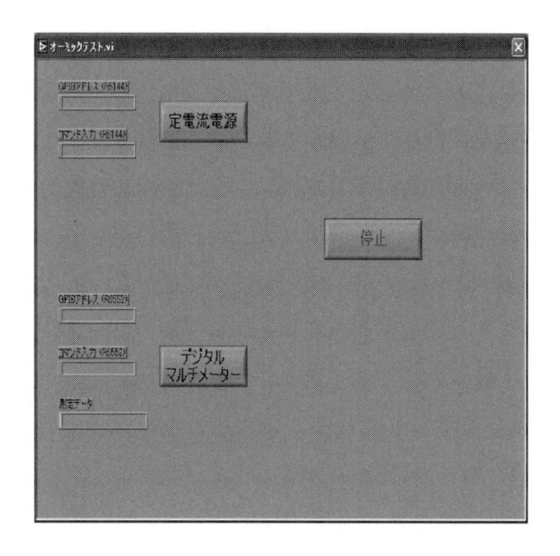

図 **3.12** オーミックテストを実行したときの画面.

(ここではマルチメーターを 1 台しか使わないが，次の実験 (3) のために 2 台とも電源を入れておく)

3. デジタルマルチメーター (KEITHLEY 2000) の INPUTS ボタンが押し込まれた状態になっていることを確認する．この状態は測定電圧の入力が背面から行われることを意味している．試料の電圧が背面から入力されるためである．一方，デジタルマルチメーター (ADVANTEST R6552) の INPUT ボタンは押し込まれていない状態になっていることを確認すること.
4. パソコン前面の POWER ボタンを押してパソコンを立ち上げる．ログイン画面でユーザー名 「resistance」+「机の番号」を入力し，パスワード 「physics」を入力する.
5. オーミックテストという名前のアイコンと，“電気抵抗自動測定” という名前のアイコンがある．このうちオーミックテストの方をマウスでダブルクリックする．図 3.12 のようなウインドウが開く．ウインドウは定電流電源を操作する部分とデジタルマルチメーターを操作する部分に分かれている.
6. 電流を 10 mA 流すために次のように操作する.
    (a) 定電流電源部の “GPIB アドレス” に， GPIB::1 と入力する.
    複数の計測機器を接続して使うときに，どの機器にコマンドを送るかを識別する必要がある．GP-IB ではこの識別にアドレスと呼ばれる番号を使う．各計測機器に番号を設定しておき，パソコンからその番号を指定してコマンドを送る．GPIB::1 というのはアドレス 1 番と指定されている定電流電源にコマンドを送るということである.
    (b) “コマンド入力” に， H と入力し，“定電流電源” アイコンをクリックする.
    これはフロントパネルで OPERATE ボタンを押して電流を止めたのと同等である.
    (c) 次に “コマンド入力” に D+10MA と入力して “定電流電源” アイコンをクリックす

る．

これで 10 mA を設定したことになる．

(d) 次に “コマンド入力” に E と入力して “定電流電源” アイコンをクリックする．

これはフロントパネルで OPERATE ボタンを押して電流を流したのと同等である．

7. 次にマルチメーターを操作する．

マルチメーター部の “GPIB アドレス” に， GPIB::2 と入力し，“コマンド入力” に，MEAS:VOLT:DC? と入力して “デジタルマルチメーター” アイコンをクリックする．これで “測定データ” に電圧の値が表示されるので記録する．このとき，1 秒おきに何度かクリックして有効数字を確認すること．この表示の単位は V である．

8. 次に定電流電源部の “コマンド入力” に， H と入力して “定電流電源” アイコンをクリックする．つまりいったん電流を止める．

9. “コマンド入力” に，D-10MA と入力して “定電流電源” アイコンをクリックする．

電流 −10 mA に設定したのと同等である．

10. “コマンド入力” に，E と入力して “定電流電源” アイコンをクリックする．

これで電流が流れる．

11. マルチメーター部の “コマンド入力” に，MEAS:VOLT:DC? と入力して “デジタルマルチメーター” アイコンをクリックする．

このとき “測定データ” に表示された電圧の値を記録する．

12. これらから (3.20) 式を使って電気抵抗を求めることができる．

13. 電流値 30 mA，50 mA についても同様に操作し，電気抵抗を求める．

各電流について，ほぼ同じ電気抵抗が得られれば正常である (非常に違った値が得られた場合は教官に知らせること)．オーミックテストが終わったら，定電流電源部のコマンド入力に H と入力して定電流電源” アイコンをクリックして電流を切っておく．その後プログラム，オーミックテストを終了する．

§7 実験 (3) 電気抵抗の温度変化の測定

金属，半導体，超伝導体の電気抵抗の温度変化を，液体窒素温度まで測定する．測定はパソコンによる自動測定によって行う．試料の温度は，熱電対によって測定する (熱電対については実験 7，熱電対による温度の測定を参照)．

1. 実験方法

1. 金属試料である銅の抵抗率を求めるために，まず銅の板の寸法を測定する．

薄板は両端を折り曲げてあるのでこの両端部分の厚さをマイクロメーターを使って測り，その平均値を薄板の厚さ t とする．ノギスを使って薄板の幅 w と電圧端子間の距離 l を測定する．測定し終わったら銅のキャップをかぶせる．このときに薄板がキャップに接触し

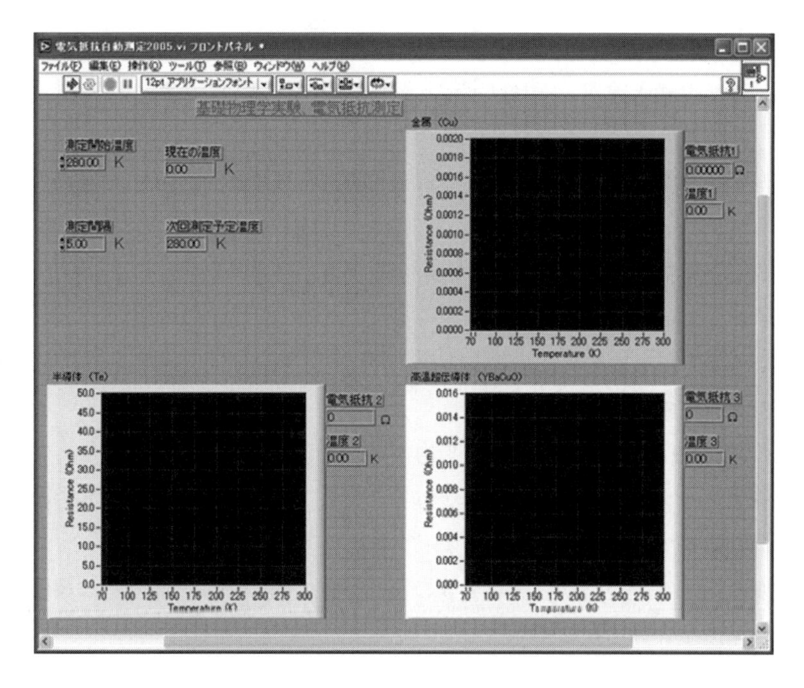

図 3.13　電気抵抗自動測定を実行した時の画面.

ないように注意する．冷却棒のネジがゆるんでいないか確認し，締め直す．

2. 図 3.11 のように装置が配線されていることを確認する．
3. 定電流電源とデジタルマルチメーター 2 台の電源が入っていることを確認する．
4. デジタルマルチメーター (KEITHLEY 2000) の INPUTS ボタンが押し込まれた状態，デジタルマルチメーター (ADVANTEST　R6552) の INPUT ボタンが押し込まれていない状態になっていることを確認すること．
5. 熱電対の端を温度定点 (273.15 K) 用の水と氷の入ったデュワー (小) に入れる．
6. コンピューター画面で電気抵抗自動測定をダブルクリックして起動させる．数秒間待つと，データを記録するファイル名を入力する画面が表示されるので，適当なファイル名を入力する．データはこのファイル名のテキストファイルに保存される．測定が始まったら直ちに測定点が記録されたファイルが作成されていることを確認すること．
   電気抵抗 1 のグラフに銅，電気抵抗 2 のグラフに Te，電気抵抗 3 のグラフに超伝導体の電気抵抗の温度変化が表示される．
7. デュワー (大) に黒い印のところまで液体窒素を入れる．
8. 試料ホルダーを液体窒素を入れたデュワー (大) にセットする．
   少しずつ温度が下がり始めて電気抵抗が自動的に測定される．測定は 5 K おきに行われる．
   自動測定は次のように行われている．
   (a) 常に温度を測定し，5 K ごとに次のような手順で 3 つの試料の測定を行う．

(b) まず温度を測定しメモリに記憶する．

(c) 電流を+30 mA 流す．これは定電流電源の OPERATE ボタンが点灯し，POLARITY の+ボタンが点灯することで確認できる．

(d) マルチメーターのチャンネルを 1 にして銅に発生した電圧 V_+ を測定しメモリに記憶する．

このとき数秒間，マルチメーターに電圧が表示される．

(e) 電流を −30 mA 流す．

(f) 電圧 V_- を測定しメモリに記憶する．

(g) 温度を測定する．

(h) 銅の電気抵抗を計算し，温度の平均値と一緒にファイルに書き込む．

(i) マルチメーターのチャンネルを 2 に切り替えて同じ手順を繰り返し半導体の電気抵抗と温度をファイルに書き込む．

(j) マルチメーターのチャンネルを 3 に切り替えて同じ手順を繰り返し超伝導体の電気抵抗と温度をファイルに書き込む．

9. だいたい 110 K から 100 K ぐらいになると温度下降が非常に遅くなってくる．その時はロートを使って少しずつ液体窒素をつぎたし，超伝導転移が終了するまで測定する．

10. マイスナー効果を観察する．

11. 測定が終了したら，プログラム電気抵抗自動測定のファイルメニューから終了を選ぶ．

12. データはテキストファイルに保存されているので，プリンターで印刷あるいは USB メモリなどにコピーしてレポート作成に使用する．

§8 解析

1. 銅の各温度での電気抵抗と，試料の寸法 (厚さ t，幅 w，長さ l) を用い，次式から抵抗率を求めること．

$$\rho = R\frac{tw}{l} \tag{3.21}$$

求めた抵抗率と温度の関係をグラフにする．0 °C での抵抗率の大きさと，抵抗率の温度に対する傾き $\mathrm{d}\rho/\mathrm{d}T$ を求めて，理科年表の値と比較せよ (0 °C での抵抗率は 1.55×10^{-8} Ω m，抵抗率の温度に対する傾きは 6.87×10^{-11} Ω m K^{-1} である)．

2. 半導体の電気抵抗と $1/T$ との関係を片対数グラフに表し，室温から低温側に直線部分があることを確かめること．この傾きから活性化エネルギーを見積もり，エネルギーギャップを求めて文献値と比較する．

3. 超伝導体の電気抵抗の温度変化をグラフにして，電気抵抗が急激に減少し始める温度と完全に電気抵抗が 0 になってしまう温度の平均値から超伝導転移温度を決めること．

発展課題

超伝導体の電気抵抗は，転移温度以上で温度に比例する領域がある．これは銅とよく似た振る舞いである．

この領域での抵抗率の温度に対する傾きを見積もり，銅の場合と比較すること．2つの物質の抵抗率と温度が比例する振る舞いは，同じメカニズムによるものといえるだろうか．

§9 付録

1. 金属の電気抵抗率

物質名	抵抗率 at 0 °C (10^{-8} Ω m)
Al	2.50
Sb	39
Au	2.05
Ag	1.47
Cu	1.55
In	8.0
Pb	19.2

2. 半導体のエネルギーギャップ

物質名	エネルギーギャップ (eV)
Ge	0.785
Si	1.206
GaAs	1.53
InSb	0.17
ZnSe	2.83
CdS	2.582
Te	0.33

3. 超伝導物質の転移温度

物質名	転移温度 (K)
Al	1.196
In	3.4035
Pb	7.193
Sn	3.722
MgB_2	39
Nb_3Sn	18.3
$PuCoGa_5$	18.5
$YBa_2Cu_3O_7$	90
$Bi_2Sr_2Ca_2Cu_3O_{10+\delta}$	110
$TlBa_2Ca_2Cu_3O_x$	133.5
κ - $(BEDT\text{-}TTF)_2Cu(NCS)_2$	10.4
$(TTF)[Pd(dmit)_2]_2$	6 (19 kbar)
$C_{60}RbCs_2$	33

実験4.　ホール素子によるコイルが作る磁場の測定

§1　目的

無限の長さのコイルの内部の磁場 H は，コイルに流す電流を I としたとき $H = nI$ と表されることはよく知られている．ここで n は単位長さあたりのコイルの巻数 n [/m] であり，電流 I の単位は [A](アンペア) である．よって磁場 H の単位は [A/m] と表される．ところが，このコイルが作る磁場の式にはコイルの形状に関するパラメータ (たとえばコイルの半径やコイルの長さなど) は登場してこない．また現実には無限の長さのコイルなど存在せず，必ずコイルには端は存在する．したがって, コイルが作る磁場の様子を調べ，どのような条件のもと上記のコイルの式が成り立っているのかを考えるのが本実験の目的である．その過程で，磁場を測定するために用いられるホール素子の原理であるホール効果や，定常電流が作る磁場の性質についても理解する．

§2　概要

(a) 印加磁場 H とホール電圧 V_{H} の関係

ホール素子の原理であるホール効果を理解する．一定磁場 ($H = 20000$ A/m) のもとホール電流を変化させたときのホール電圧を測定し，両者の関係を調べる．またホール素子に一定の電流 ($I_{\mathrm{H}} = 10$ mA) を流し印加磁場 H を変化させたときのホール電圧 V_{H} を測定し，V_{H} の H 依存性を調べる．

(b) ソレノイドコイルが作る磁場分布の観測

(a) にて校正された (一定電流の下，印加磁場とホール電圧の関係が調べられた) ホール素子を用いて，コイルが作る磁場の空間分布を調べる．

§3　原理

(1) アンペールの法則

一本のまっすぐな導線に電流が流れている場合，それを中心とする円周の方向に磁場が生じている．図 4.1 のように，この磁場の向きは電流の方向に右ねじを進ませるような回転の方向である．この円周に沿う磁場の成分を円周に沿って積分するとゼロにはならず有限の値をもつ．この値は，電流を囲む任意の閉曲線に沿って積分しても同じで，閉曲線が囲む面を貫く電流によって

きまる．すなわち，任意の閉曲線を C とすると

$$\oint_C \boldsymbol{H} \cdot \mathrm{d}\boldsymbol{s} = I$$

が得られる．ただし I は閉曲線 C の内部に含まれる電流を表す量で，積分変数 $\boldsymbol{s}$ の増す方向に右ねじを回すとき右ねじの進む方向を正とする．閉曲線 C の外部の電流はこの積分に寄与しない．この関係をアンペールの法則という．

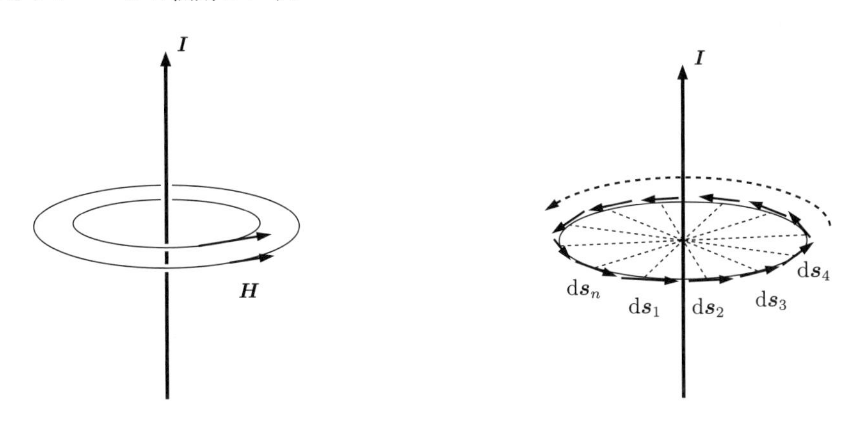

図 4.1　直線電流が作る磁場の様子　　**図 4.2**　アンペールの法則における周回積分の様子

ここでアンペールの法則を用いて直線電流 I から半径 r の円周上における磁場 $H(r)$ を考えよう．直線電流が作る磁場は，電流に垂直な平面内で電流を中心に同心円状に出来る．磁場の大きさは電流からの距離 r と電流の大きさ I で決まる．

今，電流から距離 r の同心円に対しアンペールの法則を適用すると，同心円状では電流からの距離が同じであるため $|\boldsymbol{H}|(= H)$ は一定であるので，

$$\begin{aligned}\oint_C \boldsymbol{H} \cdot \mathrm{d}\boldsymbol{s} &= H\,\mathrm{d}s_1 + H\,\mathrm{d}s_2 + H\,\mathrm{d}s_3 + \cdots + H\,\mathrm{d}s_n \\ &= H(\mathrm{d}s_1 + \mathrm{d}s_2 + \mathrm{d}s_3 + \cdots + \mathrm{d}s_n) \\ &= H \times 2\pi r \\ &= I\end{aligned}$$

が成り立つ (図 4.2 参照)．よって半径 r の円周上での磁場の大きさ $H(r)$ は

$$H(r) = \frac{I}{2\pi r}$$

となる．

(2) 電流がつくる磁場 (ビオ・サバールの法則)

電流 I の流れている導線を長さの方向に細分しその微小部分 $\mathrm{d}\boldsymbol{s}$(電流方向を正とする) が，それから変位 $\boldsymbol{r}$ の点Pに生じる磁場 $\mathrm{d}\boldsymbol{H}$ はベクトルの外積を用いて，

$$\mathrm{d}\boldsymbol{H} = \frac{I}{4\pi}\frac{\mathrm{d}\boldsymbol{s} \times \boldsymbol{r}}{r^3}$$

となる．すなわち d$\boldsymbol{s}$ と $\boldsymbol{r}$ のなす角を θ とすると，その大きさ $\mathrm{d}H = |\mathrm{d}\boldsymbol{H}|$ は

$$\mathrm{d}H = \frac{I}{4\pi}\frac{\mathrm{d}s\sin\theta}{r^2}$$

であり，その方向は d$\boldsymbol{s}$ と $\boldsymbol{r}$ で決定する平面と垂直で，向きは d$\boldsymbol{s}$ を $\boldsymbol{r}$ に右回りに回転させたときの回転ベクトルの方向 (ねじがすすむ方向) である (図 4.3).

このビオ・サバールの法則を用いて，図 4.4 のように半径 a の円形の導線に電流 I が流れているときの中心線上で点 O より距離 x の点 P での磁場を考えよう．円周上の点 Q のところの線要素 d$\boldsymbol{s}$ の部分から中心線上の点 P に生じる磁場の強さ $\mathrm{d}H$ は，上記のビオ・サバールの法則で $\theta = \pi/2$, $r = \sqrt{a^2 + x^2}$ より

$$\mathrm{d}H = \frac{I\,\mathrm{d}s\sin\theta}{4\pi r^2} = \frac{I\,\mathrm{d}s}{4\pi(a^2 + x^2)}$$

$\mathrm{d}\boldsymbol{H}$ の中心軸に垂直な成分 $\mathrm{d}\boldsymbol{H_2}$ は中心 O に対する Q の対称点 Q′ のところの電流の部分から点 P に生じる磁場の水平成分と打消し，$\mathrm{d}\boldsymbol{H}$ の OP 方向の成分 $\mathrm{d}\boldsymbol{H_1}$ だけが残る．$\mathrm{d}H_1 = \mathrm{d}H\sin\phi$, $\sin\phi = a/r$ より

$$\mathrm{d}H_1 = \frac{I\,\mathrm{d}s}{4\pi(a^2 + x^2)}\frac{a}{r} = \frac{Ia\,\mathrm{d}s}{4\pi(a^2 + x^2)^{3/2}}$$

よって円電流全体から生じる磁場は $\mathrm{d}s = a\,\mathrm{d}\varphi$ の関係から中心軸方向には

$$H_1 = \int \mathrm{d}H_1 = \frac{Ia}{4\pi(a^2 + x^2)^{3/2}}\int_0^{2\pi} a\,\mathrm{d}\varphi = \frac{Ia^2}{2(a^2 + x^2)^{3/2}}$$

となる．この式において $x = 0$ とすれば，よく知られた円電流の中心の磁場

$$H = \frac{I}{2a}$$

となる．

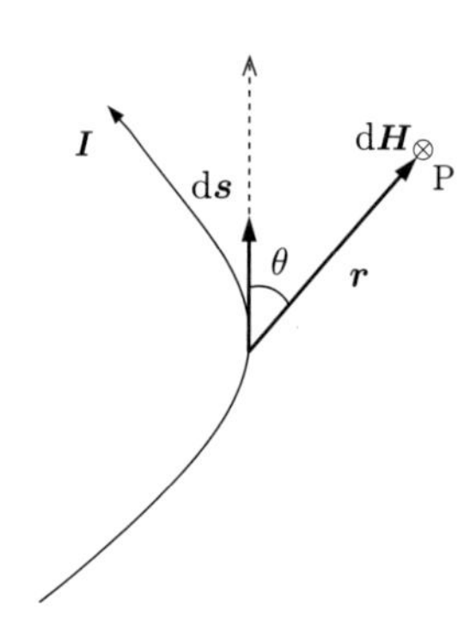

図 4.3　ビオ・サバールの法則の配置図

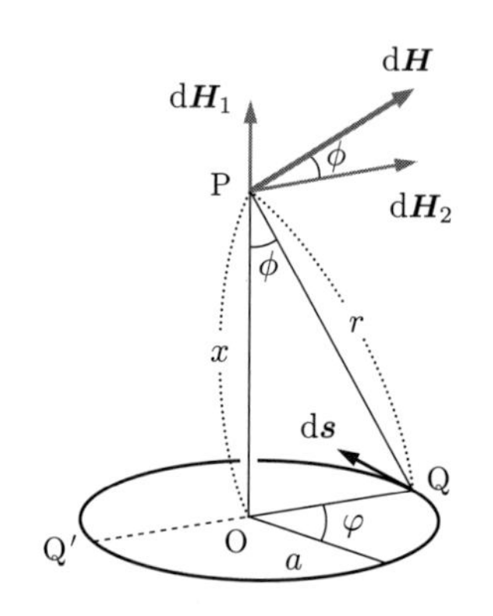

図 4.4　円電流が点 P に作る磁場の様子

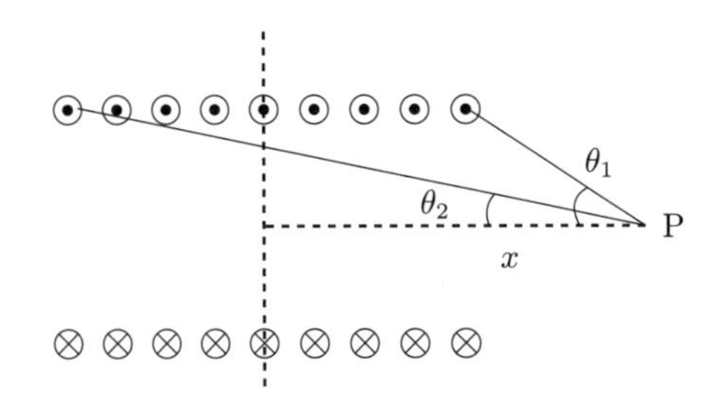

図 **4.5**　コイルが点 P に作る磁場の求め方

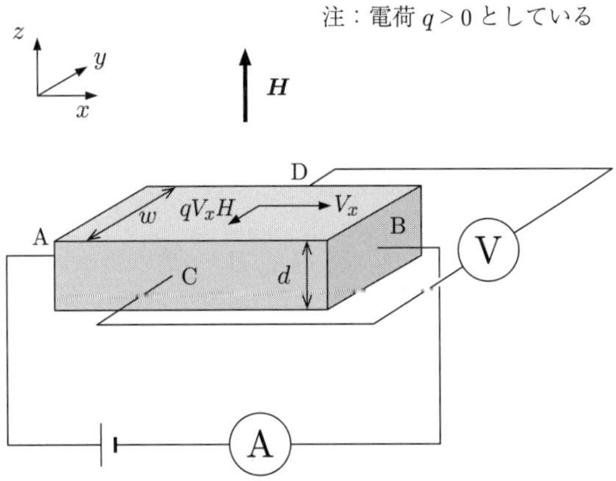

注：電荷 $q > 0$ としている

図 **4.6**　ホール効果の概念図

(3) 有限の長さのソレノイドコイルの作る磁場

上記で求めた円電流が作る磁場 H を応用して，有限の長さのソレノイドコイルが作る磁場の空間分布を考えよう．図 4.5 のような長さ $2l$，半径 a，単位長さあたりの巻数 n のソレノイドコイルの中心軸上の点 P (ソレノイドコイルの中心からの距離 x) における磁場は，

$$
\begin{aligned}
H(x) &= -\frac{nI}{2}\int_{\theta_1}^{\theta_2}\sin\theta\,\mathrm{d}\theta = \frac{nI}{2}(\cos\theta_2 - \cos\theta_1) \\
&= \frac{nI}{2}\left[\frac{x+l}{\sqrt{a^2+(x+l)^2}} - \frac{x-l}{\sqrt{a^2+(x-l)^2}}\right]
\end{aligned}
$$

のように表される．

(4) ホール効果

この実験ではホール素子を用いて磁場を測定する．ホール素子による磁場測定はホール効果を利用するので，この原理を概説する．なお，よく使われている磁束計 (ガウスメーター) も多くの場合ホール効果を利用している．電流の流れている試料に電流と垂直方向の磁場を印加すると，電流および磁場の両者と垂直方向に電圧が発生することが知られている．この現象は発見者の名 (Edwin Herbert Hall) にちなみホール効果と呼ばれる．磁場により発生する電圧 (ホール電圧) の符号や大きさは流れている電荷の性質に関係している．

一般に速度 $\boldsymbol{v}$ で動く電荷 $q\ (>0)$ の粒子に磁場 $\boldsymbol{H}$ を加えると，粒子は磁場により力を受け進行方向を曲げられる．この力はローレンツカと呼ばれ，ベクトルの外積を用い

$$\boldsymbol{F} = q\boldsymbol{v} \times \boldsymbol{B}$$

と表され，力の向きは電荷の進行方向および磁場の向きの両者と垂直である．ただし，$\boldsymbol{B}$ は磁束密度で，真空の透磁率を $\mu_0 = 4\pi \times 10^{-7}\mathrm{N/A^2}$ として $\boldsymbol{B} = \mu_0 \boldsymbol{H}$ という関係にある．図 4.6 の様なホール素子において，x 方向の AB 間に定電流を流し，一様な磁場を z 方向にかける．このとき素子中を速度 v_x で動く電荷 q の荷電粒子には $-y$ 方向にローレンツカが働く．この力により素子内の y 方向に電荷分布が変化し，それによって生じる電場 $\boldsymbol{E}$ からの力とローレンツカがつりあって定常状態になる．この y 成分の釣り合いを式で表すと

$$q\boldsymbol{E} + q\boldsymbol{v} \times \boldsymbol{B} = 0$$

より

$$qE_y - qv_x B_z = 0, \qquad E_y = v_x B_z$$

である．荷電粒子の密度を n とすれば，素子中の電流密度は $i_x = nqv_x$ で与えられるので，E_y は

$$E_y = R_\mathrm{H} i_x B_z, \qquad R_\mathrm{H} = 1/nq$$

と表される．比例定数 R_H はホール係数と呼ばれ，電荷を運ぶキャリアーの多数が正孔の場合は正の値，電子の場合は負の値を持つ．温度変化などによって符号および大きさが変わる場合もある．ホール係数は物質の電気伝導の性質を表す極めて重要な物理量である．

ここで，CD 間の距離を w，厚さを d，ホール素子に流す電流を $I_\mathrm{H} = wdi_x$，その時発生するホール電圧を V_H とすると，C 点を電位の基準にとれば

$$V_\mathrm{H} = -E_y w = -R_\mathrm{H} \frac{I_\mathrm{H}}{wd} B_z w = -\frac{R_\mathrm{H} I_\mathrm{H} B_z}{d}$$

となる．ホール電圧を既知の磁場で校正することにより，ホール電圧の測定から磁場の大きさを知ることができる．

§4　実験装置

実験に用いる装置を図 4.7 に示す．

(1) ホール素子，ホール素子用の電流電源，電圧計

これらは，ホール電圧を測定する装置である．上述のように，既知の磁場に対するホール電圧を調べる (校正する) ことにより，ホール電圧の測定から磁場を知ることができる．ホール素子はアクリルの筒の中に設置されている (図 4.8)．ホール素子は東芝製の半導体素子 (THS118, GaAs) である．

注）output ボタンを押して出力が出せる状態にして使うこと．

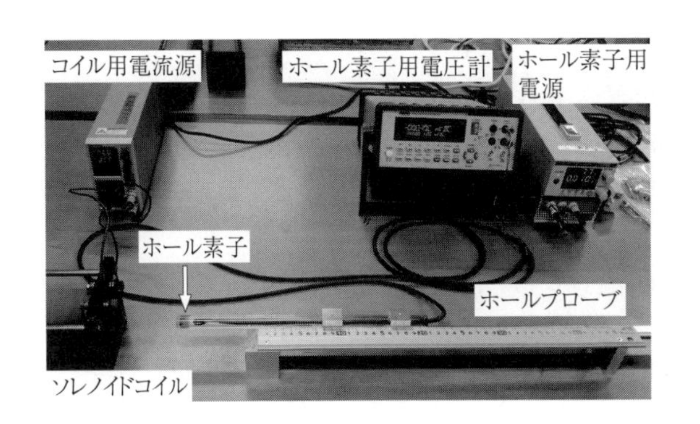

図 **4.7** 実験装置一式

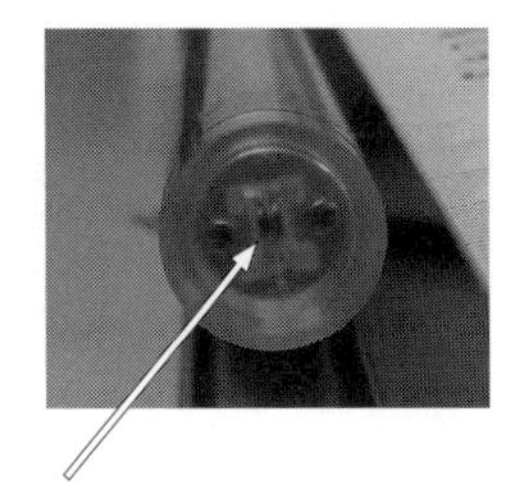

図 **4.8** ホール素子．東芝製の半導体 THS118, GaAs

(2) ソレノイドコイル，コイル用定電流電源

ソレノイドコイルの巻数は6000巻，コイルの巻かれている長さは $2l = 0.3$ m であるので，コイルの単位長さあたりの巻数 n は $n = 20000$ /m である．コイルを定電流電源に接続し電流を変化させることにより磁場の大きさを変化させることが出来る．時間が許せば，形状の異なるソレノイドコイルが作る磁場も調べてみよう．

注）電源はoutputボタンを押してLEDを点灯させた状態でないと出力はない．

§5 実験手順

(a) 印加磁場 H とホール電圧 V_H の関係

ホール素子をホール素子用電流源と電圧計に接続する．その後，図4.9に示すようにホール素子をソレノイドコイル ($n = 20000$ /m) の中心に設置する．

[注意 !] ホール素子は繊細なので取り扱いには注意すること．(10 mA より大きい電流は流さないように．) また，コード部分を引っ張らないようにする．

(1) 実験の準備として，電圧計の電源を入れ，filter を on にする．(手順としては，まず [shift] を押してから [filter] を押し，moving average を選択し，enter で確定する．)

(2) $H = 0$ の下，ホール素子に流れているホール電流 I_H [mA] を 0 から 10 mA まで，1 mA 刻みで変化させたときに発生するホール電圧 V_H を測定し，I_H と V_H の関係をグラフにせよ．

(3) 印加磁場を $H = 20000$ A/m (コイル用定電流を 1.0 A) に固定し，(2) と同様にホール素子に流す電流 I_H [mA] を 0 から 10 mA まで 1 mA 刻みで変化させたときに発生するホール電圧 V_H を測定する．その結果から I_H と V_H の関係をグラフにせよ．(ホール電圧とホール電流の関係)

(4) 今度は，ホール電流 I_H を 10 mA に固定し，その後コイルに流す電流を一度ゼロにする．その時発生している電圧は地磁気の影響やホール素子のバックグランドによる値である．この電圧を電圧計の [null] を押すことによってゼロにする．その後，コイルへ流す電流を 0 から 1.0 A まで，0.1 A 刻みで変化させたときに発生するホール電圧 V_H を測定し，印加

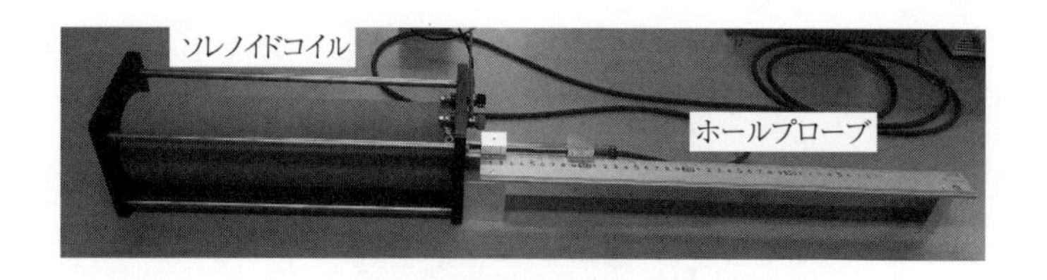

図 4.9　ホール素子をソレノイドコイルの中心に設置する

磁場 H とホール電圧 V_{H} の関係をグラフにせよ．(ホール電圧と印加磁場の関係)

(b) ソレノイドコイルが作る磁場分布の観測

ホール素子への電流を 10 mA，コイルに流す電流を 1 A に固定する．

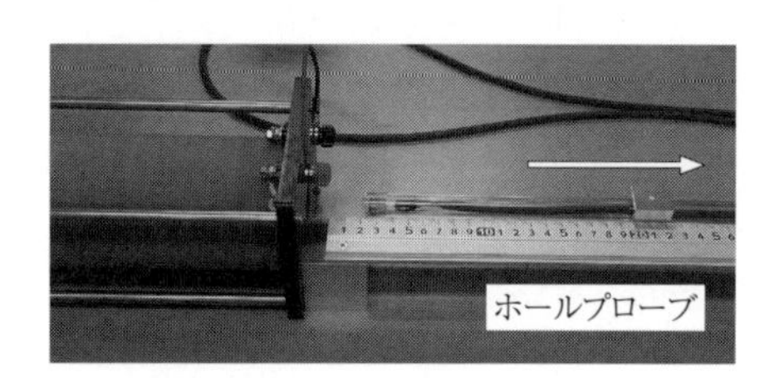

図 4.10　ホール素子をコイルの中心軸 (x 軸) 方向に沿って動かしホール電圧 $V_{\mathrm{H}}(x)$ を測定する．

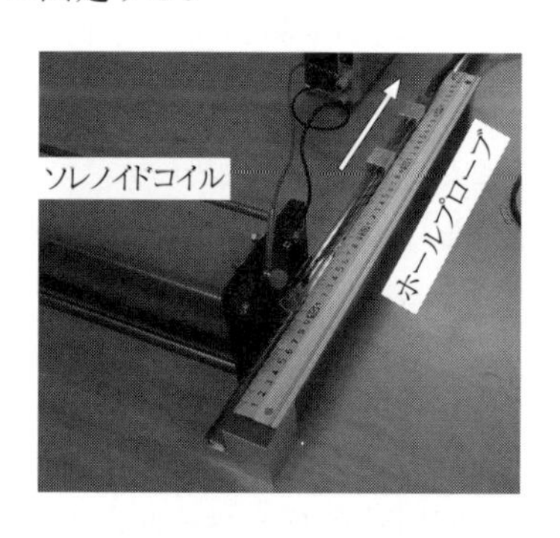

図 4.11　コイルの中心軸方向に対し垂直 (y 軸) 方向に動かしホール電圧 $V_{\mathrm{H}}(y)$ を測定する．

(1) ホール素子をコイルの中心に設置し，その後ホール素子をコイルの中心軸方向に沿って動かしていく (図 4.10 参照)．コイルの中心からの距離が x [m] の点 P におけるホール電圧 $V_{\mathrm{H}}(x)$ を測定せよ．特にコイルの開口部近傍は詳細に測定せよ．また上記に求めた V_{H}-H の関係を用い，点 P の磁場 $H(x)$ を求めよ．

(2) コイルの開口部近傍で，コイルの中心軸に垂直方向に動かしたときのホール電圧 $V_{\mathrm{H}}(y)$ を

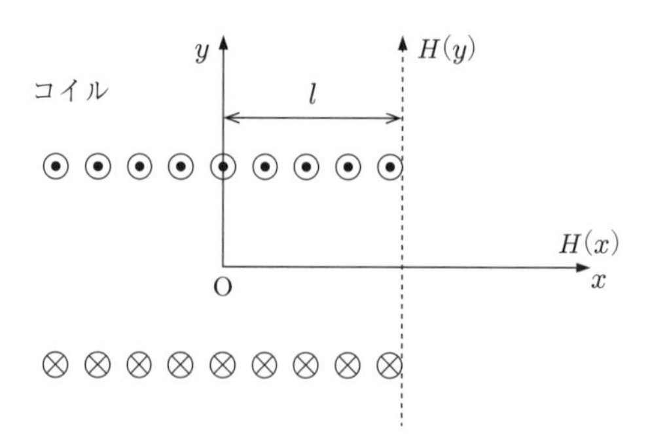

図 4.12　コイルに対する $H(x)$，$H(y)$ の向き

測定せよ (図 4.11 参照)．特に開口部では詳細に測定せよ．この結果より，コイルの開口に対し垂直軸方向の磁場分布を調べよ．ただし y 軸の方向は図 4.12 のように定義する．y 軸の向きに注意すること．またコイルが作る磁場の様子を，方位磁石を用いて確認せよ．

(3) (発展) 形状の異なる 2 種類のコイルが中心軸方向に作る磁場 $H(x)$ の様子をホール電圧 $V_{\mathrm{H}}(x)$ の測定から求めよ．

§6　課題と検討

(1) ビオ・サバールの法則より，直線電流から距離 r 離れた地点における磁場 $H(r) = I/2\pi r$ の表式を求めよ．またコイルにより点 P に作られる磁場の表式

$$H(x) = \frac{nI}{2}\left[\frac{x+l}{\sqrt{a^2+(x+l)^2}} - \frac{x-l}{\sqrt{a^2+(x-l)^2}}\right] \tag{4.1}$$

を導出せよ．

(2) ホール素子における，I_{H}-V_{H}，H-V_{H} の関係をグラフにし V_{H} と I_{H}，H との関係を調べよ．また，V_{H} [mV] と H [A/m] を関係づける式を作れ．コイルで発生している磁場は地磁気と比べてどれくらいの大きさといえるか．

(3) コイルの中心から距離 x の磁場 $H(x)$ の測定結果をグラフにせよ．コイルの端の磁場は中心の磁場と比較していくらになっているか．式 (4.1) を用いて議論せよ．また磁場の x 依存性を上記の式 (4.1) と比較せよ．

(4) y 軸方向 (図 4.12 参照) の磁場 $H(y)$ の測定結果をグラフにせよ．ただしコイルの中心を $y=0$ とする．$H(y)$ は $y=0$ でどのように変化しているか．

(5) コイルの中心から距離 x_i である i 番目の測定点 P_i において，磁場を $H(x_i)$ としたとき，$x = \dfrac{x_i + x_{i+1}}{2}$ での磁場の偏微分 $\dfrac{\partial H_x}{\partial x}$ は

$$\frac{\Delta H}{\Delta x} = \frac{H(x_{i+1}) - H(x_i)}{x_{i+1} - x_i}$$

で近似的に与えられる．x 軸方向の微分 $\Delta H/\Delta x$ および y 軸方向の微分 $\Delta H/\Delta y$ をグラフにせよ．x 方向，y 方向に対し磁場が変化している領域はどれくらいといえるか．

(6) $\Delta H/\Delta x$，$\Delta H/\Delta y$ の両方が求められている点 $(x, y) = (0.17,\ 0)$ 付近に対し，$\mathrm{div}\,\boldsymbol{H}$ を近似的に求めよ．ここで $\mathrm{div}\,\boldsymbol{H}$ は，

$$\mathrm{div}\,\boldsymbol{H} = \frac{\partial H_x}{\partial x} + \frac{\partial H_y}{\partial y} + \frac{\partial H_z}{\partial z}$$

と表され，意味については補足を参照のこと．ただし，$\mathrm{div}\,\boldsymbol{H}$ にあらわれる偏微分は (5) で定義した式で近似的に代用できるものとし．磁場の yz 面での対称性より $\mathrm{div}\,\boldsymbol{H}$ は

$$\mathrm{div}\,\boldsymbol{H} = \frac{\partial H_x}{\partial x} + \frac{\partial H_y}{\partial y} + \frac{\partial H_z}{\partial z} \simeq \frac{\partial H_x}{\partial x} + 2\frac{\partial H_y}{\partial y}$$

と表されるものとする．

(7) ソレノイドコイルに対しアンペールの法則

$$\oint_C \boldsymbol{H}_s \, \mathrm{d}\boldsymbol{s} = NI$$

を適用することにより，磁場の大きさからコイルの全巻数 N を見積もれ．

(8) (発展) ゼロ磁場で観測されたホール抵抗の原因について考察せよ．

§7 補足

(1) **磁場の単位**

SI 単位系では，磁場 H の単位は [A/m] であるが，cgs 単位系では [Oe](エルステッド) である．ただし，cgs 単位系では，磁束密度 B の単位が [G](ガウス) であり，真空中では 1 Oe = 1 G の関係が成り立つため，実用単位として磁場を [G](ガウス) を用いて表すことが多い．ちなみに，1 Oe = 1 G = 79.6 A/m の関係がある．

(2) **回転 rot**

アンペールの法則 $\oint_C \boldsymbol{H} \, \mathrm{d}\boldsymbol{s} = I$ は回転 rot (rotation, ローテーション) を用いると，

$$\mathrm{rot}\, \boldsymbol{H} = \boldsymbol{I}$$

と表される．ここで，rot $\boldsymbol{H}$ の定義は，

$$\mathrm{rot}\, \boldsymbol{H} = \left(\frac{\partial H_z}{\partial y} - \frac{\partial H_y}{\partial z} \right) \boldsymbol{e}_x + \left(\frac{\partial H_x}{\partial z} - \frac{\partial H_z}{\partial x} \right) \boldsymbol{e}_y + \left(\frac{\partial H_y}{\partial x} - \frac{\partial H_x}{\partial y} \right) \boldsymbol{e}_z$$

である．また $\boldsymbol{e}_x, \boldsymbol{e}_y, \boldsymbol{e}_z$ は，x, y, z 方向の単位ベクトルである．

(3) **発散 div**

ベクトル関数を $\boldsymbol{V}(x, y, z)$ とするとき，発散 div (divergence, ダイバージェンス) は

$$\mathrm{div}\, \boldsymbol{V} = \frac{\partial V_x}{\partial x} + \frac{\partial V_y}{\partial y} + \frac{\partial V_z}{\partial z}$$

と定義される．また $\mathrm{div}\, \boldsymbol{V}$ はスカラー量である．ここで，$\mathrm{div}\, \boldsymbol{V}$ が何を意味しているか考えてみよう．原点から座標軸の方向に微小な線分 $\mathrm{d}x$，$\mathrm{d}y$，$\mathrm{d}z$ をとり，これらを三辺として図 4.13 のような直六面体を作ってこの直六面体に出入りする流線の数を求める．x 軸に垂直な $x = 0$ の側面から六面体の中に入る流線の数は $\boldsymbol{V}$ の x 成分と側面の面積 $\mathrm{d}y\mathrm{d}z$ の積，$V_x \, \mathrm{d}y\mathrm{d}z$ で表される．$x = 0$ の側面に相対する，$x = \mathrm{d}x$ の側面では $\boldsymbol{V}$ の x 成分は，$V_x + \dfrac{\partial V_x}{\partial x}\mathrm{d}x$ となり，したがって，$x = \mathrm{d}x$ の側面から外に出る流線の数は

$$\left(V_x + \frac{\partial V_x}{\partial x}\mathrm{d}x \right) \mathrm{d}y\mathrm{d}z$$

となる．ゆえに x 軸に垂直な 2 つの側面から直六面体の外に出る流線の数は

$$\frac{\partial V_x}{\partial x}\mathrm{d}x\mathrm{d}y\mathrm{d}z$$

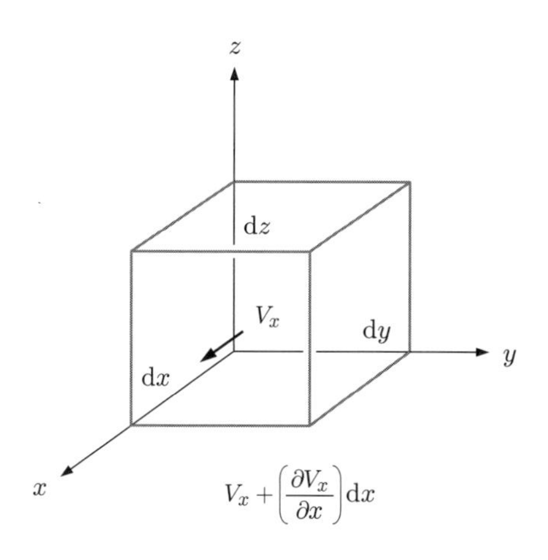

図 4.13　x 方向の湧き出しのイメージ図

となる．同様にして，y 軸に垂直な二面から外に出る流線の数は

$$\frac{\partial V_y}{\partial y}\mathrm{d}x\mathrm{d}y\mathrm{d}z$$

z 軸に垂直な二面から外に出る流線の数は

$$\frac{\partial V_z}{\partial z}\mathrm{d}x\mathrm{d}y\mathrm{d}z$$

である．よって直六面体の各面を通って外に出る流線の数は，以上の三式の和，すなわち

$$\mathrm{div}\,\boldsymbol{V}\,\mathrm{d}x\mathrm{d}y\mathrm{d}z$$

となる．ところで直六面体の体積は $\mathrm{d}x\mathrm{d}y\mathrm{d}z$ であるから上式をこの体積で割って得られる $\mathrm{div}\,\boldsymbol{V}$ は単位体積から外に出る流線の数を表していることがわかる．

(4)　**電場と磁場の発散**

磁場 $\boldsymbol{H}$ には，

$$\mathrm{div}\,\boldsymbol{H}=0 \tag{A}$$

の関係がある．これは磁場 $\boldsymbol{H}$ の場合，単位体積から湧き出る磁力線の数がゼロであることを意味する．図 4.14 に示すように磁石では，磁荷 $+m$ から出た磁力線は磁荷 $-m$ に必ず戻って来る．この場合，点線で示した球面を横切る磁力線は球面全体を積分するとゼロになっていることがわかる．

ちなみに，この様子は電場の場合と大きく異なる．図 4.15 に示すように $+Q$ から出た電気力線は放射状に発散する．このとき点線で示した球面を横切る電気力線はゼロではなく，球面の電気力線を足し合わせると内部の電荷 $+Q$ に相当した量になる．電荷密度を ρ として，電場の様子を式で表すと，

$$\mathrm{div}\,\boldsymbol{E}=\frac{\rho}{\varepsilon_0}\qquad(\varepsilon_0：\text{真空の誘電率}) \tag{B}$$

となる．両者の違いは，磁石には単磁荷 (モノポール) が存在しないことと関係している．

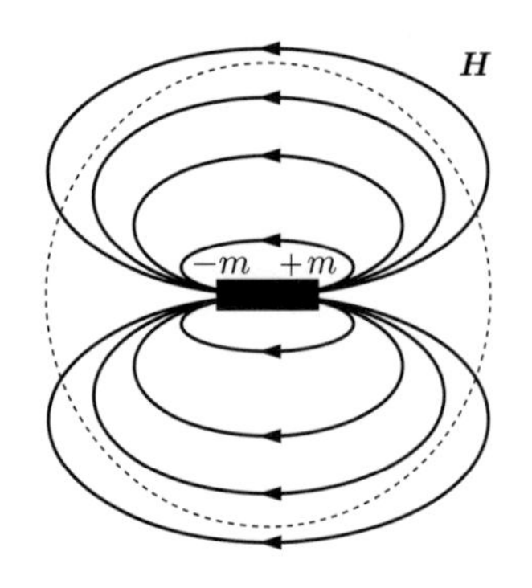

図 4.14　磁石からの磁力線の様子

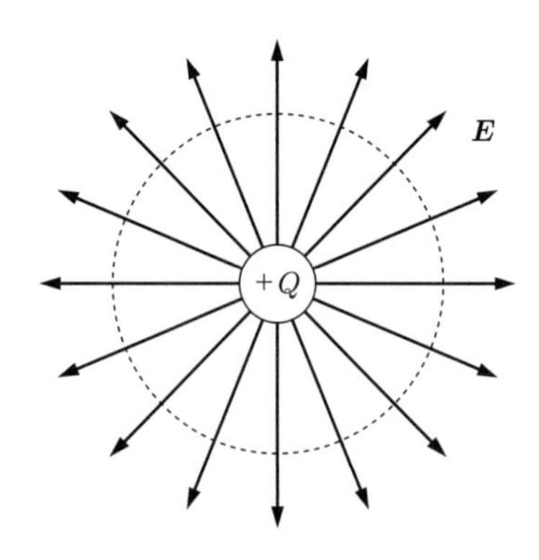

図 4.15　電荷からの電気力線の様子

(5)　**(発展) Maxwell の方程式**

磁場が時間変化するとよく知られている電磁誘導によって電場を発生する．磁場 $\boldsymbol{H}$，電場 $\boldsymbol{E}$ の向きまで考慮した式は，真空の透磁率 μ_0 を使って，

$$\mathrm{rot}\,\boldsymbol{E} = -\mu_0 \frac{\partial \boldsymbol{H}}{\partial t} \tag{C}$$

と表される．また，逆に電場が時間変化したとき，空間に導体があればこれに沿って誘導電流が流れるし，導体がない場合でも変位電流を生じこれにより磁場が作られる．電流密度を $\boldsymbol{j}$ として，これを式に表したのが，

$$\mathrm{rot}\,\boldsymbol{H} = \boldsymbol{j} + \varepsilon_0 \frac{\partial \boldsymbol{E}}{\partial t} \tag{D}$$

である．これら (A) ～ (D) の 4 つの式は，Maxwell の方程式と呼ばれる電磁気学における最も重要な式である．

実験5. オシロスコープ・インピーダンス測定 (2週テーマ)

§1 目的

オシロスコープを使用していろいろな形の電気信号を観測することによってオシロスコープの使用法を修得する．さらに，LCR 回路を用いてインピーダンスの周波数特性について学習する．

§2 概要

2週にわたる実験を行う．第1週でオシロスコープの使い方に習熟し，CR 直列回路に変動入力を加えたときの出力を観測する方法で過渡現象を解析する．第2週に LCR 回路のインピーダンス測定を通じて，自作した3種類のソレノイドコイルのインダクタンス L を測定し，形状･巻数から計算した L の値と比較する．第1週はレポートを提出しなくてよい．ただし，実験ノートに記録した**測定 (g-1)** までの結果を担当教員に見せて帰ること．第2週終了後に**測定 f) および g)** の結果をまとめて，レポートを提出する．第1週に時間が足らないときは，教員に申し出て測定 f) までで終了してもよい．十分予習して第2週に臨むこと．この実験では多くの道具を用いるが，道具類は決して他のグループから借りてはいけない．章末に道具類一覧があるのでチェックして，不足しているものがあれば教員室に来て補充してもらうようにする．

第1週　オシロスコープによる電圧波形・リサジュー図形の観測

§3 説明

オシロスコープの基本的な動作原理については，章末の付録にアナログオシロスコープの説明がある．オシロスコープは簡単にいうと**電圧の時間変化**を画面上に描かせる装置である．ブラウン管の電子ビームを水平方向に時間的に変化 (掃引，スイープ) させることによって縦軸に与えた入力電圧の時間的変化をブラウン管上に波形として表示する．オシロスコープは一般に電子ビームの水平方向のスイープの開始時刻を信号で決めることができる．スイープ開始の信号をトリガー (引き金) とよぶ．外部からの信号をトリガー (外部トリガー) とすることも，入力信号そのものをトリガー (内部トリガー) とすることもできる．入力信号が設定した電圧 (トリガーレベル) に達するとトリガーがかかって掃引が開始される．内部トリガーの利点は，周期的な入力の場合，波形の同じ位置で掃引が始まるから，水平掃引の時間設定に関係なく，入力波形が静止した状態で観測できることである．この実験で使用するオシロスコープ (図 5.1 ［巻末折り込み］参照) の入力部は CH 1 と CH 2 からなっていて，2 つの入力電圧を同時に (ALT または CHOP で) 観測することも，加算 (ADD) して表示することもできる．なお，入力感度の設定の数字は VOLTS/DIV を単位として表してあることに注意する．この DIV (division の略) はブラウン管面に描いてある直線の間隔を意味していて，画面上では 1 cm になっている．たとえば，0.5 VOLTS/DIV は縦軸 1 DIV あたりの電圧が，0.5 V であることを意味する．また，水平方向の掃引時間の設定は TIME/DIV で表示してある．たとえば，5 ms/DIV は横軸 1 DIV あたりの時間が 5 ms を意味する．なお，これら入力感度や掃引時間の数値が信頼できるのは，**赤いつまみが右いっぱいに回してあって，CAL の位置にあるときだけである．** ms は 10^{-3} 秒を，μs は 10^{-6} 秒を意味する．

掃引時間設定のダイヤルに X-Y という位置がある．これは，2 つの入力を縦軸と横軸にしてリサジュー図形を描かせるときに使用する．リサジュー図形については後述する．

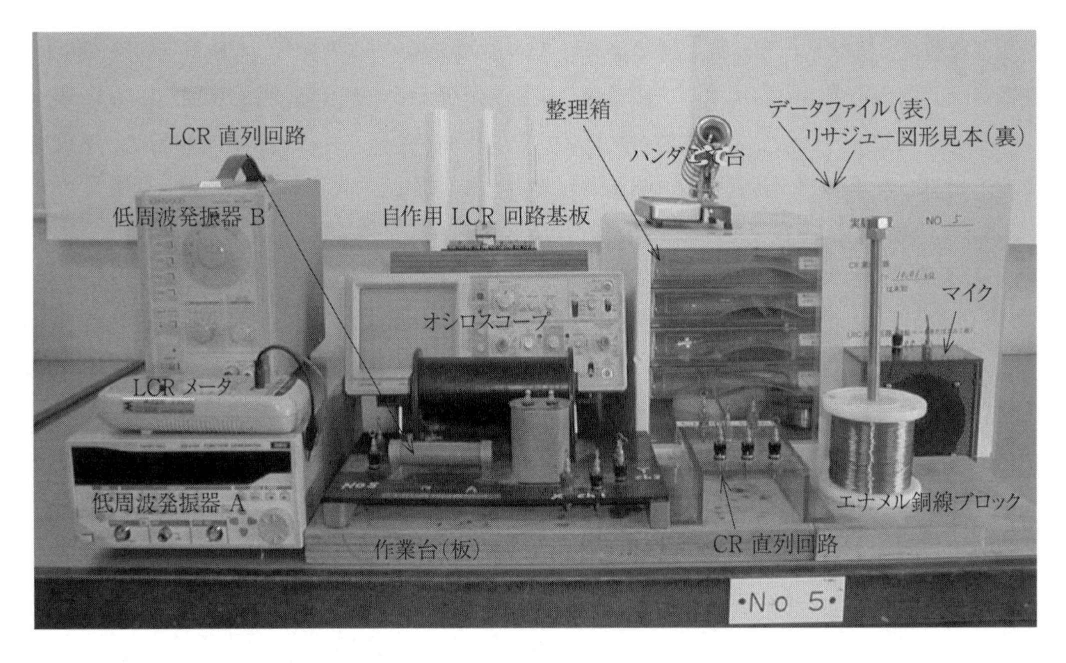

図 5.2 オシロスコープ・インピーダンス実験装置

§4 実験装置

a) オシロスコープ HITACHI V-252

ダイヤル，スイッチ，入力端子などの配置は，巻末折込みの図 5.1 を参照．ノイズの原因になることがあるのでオシロスコープに発振器などを載せないこと．

b)　低周波発振器 A　デジタル表示ファクションジェネレータ KENWOOD FG-4104

スイッチ，ダイヤル，入力端子などの配置は図 5.3 のとおり．

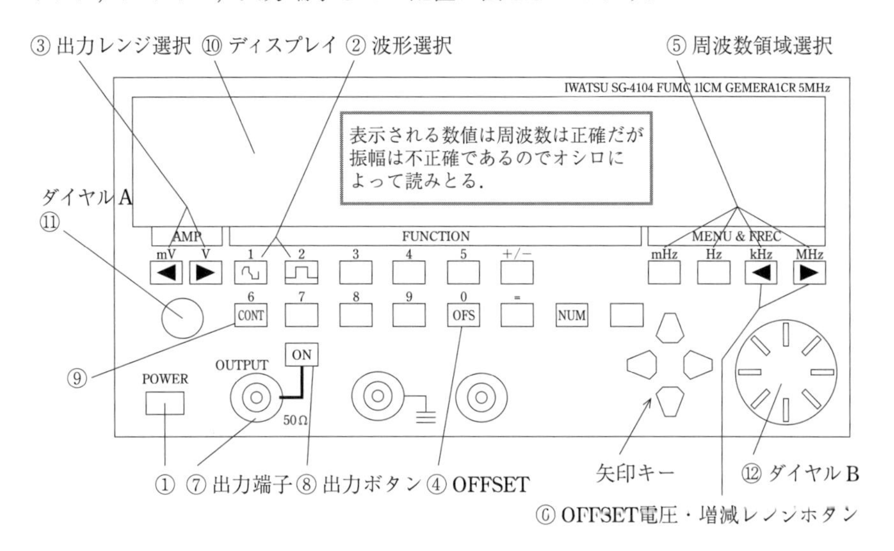

図 **5.3**　低周波振器 A (IWATSU SG-4104)

① POWER スイッチ

ボタンスイッチを押すと，ディスプレイに出力信号の交流成分の電圧 (左，単位 V) と周波数 (右，単位 Hz または kHz) が表示される．点滅しているところはそれぞれダイヤル A とダイヤル B によって変えることができるレンジを示す．ここで周波数の値は正しいが，表示される電圧 V_{pp}(peak to peak 値 = 最大値と最小値の差 = 振幅の 2 倍) の値は正しくないことに注意 (後述)．

② 波形選択 (FUNCTION [1]，[2])(正弦波 [~][1] ボタンまたは [⊓][2] ボタンを選ぶ．)

③ 出力レンジ選択と出力調整 (AMPLITUDE ⑪)

信号の交流成分を出力レンジ選択③(mV か V か) とダイヤル A ⑪によって値を増減させる．その値はオシロスコープで確認する (ディスプレイに表示される値は正確でない)．ディスプレイ上でレンジが点滅するから，変えたいレンジを矢印 ◀ と ▶ で選択する．

④ DC OFFSET

正または負の電圧の直流 (DC：時間的に一定の) 成分を出力信号に加える．このボタンを押すとディスプレイが電圧表示になる．ダイヤル B ⑫によって値を設定する．値はオシロスコープで確認する．微細に変えたいときは⑥の矢印ボタンと併用する．

⑤ 周波数領域選択 (FREQUENCY)

ダイヤル B ⑫と組み合わせて出力周波数を設定する (表示される値は正しい)．変えられるレンジが点滅する．

⑥ OFFSET 出力レンジ選択ボタン

信号の直流成分をダイヤル B ⑫によって値を増減させる際に，微細に変化させるために，変えたいレンジを矢印 ◀ と ▶ で選択する．

⑦ 出力端子 OUTPUT

②で選択された波形の出力．芯が出力電位で円筒部がアース (0 V)，表示される値は正しくないのでオシロスコープで正しい値を読み取る．

⑧ 出力ボタン

信号を出力端子から実際に出す．これが点灯していなければ，信号は OUTPUT されない (点灯していなければ押す)．

⑨ 連続信号選択ボタン (CONT continue の略)

正弦波 ∼ や方形波 ⊓ などの連続信号を出力させる場合に押すボタン．

⑩ カウンタ表示部 (ディスプレイ)

出力信号の周波数または出力電圧を表示．ただし周波数は正確だが電圧は不正確．

⑪ ダイヤル A

信号出力 (交流成分) 調整．正確な出力電圧値は表示でなく，オシロスコープで知る．

⑫ ダイヤル B

(1) 出力信号の周波数調整または (2)OFFSET(直流成分) 出力調整．正確な出力電圧値は発振器 A の画面表示でなく，オシロスコープで知る．

c)　低周波発振器 B　KENWOOD/AG204 および同/AG204D

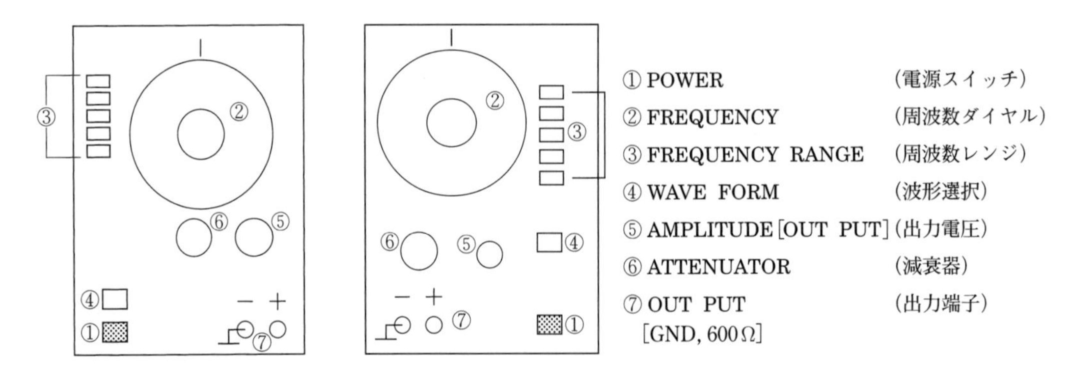

図 5.4　低周波振器 B　KENWOOD AG 204(左) と AG 204D(右)

中央の大きいダイヤル ②は周波数ダイヤルで，RANGE 切換スイッチ ③と併用して，発振周波数を決める．RANGE 切換スイッチで 5 段階の周波数範囲を切り換えることができる．発振周波数は周波数ダイヤルの目盛に周波数レンジのスイッチに記されている倍率を乗じて求める．①は電源スイッチである．④はWAVE FORM，すなわち，波形選択のスイッチで，方形波と正弦波を選択できる．AMPLITUDE ⑤で出力電圧の振幅を連続的に変化させ，ATTENUATOR ⑥で出力の大きさを6段階に切り換える．⑦が出力端子である．左側の端子についている記号 ⊥ はアース記号で，端子がケースにショート〔電気的に接触〕していることを意味している．

d)　CR 直列回路　説明後述．

§5　測定・解析の方法

a)　準備　オシロスコープおよび低周波発振器 A の電源スイッチを OFF にして電源コードのプラグをコンセントに差し込んだ後，共通電源コードのタップのスイッチを ON にし (LED ランプが点灯する)，各ダイヤル，スイッチを次のようにセットする．

オシロスコープ

① ⑦	POSITION	中央	
②	VOLTS/DIV	1 V	赤つまみは CAL の位置
④ ⑩	AC-GND-DC	GND	
⑤	MODE	CH 1	
⑥	PULL INVERT	押し込んだまま	
⑭	INTENSITY	右回しいっぱい	
⑮	FOCUS	中央	
⑲-1	SOURCE	INT	
⑲-2	INT TRIG	CH 1	
⑳	MODE	AUTO	
㉑	LEVEL	中央 (0)	
㉒	TIME/DIV	1 ms	
㉓	SWP VAR	CAL の位置	
㉔	POSITION	中央	×10 MAG つまみは押し込んだまま．

低周波発振器 A の電源スイッチ ① を押し，スイッチを次のようにセットする．

低周波発振器 A

②	波形選択	方形波 [⊓] [2]
③	AMPLITUDE	V
⑤	周波数領域選択	kHz
⑫	ダイヤル B で周波数	1.0000 kHz

オシロスコープの電源スイッチ ⑬を押し込む (ON) とパイロットランプ ⑫が点灯する．数秒で水平方向に掃引線が現れるので INTENSITY ⑭を徐々に左へ回して適当な明るさにする．AC-GND-DC ④が GND の位置では INPUT ③に信号を入力しなくても掃引する (水平輝線が現

れる) 自動掃引の状態であり，掃引線の電圧 (垂直) 位置は 0 V なので，これが中央目盛にくるように POSITION ①を調節する．掃引線が蛍光面目盛と平行でない場合は，TRACE ROTATION ㉕を調節する (調節が必要なときは教員に申し出ること)．輝線の左端が蛍光面の目盛の左端の縦線に合うよう POSITION ㉔を調整する．

低周波発振器 A の出力端子⑦を，両端が BNC タイプの同軸ケーブルでオシロスコープの CH 1 の入力端子③につなぐ．(BNC コネクターは突起を溝に合わせて押し込み，時計回しに最後までねじ込む．はずすときはその逆を行い，まっすぐに引き抜くこと．) オシロスコープの AC-GND-DC ④を DC に切り換える．出力が示されないときは低周波発振器 A の出力ボタン⑧を押す．

b)　方形波形の観測　オシロスコープの AC-GND-DC ④を DC(直流) に切り換える．低周波発振器 A からの出力電圧が 2 ± 1 V になるように調節する．その際，**2 つの調整**が必要である．(1) まず，発振器 A の DC OFFSET ボタン④を押し，オシロスコープ上で直流成分 (方形波の平均電圧) が 2 V になるように，ダイヤル B ⑫を回して波の直流成分 (平均値) を増減させる．そのときダイヤルだけでは変動が粗すぎる場合は矢印 ◀ と ▶ のボタンを押して変動レンジを変えるとよい．(2) 次に [⊓] ([2]) ボタンを押し，ダイヤル A を用いて交流成分を増減させ，オシロスコープ上で 2 ± 1 V(最大値が +3 V，最小値が +1 V) になるようにする．そのとき，信号が静止しなければ，トリガーレベル㉑を調節して静止させる．このとき，低周波発振器 A の端子⑦からは 1 kHz の方形波が出力されているのであるが，オシロスコープ画面観測からも次のように周波数を求めることができる．

観測波形の周期 T は

$$T = (\text{TIME/DIV の値}) \times (\text{1 周期分の長さの DIV 数})$$

で与えられ，周波数 f は，$f = 1/T$ で求められる．TIME/DIV ㉒を 0.5 ms，0.2 ms に変えて，観測できる繰り返しの波形が少なくなる様子を見る．**観測した波形のおおよその形をフリーハンドでよいから，周波数を添えて実験ノートに書く (レポートには必ずしも書かなくてよい)．横軸に時間目盛を必ずいれること (以下も同様である)．**

c)　正弦波形の観測　オシロスコープの AC-GND-DC ④を AC(交流) に，TIME/DIV ㉒を 1 ms にし，低周波発振器 A の波形選択②を，正弦波 ∼ に設定してピークが ± 1 V の正弦波を出力させる．電圧はオシロスコープを見ながらダイヤル A で調節する (表示される電圧値は信用してはいけない)．微調整が必要なら出力レンジ選択③(矢印 ◀ と ▶) で変化させる位取り (レンジ) を変えて調節する．次に，オシロスコープの，AC-GND-DC ④を DC(直流) に切り換え，低周波発振器 A の DC OFFSET ④を操作し，約 2 V の直流成分が正弦波形に加えられるように調節する．オシロスコープの AC-GND-DC ④を再び AC に切り換えて AC モードと DC モードの違いを観測し，理解すること．DC(直流) モードは，0 V を基準にして，直流成分，交流成分の重畳された電圧が表示されるが，AC(交流) モードは，直流成分が除かれ交流成分のみが表示される．

次の実験に進む前に，AC-GND-DC ④を AC に戻しておく．

d)　混合波形の観測　低周波発振器 A からの信号と低周波発振器 B からの信号との混合波形を観察する．まず，低周波発振器 A から周波数 200 Hz，電圧約 1 V(オシロスコープ上での振幅) の信号が出るようにし，その出力を CH 1 に接続する．

オシロスコープの TIME/DIV ㉒を 2 ms にして波を観察し，上と同様の方法で周波数が 200 Hz になっていることを画面から読みとって確認する．

次に，低周波発振器 B の電源スイッチを入れ，その出力端子 (差し込み導線) をケーブルのわに口で挟み，極性に注意して (ケーブルの端子は赤が ⊕ 信号線，黒が ⊖ アースに対応する) オシロスコープの CH 2 の入力端子 ⑨に接続する．低周波発振器 B，オシロスコープの各ダイヤルを次のようにセットする．

低周波発振器 B

波形選択	正弦波
周波数レンジ	×10
ATTENUATOR(減衰器)	−10 dB
AMPLITUDE［OUTPUT］	中央付近

オシロスコープ

⑧	VOLTS/DIV	1 V
⑩	AC-GND-DC	AC
⑤	MODE	CH 2
⑲-1	SOURCE	INT
⑲-2	INT TRIG	CH 2

(これによりオシロスコープ内のトリガーパルスをつくる回路に入る信号源が CH 2 になる)

低周波発振器 B からの正弦波電圧を観察し，周波数が 400 Hz になるように低周波発振器 B の周波数ダイヤルを調節する．

INT TRIG ⑲-2 を CH 1 に，MODE ⑤を ALT または CHOP にすると低周波発振器 A からの 200 Hz(f_1) の波と低周波発振器 B からの 400 Hz(f_2) の波が同時に観測できる．POSITION ①，⑦を調節して波形を上下に分けると観測しやすい．また，波形が画面に収まらない場合は，VOLTS/DIV ②，⑧および赤つまみを調節する．CH 2 の波形が多重になったり，左右に動く場合は，低周波発振器 A と低周波発振器 B の周波数が整数比になっていないからであり，低周波発振器 B の周波数ダイヤルを微妙に調節して波形がほぼ停止するようにする (ただし，完全には止まらないのでほどほどに)．

次に，MODE ⑤を ADD にして 200 Hz と 400 Hz の正弦波の混合波形を観測する．MODE ⑤

をADDにして観測する場合はPOSITION①，⑦を中央に設定したほうが正確な観測ができる．信号がうまく合成されない（「一筆書き」にならず多価関数のようになる）場合は低周波発振器Bの周波数をいったん極端に大きくしてから戻して調節すると正常になる．

e) リサジュー（Lissajous）図形の観測　1つの点（この場合は輝点が互いに直角な方向にそれぞれ単振動 ($x = a\sin(2\pi f_1 t)$, $y = b\sin(2\pi f_2 t)$) を行うときの合成運動の軌跡は，それぞれの振動数が整数比をなすとき，両振動の位相差に応じて種々の静止図形となる．これをリサジューの図形という．各テーブルに見本ファイルが備えられているから参照のこと．

実験d)の配線の状態で，TIME/DIV㉒をX-Yにすると2∶1（水平方向に2山，垂直方向に1山）のリサジューの図形が観測される．これは水平(X)軸にCH 1の信号 ($f_1 = 200\,\mathrm{Hz}$) が，垂直(Y)軸にCH 2の信号 ($f_2 = 400\,\mathrm{Hz}$) が入力されて合成された図形である．ここに，$f_1 : f_2 = 1 : 2$．これからわかるように，リサジューの比（水平方向と垂直方向の山の数の比）は入力信号の周波数の比に反比例する．蛍光面中央で図形が約6 DIV四方になるようにPOSITION①，⑦，㉔およびVOLTS/DIV②，⑧，赤つまみを調整する．図形が静止しないときは，周波数が正確に整数比になっていないからなので，**低周波発振器Bの周波数ダイヤル**で微妙に調節する（ただし，完全には止まらないのでほどほどに）．

さらに，低周波発振器Bの周波数を200，300，600 Hzにして，図形観測をせよ．

f)の実験にうつる前に，TIME/DIV㉒をX-Yから戻しておくこと．

f) CR直列回路の特性時間の測定　図5.5のようなCR（コンデンサ・抵抗）直列回路に電圧Eが加わっている場合を考える．コンデンサの容量（キャパシタンス）をC，抵抗の値をRとし，CとRの両端の電圧をそれぞれV_C，V_Rとする．さらに時刻tにコンデンサに蓄積された電荷をq，回路に流れる電流をiとすると，キルヒホッフの法則より

$$E = V_\mathrm{C} + V_\mathrm{R} = \frac{q}{C} + iR.$$

これをtで微分し，$\mathrm{d}q/\mathrm{d}t = i$を用いると

$$\frac{\mathrm{d}E}{\mathrm{d}t} = \frac{i}{C} + R\frac{\mathrm{d}i}{\mathrm{d}t} \tag{5.1}$$

これが，CR直列回路の特性を記述する微分方程式である．

CR直列回路に図5.6(a)のような電圧が加わったときは ($E = E_0$（一定）)，式(5.1)を初期条件

$$t = 0 \text{ で } q = 0 \text{ すなわち } V_C = \frac{q}{C} = 0$$

のもとに解くと

$$V_\mathrm{R} = iR = E_0 \mathrm{e}^{-\frac{1}{CR}t} \tag{5.2}$$

となる．この式からわかるように，CRは$t = 0$のときのV_Rの値がe^{-1}（約0.368）倍となる時間に相当し，これを**特性時間**または**時定数**という．電圧V_Rの時間変化を測定すれば，CRの値を

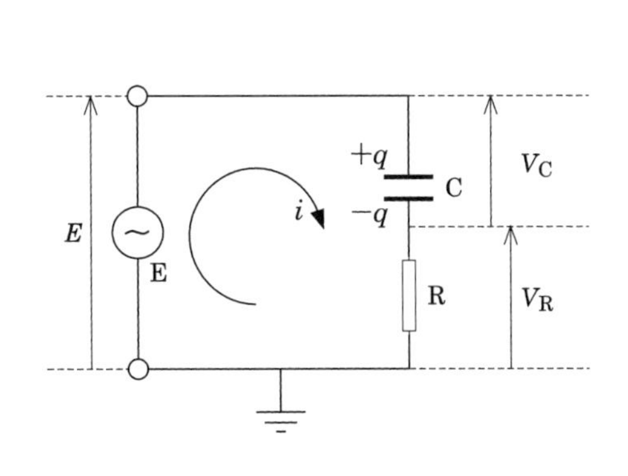

図 **5.5**　CR 直列回路

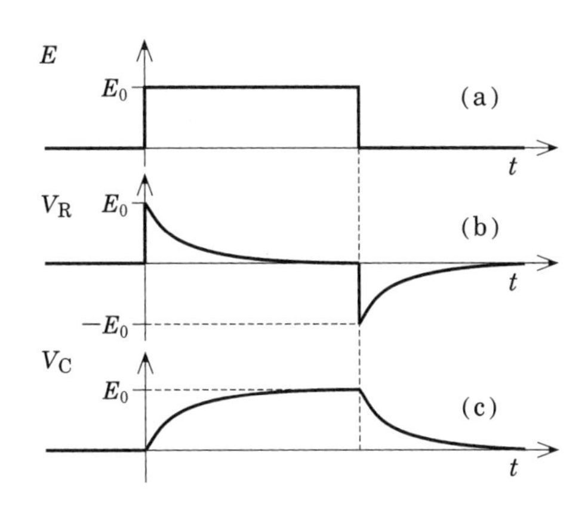

図 **5.6**　E，V_{R}，V_{C} の時間変化

求めることができる．V_{R} および V_{C} は図 5.6(b)，(c) のようになる．

まず，机上に与えられた CR 回路を図 5.7 のように配線する．両端がそれぞれ BNC–蓑虫タイプのケーブルで発振器の出力端子と CR 回路入力端子を結合する．そのとき赤と黒の蓑虫グリップはそれぞれ赤端子 (+) と黒端子 (−) に結合すること．端子には導線が差し込まれているからそれを噛ませるように挟む．図中の 2 重丸は BNC 端子の内側 (芯) が +(信号線)，外側 (皮) が −(アース) を意味する．オシロスコープの各ダイヤルは次のようにセットする．

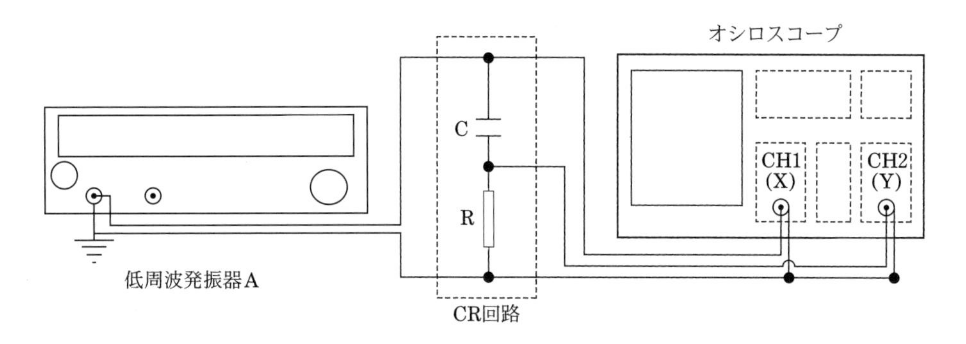

図 **5.7**　CR 測定配線図

㉓	SWP VAR	CAL の位置
②⑧	VOLTS/DIV	1 V，赤つまみは右端の CAL の位置
④⑩	AC-GND-DC	MODE 選択スイッチ⑤で CH 1 または CH 2 に切り換えて，それぞれの CH で切換スイッチ④⑩を GND にして，POSITION①，⑦で 0 V のレベルを蛍光面中央に揃える．その後，切換スイッチ④と⑩を DC に切り換えておく．
⑤	MODE	CH 1
⑲-1	同期信号源選択 1	INT
⑲-2	同期信号源選択 2	CH 1

低周波発振器Aから山と谷の高さの差が3Vで500Hzの**方形波**を発振させ，低電位が0V(GNDと同電位)になるようにする．その方法は，**実験b)**で行ったと同じ要領で，まずDC OFFSETで平均値1.5Vを実現し，これに±1.5Vの交流電圧(方形波)を重畳(ちょうじょう，加えること)する．結果，高い値が3V，低い値が0Vの方形波となる．その状態でオシロスコープのMODE⑤をCH1にするとEが，CH2にするとV_Rが，またDUAL［ALTまたはCHOP］にするとEとV_Rの波形が同時に観測できる．ここでV_Rは抵抗Rの両端電圧であるから，CR直列回路を流れる電流$i = V_\mathrm{R}/R$の様子を見ていることに相当する．

CH1，CH2がそれぞれ，図5.6 (a)，(b)に対応することを確かめよ．次にオシロスコープ上で1周期分が観測できるように時間軸を拡大した上で，PULL INVERT⑥を引き，正負を反転させた上でMODE⑤をADDにすると$V_\mathrm{C} = E - V_\mathrm{R}$の波形が観測できることを確認せよ(図5.6(c)参照)．この3つの波形から，コンデンサーの充電の様子を知ることができるであろう．

次に，CH2のV_Rの時間変化を測定する．まずMODE⑤をCH2にし，PULL INVERT⑥をもとに戻してから，AC-GND-DC⑩をGNDにして，電圧値0Vをブラウン管目盛線の最下部の横軸に一致させた後，⑩を**DCに戻し**，VOLTS/DIVを0.5Vにすると画面が広がる．次に，TIME/DIV㉒を50 μsにし，POSITION㉔により，$t = 0$の点を画面左端の縦軸に合わせる．蛍光面上で各時刻tにおけるV_Rの値を$t = 0 \sim 500\,\mu$sまで11点読み取る．このとき，VOLTS/DIV⑧を切り換えて，各時刻における電圧V_Rの目盛値ができるだけ画面上で大きくなるように設定し，目盛値をできるだけ有効数字2桁以上で測定せよ．時間の経過とともにV_Rは小さくなるので，⑧によって適宜拡大する．その際，GND⑩がもとの目盛になっていることを確認し㉔で調整する．前に述べたように，電圧値は(VOLTS/DIV⑧の選択値)×(目盛値)で求まる．これを片対数グラフ上でtを横軸，V_Rを縦軸(対数目盛)にしてプロットする(注意：目盛は対数だが数値は真数である)．式(5.2)の**10を底とする常用対数**をとると，

$$\log_{10} V_\mathrm{R} = \log_{10} E_0 - \frac{\log_{10} \mathrm{e}}{CR} t \tag{5.3}$$

となるので，実験点は片対数グラフ上で右下がりの直線上$\log_{10} V_\mathrm{R}$とtが直線関係に並ぶはずである．このことを確認し，最も確からしい直線(最小2乗直線)を**目測**でよいから引く．この直線からCRを読み取るには次のようにすればよい〔基礎編　第Ⅳ章　グラフとデータ解析　§3 データ解析　b)片対数グラフの項を参照のこと．ここでは簡便な方法を提示する〕．片対数グラフ上の直線上で縦軸の目盛が1：e (= 2.72)となる2点(t_1,V_R1)，(t_2,V_R2)を選び，それに対応する横軸の目盛の差$\Delta t = t_1 - t_2$を求めればそれが時定数そのものである．V_R1を10の乗数値($10^{-1}, 10^0, 10^1$,⋯など)にとると計算がしやすい．以下にその理由を示す．式(5.2)の**eを底とする自然対数ln**をとると，

$$\ln V_\mathrm{R} = \ln E_0 - \frac{1}{CR} t \tag{5.4}$$

この式に2点($_1$と$_2$で表す)の値を代入した2つの式を辺々差し引くと，$\ln (V_\mathrm{R2}/V_\mathrm{R1}) = (t_1 - t_2)/CR$となり，$V_\mathrm{R2}/V_\mathrm{R1} = \mathrm{e}$を用いれば，$CR = \Delta t$となることがわかる．

R の値は約 $10\,\mathrm{k\Omega}$ であるが，それぞれ個別に正確な測定値が ($\mathrm{k\Omega}$ の小数点以下 1 位まで) ファイルで各テーブルに与えられている．上で求めた CR の値より **C の値を求めよ**．ただし，$CR = \Delta t$ からわかるように CR の単位は時間であり，それは C と R の単位がファラッド (F) と Ω のとき秒 (s) である．

〔**注意**〕 抵抗に「**103**」という数字が書かれているが，これは **10** と **3** に分けられ，$\mathbf{10}\times 10^{\mathbf{3}}\,\Omega$，すなわち $10\,\mathrm{k\Omega}$ を意味する JIS 規格表示である．

g) 交流回路におけるインピーダンスおよび電流と電圧の位相差の測定 コイル (インダクタンス L)，抵抗 ($R = r + R_0$)，コンデンサ (容量 C) を直列につないだ図 5.8 のような回路に角周波数 ω の交流電圧 V をかけて電流を流す．ここに，r は積極的に配置したものではなく，コイルや途中の導線の直列抵抗をまとめて表したものとし，R_0 は電流測定のために積極的に配置した抵抗とする．

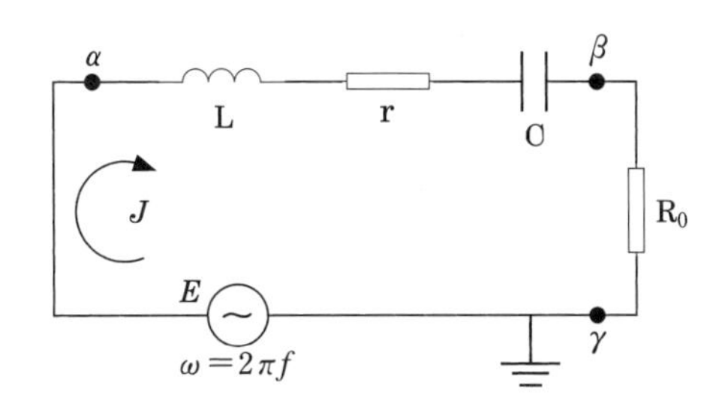

図 5.8 LCR 直列回路

この回路を流れる電流を J とし，$\mathrm{LrCR_0}$ の両端 α,γ 間の電圧 V を

$$V = V_0 \sin \omega t \qquad (\omega = 2\pi f, \quad f\text{：周波数}) \tag{5.5}$$

とするとキルヒホフの法則により

$$V = L\frac{\mathrm{d}J}{\mathrm{d}t} + (R_0 + r)J + \frac{1}{C}\int J\,\mathrm{d}t$$

となる．式 (5.5) を代入して

$$V_0 \sin \omega t = L\frac{\mathrm{d}J}{\mathrm{d}t} + (R_0 + r)J + \frac{1}{C}\int J\,\mathrm{d}t$$

これを t で微分すると，

$$\omega V_0 \cos \omega t = L\frac{\mathrm{d}^2 J}{\mathrm{d}t^2} + (R_0 + r)\frac{\mathrm{d}J}{\mathrm{d}t} + \frac{J}{C}$$

この J に関する 2 階微分方程式を解くと

$$J = J_0 \sin(\omega t - \phi) \tag{5.6}$$

となる (『詳解 電磁気学入門』共立出版，310 頁参照)．ここで，

$$J_0 = V_0/Z \tag{5.7}$$

ここに用いられる Z はインピーダンス (交流抵抗) と呼ばれ，抵抗の次元をもち，次のように求められる．

$$Z = \sqrt{(r + R_0)^2 + \left(L\omega - \frac{1}{C\omega}\right)^2} \tag{5.8}$$

また，位相のずれ ϕ は，

$$\tan\phi = \frac{L\omega - \dfrac{1}{C\omega}}{r + R_0} \qquad \text{i.e.} \qquad \phi = \tan^{-1}\left(\frac{L\omega - \dfrac{1}{C\omega}}{r + R_0}\right) \tag{5.9}$$

となる．式 (5.5)，(5.6) において，$\phi > 0$ のとき，電流の位相は電圧の位相より ϕ だけ遅れているという．式 (5.8) より角周波数 ω が $\sqrt{1/LC}$ $(\equiv \omega_0)$ のとき Z は最小になり，電流/電圧の値が最大になる．同時に式 (5.9) より $\phi = 0$ になる．このとき回路は共振しているという．$f_0 = \omega_0/(2\pi)$ を共振周波数という．式 (5.9) からわかるように，周波数が共振周波数よりも低いときは $\phi < 0$ で，電流の位相は進み，高いときは $\phi > 0$ で，電流の位相は遅れる．

図 5.8 の回路では α, γ 間の電圧 $V_{\alpha\gamma}$ と β, γ 間の電圧 $V_{\beta\gamma}$ はそれぞれ，

$$V_{\alpha\gamma} = V = V_0 \sin\omega t \tag{5.10}$$

$$V_{\beta\gamma} = R_0 J = R_0 J_0 \sin(\omega t - \phi) \tag{5.11}$$

であり，電流の値は既知の抵抗 $\mathrm{R_0}$ の両端 β, γ 間の電圧 $V_{\beta\gamma}$ の測定からわかる．したがって，2 現象オシロスコープを使って，電圧 $V_{\alpha\gamma}$ と電圧 $V_{\beta\gamma}$ とを同時に描かせることでインピーダンス Z と位相差 ϕ の値を求めることができる．

(g-1)　与えられた LCR 回路のインピーダンスの測定と共振周波数の測定

準　備

(1)　低周波発振器 A：周波数は 200 Hz にしておく．波形選択は正弦波を選ぶ．DC OFFSET は 0 V にする (④を押してからダイヤル B で 0 V にする)．BNC–蓑虫ケーブルで発振器の出力端子と LCR 回路の入力端子とを結合する (赤の蓑虫グリップを赤 (+) 端子に，黒の蓑虫グリップを黒 (−) 端子に)．

(2)　オシロスコープの入力信号端子③と⑨にそれぞれ専用の結合ケーブルを取り付け，与えられた LCR 回路 (ベーク板またはアルミ板上に組まれている) の出力端子と結ぶ．図 5.9 のように赤の端子を (+，赤色) 側に，黒の端子は (−，黒色) 側に接続する．LCR 回路とオシロスコープの接続においては，CH 1 に α, γ 間電圧 (端子：水平軸)，CH 2 に β，γ 間電圧 (端子：垂直軸) を入力する．いずれも γ を (−) 端子に結合する．R_0 は既知 (約 10 Ω だがそれぞれ正確な測定値が小数第 1 位まで与えられている) だから，CH 1 から $\mathrm{LrCR_0}$ の両端の電圧値を，CH 2 の電圧と R_0 から回路を流れる電流値を知ることができる．

〔注意〕　図 5.9 の説明にもあるように，発振器 A の共振付近での発振を安定にする (発振器から見た抵抗を大きくしてインピーダンスの急激な変化にともなう供給電圧の大

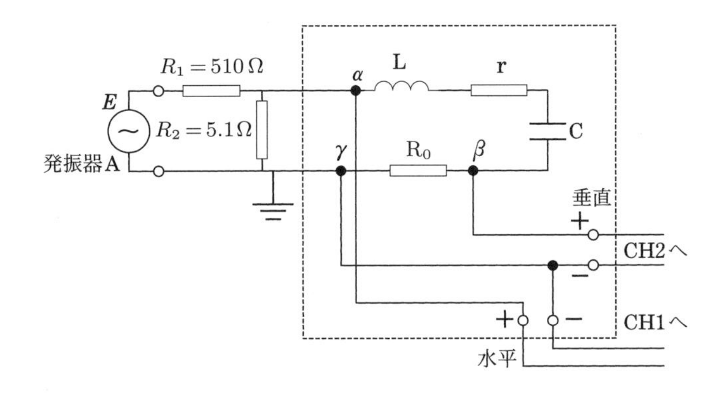

図 5.9 LCR 直列回路配線図
$r \sim 2\,\Omega$, $R_0 \sim 10\,\Omega$ である．$R_1 = 510\,\Omega, R_2 = 5.1\,\Omega$ は共振付近での発振を安定させるために挿入した抵抗で電圧・電流の測定の際には無視してよい (図は与えられたベーク板またはアルミ板の LCR 回路と組込用青色の LCR 回路の両方に共通).

きな変動を防ぐ) ため，図 5.9 の点線の枠外に記すように，発振器と測定したい LCR 回路との間に抵抗 R_1 および R_2 を挿入している．図は「与えられた回路」と「組込用回路」両方に共通である．

(3) オシロスコープの初期設定：入力感度②と⑧は左いっぱいに (ただしそれぞれの赤いつまみは右いっぱい CAL の位置)，入力信号結合方式④と⑩は GND(グランド) の位置へ，垂直入力モードの選択 (MODE)⑤は CH 2 に，掃引時間㉒は 1 ms/DIV にする (SWP VAR つまみ㉓は右いっぱい CAL の位置に回しきっておく)．同期レベル㉑は 0 に，掃引方式⑳は AUTO に，INT TRI ⑲-2 は CH 2 にしておく．

(4) オシロスコープの電源スイッチ⑬を押す．

(5) オシロスコープの入力信号結合方式④および⑩をいずれも AC にし，オシロスコープの入力感度⑧を 20 mV/DIV にしたあと，発振器 A の電源を入れ，発振器の出力電圧を調整する．

(6) 切換スイッチ⑤を CH 1 にし，入力感度②の感度を上げて (右に回して) 波形を大きくする．波形が上下にずれていたらつまみ①で調整する．次に，MODE ⑤を ALT にして，CH 1 と CH 2 の波形が同時に現れるようにする．入力周波数を低い方から増大させていくと，共振周波数近傍で CH 2 の波形 (電流相当電圧 $V_{\beta\gamma}$) の山が CH 1 の波形 (電圧 $V_{\alpha\gamma}$) の山を左から右へ追い抜く現象が観察できるのでそれを確認し，このときの周波数を記録しておく．この位相の逆転は式 (5.9) において $\phi = 0$ に対応する．

測　定

発振器の周波数 $f\,(= \omega/2\pi)$ を変化させて，電圧と電流の振幅を測定すれば，式 (5.7) を用いて実験的に，インピーダンス Z を求めることができる．順次 CH 1 と CH 2 の振幅の値を測定していく．測定値は V(または mV) 単位で記録すること．DIV 単位は誤りのもととなるので用いない．測定する周波数領域は 200 ～ 1400 Hz である．ただし，200 ～ 400 Hz は 100 Hz おきに，400 ～ 500 Hz は 50 Hz おきに，500 ～ 600 Hz は 20 Hz おきに，600 ～ 700 Hz は 50 Hz おきに，700 ～ 1000 Hz は 100 Hz おきに，1000 Hz 以上は 200 Hz おきに測定する．なお周波数を変えていくと CH 2 の振幅が大きく変化するから，そのつど，入力感度⑧を切り換えて読み取りやすくする．また，掃引時間ダイヤル㉓も適当に切り換え，横に広げて見やすくする．振幅の比から各周波数に対するインピーダンスの値を求め，共振周波数を求めよ．

補足　音声波形の観測

時間があれば，自分の声の波形をオシロスコープで見てみよう．オシロスコープと低周波発振器 A, B を切り離し，切換スイッチ⑤を CH 1 にしてマイクをオシロスコープの CH 1(③) に接続する．また INT TRI⑲-2 も CH 1 にする．マイクに向かって自分の声を吹き込み (高さをなるべく一定に！)，静止したひと続きの波形を観測して実験ノートに書く．横軸の時間目盛に注意してスケッチし，周波数を求めてみよ．このとき，

VOLT/DIV ②　50 mV ～ 0.2 V

TIME/DIV ㉒　1 ～ 5 ms

が適当で，蛍光面上の波形の大きさが不適当なときは，赤つまみで調節する．波形が 2 重 3 重になったり，安定しないときは，LEVEL ㉑で調節する．口笛はきれいな正弦波になる．身近で参照できる周波数は NHK の時報の 440 Hz，880 Hz である．

実験終了後は，オシロスコープ，発振器 A,B の電源を OFF にしてから，最後に共通電源コードタップのスイッチを OFF にする．LED ランプが消える．

第 2 週　位相差測定とコイルの自作，自作したコイルのインダクタンス測定

第 1 週に続けて，与えられた (既存の)LCR 回路の電圧と電流の位相差を測定し，得られた共振周波数を第 1 週にインピーダンス測定から得られた共振周波数と比較する．続けて直径の異なる 3 個のコイルを自作し，それを組み込んだ LCR 回路を用いて測定された共振周波数から得られるインダクタンス L (実験値) と形状・巻数から計算された L (理論値) を比較する．なお今週はコイルの自作と回路への組み込みのために作業台と道具類が用意されているが，丁寧に扱い，自作したコイルだけ持って帰って，他の道具類は持ち出さないこと．道具の貸し借りをしてはいけない．また火傷など怪我をしないようによく注意事項を守ってやって下さい．

(g-2)　与えられた LCR 回路の電圧と電流の位相差の測定と共振周波数測定

ここではリサジュー図形を用いて位相差を測定し，併せて共振周波数を求める．

理論的説明　オシロスコープの横軸に電圧 $V_{\alpha\gamma}$ を，縦軸に $V_{\beta\gamma}$ を入力すると，横方向と縦方向が同じ周期で振動するから，ブラウン管の画面上に図 5.10 に示すような 1：1 のリサジュー図形が現れる．電流の式 (5.11) から明らかなように，$\omega t = 0$，すなわち，式 (5.10) より $V_{\alpha\gamma} = 0$ の

とき，電圧 $V_{\beta\gamma}$ は図 5.10 に示した Y_0 に相当し，

$$V_{\beta\gamma}|_{t=0} = R_0 J_0 \sin(\omega t - \phi)|_{t=0} = R_0 J_0 \sin(-\phi) \equiv Y_0$$

となる．一方，$V_{\beta\gamma}$ の振幅は $R_0 J_0 \equiv Y_\mathrm{m}$ であるから (式 (5.11) を参照)

$$|\sin\phi| = Y_0/Y_\mathrm{m} \tag{5.12}$$

となる．式 (5.9) を参照して ϕ の正負を判断し，ϕ の値を求める．このようにリサジュー図形からも位相差を測定できる．すぐわかるように，楕円が直線状になるとき，すなわち，$Y_0 = 0$ のとき，$\phi = 0$ となり，共振状態となるのでこの方法で簡便に共振周波数を知ることができる．ちなみに，$\phi > 0$ のとき (電流の位相が遅れているとき)，リサジュー曲線を描く輝点は，極低周波の場合を除き，動きが早いので目では判別しにくいが，反時計回りとなっている．その理由を考えてみよ．

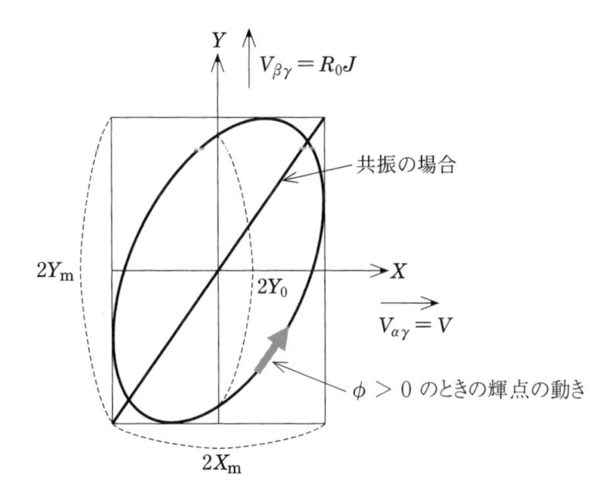

図 5.10　1:1 リサジュー図形

方　法　先週の実験 (g-1) の終了時と同じ状態に，LCR 回路，発振器 A，オシロスコープを結合する．すなわち LCR 回路の $\alpha\gamma$ 間に発振器の出力端子をつなぎ，同時にそれをオシロスコープの CH 1 に，$\beta\gamma$ 間電圧を CH 2 につなぐ．前述のように CH 1 は $\mathrm{LrCR_0}$ の両端間の電圧信号，CH 2 は電流に対応する電圧信号を表示する．発振器の周波数をたとえば 540 Hz にし，CH 1 の波の振幅が DIV 単位で 3 ぐらいになるようにする (発振器のダイヤル A とオシロスコープの VOLTS/DIV つまみで)．CH 2 もほぼ同じ感度にする．次にオシロスコープの TIME/DIV ㉒を X-Y にすると画面にリサジュー図形が現れる．図形が画面の中央にきていないときは水平位置つまみ ㉔で調整する．Y_0 と Y_m を測定し，式 (5.12) を使えば位相差 ϕ の値 (式 (5.9) を参照すればわかる正負を含めて) が求まる．350，400，450，500，520，540，560，580，600，620，650，700，750 Hz の 13 点で測定する．Y_0，Y_m の値はボルト単位 (V または mV) で記録すること．リサジュー図形の横幅が狭いと見にくいから，なるべく横に広げるとよい．この測定から，共振状態はリサジュー図形が直線になるときに実現することがわかる．念のためその値を記録しておく．以下の共振周波数測定はこの方法で簡便に行うこととする．

(g-3)　ソレノイドコイルの製作とそのインダクタンス L の測定

円筒状に密に巻かれた導線をソレノイドコイルという．いままでは与えられたLCR回路の共振周波数 f_0 を測定したが, 今週は, ソレノイドコイルを自分たちで製作し, LCR回路に組み込み, その共振周波数から L の値を求めてみよう．f_0 と C が与えられれば, L は $f_0 = \omega_0/(2\pi) = 1/(2\pi\sqrt{LC})$ から求められる．0.5 ϕ (直径 0.5mm の意) のエナメル被膜の銅線を約 10 ϕ，20 ϕ，30 ϕ の紙管 (しかん) に密に 100 回巻きつける．C は約 10 μF，R_0 は約 10 Ω のものが与えられている (C と R_0 の正確な値はそれぞれの台に表示されているから必要に応じてその値を用いる)．共振周波数の測定はリサジュー図形を用いる (**g-2**) の方法で行う．以下の手順で共振周波数を測定する．

(1)　コイル巻き　3つの紙管のそれぞれ中央付近に金尺で 5.0 cm の間隔を測り，巻くための 2 本のガイドラインを赤色の油性のマーカーで軸に垂直に 1 周引く．各テーブルに備え付けの銅線ブロックをゆっくり回転させ (張力で自然に回転する)，**張力を保ちながら** 0.5 ϕ のエナメル銅線を引き出し，約 20 cm のリード部分をとって紙管表面に紙管の軸に平行に沿わせ，ガイドラインのところで**透明ビニールテープで固定した後，直角に折り曲げて，**そこから巻き出す (紙管を固定して糸を巻くようにねじりながら巻いてはいけない．紙管をその軸のまわりに回転させながら隙間をつくらないように巻いていく．理論値を実験値に一致させるためには重要なポイントである)．100 回巻いたら，銅線を紙管に平行になるように折り曲げ，ビニールテープでしっかりと固定する．その際，コイルの端で線間にすき間ができないように，両端をビニールテープで (導線と重なってもよいから) しっかり固定する．その後，2 人共同して銅線の張力を保ったままリード部分を約 20 cm 残すようにニッパーで切断し，**ただちに**銅線ブロック側の端を**固定用の穴にさし込んで折り曲げ固定する** (これを怠ると銅線がバラバラになり収拾がつかなくなる)．他の 2 つのコイルも同様に巻く．くれぐれもエナメル線をはさみで切断しないように．なお，巻数は「実際に巻かれている数」が重要でそれを N とする．途中，カウントを誤っても巻き直したりせずに，ガイドラインいっぱいに巻いてしまい，後で，ツマヨウジなどを用いて数える．

(2)　エナメル落とし　銅線は絶縁性のエナメル (上薬) で被覆されているので，コイルの両端のそれぞれ約 1～1.5 cm 程度を布ヤスリでまんべんなく 4～5 回擦ることにより被膜を削り落とし，銅部分を露出させる．削り落としの作業は必ず合板の上で行い，机そのものに傷を付けないように注意する．被膜が剥がれたことを確認するために，テスター (デジタル LCR メータ) を用いて導通を確かめる．テスターのモードは左上のスイッチを R 側にした後，R 200 Ω レンジで行う．まず，テスターの 2 本のプローブを直接接触させ導通を確認 (R がほぼ 0 Ω と表示される) した後，コイルの両端にそれぞれ接触させて導通を確認する (小さな抵抗値が表示される)．他の 2 つのコイルも同様に準備する．テスターを使い終わったら**必ずスイッチを OFF の位置にしておくこと．**

(3)　回路への組み込み　先週用いた LCR 回路と同様な回路を形成するため，備え付けのデルリンの棒の 1 つ (大中小 3 本ある) に自作したコイルの 1 つをはめ込み，1 つの端を端子盤 2 に，もう 1 つの端をコンデンサに接続する端子 (端子盤 3) にハンダ溶接する．端子に補助的に太いリード線が付いているのでその先端部に溶接する．そのためにまずこて台についている**ハンダ用こてクリーナー (黄色のスポンジ) に水を十分に含ませる．**次にハンダごてを置き台に入れ，プラグを直接コンセントに差し込む．2 分ほどで十分熱されるので，クリーナーに付けてジューという音を確かめる．端子の銅線は水平の状態にしておき，折り曲げない．あらかじめ溶接すべき銅線を熱したあとハンダをつけてよく溶かす．端子側の銅線全体を十分熱した後，両者を 2 mm ほど交差させて，接触し，ハンダごてを当て，上からハンダを 1 滴溶かせば容易に溶接できる．端子から出ている銅線は上向きに曲げたりせず，水平状態で付けること．できるだけ 2 人で協力して行う．**ハンダ付けは必ず作業台の上で行い，溶けたハンダが自分の衣服や体および机の上に落ちないように注意する．**コイルのリード線部分を直接手で持つと熱いのでラジオペンチでつかんで行えば (熱すぎて) あわてることなく付けることができる．熱したこての不純物や多すぎるハンダは，こてをクリーナー枠に当てて軽くたたくか，クリーナーに擦って取り除く．コイル以外のループ (輪) が大きな面積を作り L の値を変化させることがないように，コイルの両端から出る 2 本の銅線は途中であまり広がらないようになるべく接近させておく．

(4)　共振周波数の測定　図 5.9 の回路と同様に発振器から入力し，$\mathrm{LCR_0}$ の両端の電圧を CH 1 に，抵抗 $\mathrm{R_0}$ の両端の電圧を CH 2 に入力する．3 つのケーブルの黒い蓑虫端子が同電位になるように注意すること．その際，端子台の番号 1, 2, 7, 9, 10 の端子に，上向きの突起があるので，それをクリップが立つように把むとよい．オシロスコープの TIME/DIV㉒を X-Y にすると X 軸に CH 1，Y 軸に CH 2 の電圧が印加された 1：1 のリサジュー図形 (楕円) が現れるので，それが直線になるように発振周波数を選べばそれが共振周波数 f_0 となる．これを用いれば，$2\pi f_0 = \sqrt{1/LC}$ より L を求めることができる．装置ごとに与えられたコンデンサの値を用いて L(実験値) の値を求めよ．他の 2 つのコイルについても同様にして L(実験値) を求めよ．当然のことながら，コイルをはずすときは切断せず，ハンダを溶してはずすこと．

(g-4)　形状 · 巻数から L の値を計算で求める

あらためて自己インダクタンス (L) の定義を述べておく．1 巻きコイルに電流 J を流すときこのコイル自身を貫く (鎖交する) 磁束を ϕ とすれば，ϕ は J に比例 ($\phi = LJ$) し，この比例係数を自己誘導係数または自己インダクタンスという．ソレノイドコイルのように複数回巻きのコイルでは ϕ はそれぞれのコイルを貫く磁束の和である．

ソレノイドコイルの半径を a，長さを l，全巻数を N とする．直径と長さの比 $R_\mathrm{A} = 2a/l$ をアスペクト比 (形状比) という．直径に比べ長さが十分長い ($R_\mathrm{A} \ll 1$ の近似が成り立つ) 場合には，ソレノイドの自己インダクタンス L は $L = \boldsymbol{L_0 \equiv \mu_0 \pi a^2 N^2 / l}$ で与えられる (単位は MKS 系でヘンリー H)．ただし μ_0 は真空中の透磁率で巻末にその値が与えられている．上の近似が成り立たない場合の自己インダクタンス L はかなり複雑な計算を経て，次のようになる (たとえば『詳

解電磁気学演習』共立出版 282 頁参照).

$$L = \frac{8\mu_0 N^2 a^3}{3l^2}\left[\frac{1-k^2}{k^3}K(k) - \frac{1-2k^2}{k^3}E(k) - 1\right]$$

ここに $K(k)$，$E(k)$ はそれぞれ第 1 種，第 2 種完全楕円積分と呼ばれ，次のように与えられる．

$$K(k) = \int_0^{\pi/2} \frac{\mathrm{d}\phi}{\sqrt{1-k^2\sin^2\phi}}, \quad E(k) = \int_0^{\pi/2} \sqrt{1-k^2\sin^2\phi}\,\mathrm{d}\phi$$

ここで $k = 1/\sqrt{1+(1/R_{\mathrm{A}})^2}$．$L$ の L_0 に対する比は長岡係数 (K_{N}) と呼ばれ，上式から次のように求められる．

$$K_{\mathrm{N}} \equiv \frac{L}{L_0} = \frac{4}{3\pi\sqrt{1-k^2}}\left[\frac{1-k^2}{k^2}K(k) - \frac{1-2k^2}{k^2}E(k) - k\right]$$

図 5.11 に計算された長岡係数の値が R_{A} の関数として与えられている．図の横軸は形状比 R_{A}，縦軸が長岡係数 K_{N} である．形状比 $R_{\mathrm{A}} = 2a/l$ がわかれば K_{N} が求められ，以下に述べるように L を計算することができる．

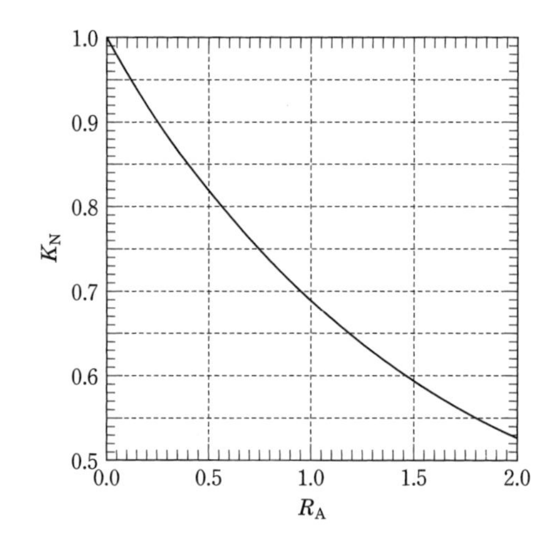

図 5.11　形状比 R_{A} に対する長岡係数 K_{N}

L の値の計算と実験との比較

まずコイルの半径 (a) を求める．そのために紙管の外径 (コイルの内径，D_{I}) と巻いた銅線を含めた外径 (コイルの外径，D_{O}) をノギス (p.5,6 参照) で測定し，その平均値 ($D = (D_{\mathrm{I}} + D_{\mathrm{O}})/2$) をもってコイルの直径 $2a = D$ とする．次にコイルの長さ l を金尺で，銅線の太さ d をノギスで測定し，l と d から巻数を計算し，念のため実際数えた巻数と比較する．**数えた巻数をもって N とする．L_0 を計算し，R_{A} の値に対応する長岡係数 K_{N} をグラフから読み取り，$L = K_{\mathrm{N}}L_0$ から L (予測値) を求める．他の 2 つのコイルについても同様にして L を求める．**実験で得られた L と計算で得られた L を表にまとめて比較検討する．

後片づけ

自作した3本のコイルはハンダを溶かして回路からはずし，紙管ごと持って帰る．ハンダごての電源を必ずプラグ部分をもって引き抜く(決してケーブル部分を持って引っ張らないこと)．**整理箱に指定されたとおりに道具類を戻すこと．**決して道具類を持ち出さないこと．各自持って帰ってよいのは3本のコイルだけである．破損したものがあれば，帰る前に教員に申し出ること．オシロスコープ，発振器A,Bの電源をOFFにしてから最後に共通電源コードのタップのスイッチをOFFにし(LEDランプが消える)，壁のコンセントからプラグを引き抜く．**(注)　自作コイルは再実験のことを考え，必ず持ち帰ること．**

材料・道具・備品一覧

提供品　紙管3本

整理箱の中の貸出品

整理箱

1段目	はさみ，油性マーカー(赤)，金尺(15 cm)，透明ビニールテープ
2段目	強力ニッパー，ラジオペンチ，ノギス，布ヤスリ
3段目	ケーブル(両端BNCタイプ1本，BNC–蓑虫タイプ3本)
4段目	ハンダごて，ハンダ

机上の備品

1. オシロスコープ(HITACHI V-252)
2. 発振器
   A(IWATSU SG-4104),
   B(KENWOOD AG204またはKENWOOD AG204D)
3. CR回路(プラスチックの小さな台にセットされている)
4. LCR回路(ベークライトまたはアルミ板の上に組まれた既製品，コイルのLと抵抗rの値はコイル枠またはその近傍に書かれており，$C(\sim 10\,\mu\mathrm{F})$と$R_0(\sim 10\ \Omega)$の値はそれぞれ与えられている.)
   LCR回路(自作回路用 =3本のデルリン棒と約$10\,\mu$Fのコンデンサ，約$10\,\Omega$の抵抗R_0が組み込まれている．それらの正しい値はテーブルごとにそれぞれ与えられている．)
5. 銅線ブロック(しゃこ万力で固定された板の上の寸切りボルトに差し込まれている．)
6. 作業用合板30 t×225 × 450 (mm)，電源用ケーブルタップ(スイッチ付き5口用)
7. ハンダごて台，含水式ハンダごてクリーナー
8. 透明ファイル
   (表)　リサジュー図形の見本図形
   (裏)　CR回路に組み込まれたRの正確な値，LCR回路(既製)およびLCR回路(自作用)のCとR_0の正確な値の一覧

9. 中央テーブルの箱の中に，共用のマイクロフォン (スピーカを改造したもの) と LCR メータ (黄色) が備えられている．カウント用ツマヨウジも数本入っている．

§6　検討・考察課題

以下の項目にそってデータをまとめレポートに書く．物理量には単位を忘れずに記すこと．

(1)　第 1 週に行った CR 測定とインピーダンス測定の結果をまとめる．

① CR 回路の測定結果 (各時刻の V_{R}) を一覧表にまとめ，片対数グラフを描き，CR の値を求める．さらに与えられた R を用いて C の値を求める．

② 実験 (g-1) で得られた測定値 (印加信号の周波数 f に対する，CH 1 の振幅〔電圧：V_0〕，CH 2 の振幅〔電圧：$R_0 J_0$〕，電流の振幅〔J_0〕，インピーダンス〔Z〕) を一覧表にまとめ，f に対する Z の変化をグラフに描き，共振周波数 f_0 を求める．グラフはなめらかな曲線でフィッティング (もっともらしい曲線を引く) する．

さらに，共振時のインピーダンスは式 (5.9) から純粋抵抗 $(R_0 + r)$ のみとなるが，R_0 以外の抵抗 (回路の内部抵抗 r) のほとんどはコイル銅線の抵抗と考えられる．グラフから，共振時のインピーダンスの値を読み取り，r の値を求める．

(2)　第 2 週の結果をまとめる．

③ 実験 (g-2) で得られた測定値 (印加信号の周波数 f に対する，Y_0, Y_{m}, $|\sin\phi|$, ϕ) を一覧表にまとめ，f に対する正負を含む ϕ の変化をグラフに描き，共振周波数 f_0 を求め，実験 (g-1) の結果と比較する．グラフはなめらかな曲線でフィッティングする．

④ (g-3) の結果をまとめ，3 つのコイルを組み込んだ場合の回路の共振周波数 f_0 と自作したコイルの L　(実験値) をそれぞれ求める．

⑤ (g-4) の説明にそって 3 つのコイルの L の値 (予測値) を計算する．その際，コイルの外径，内径，その平均値 (直径)，コイル長，形状比 R_{A}，半径，巻数，長岡係数 K_{N}, L_0, L (予測値) の順に一覧表を作ると見通しがよい．

⑥ 実験値，予測値による 3 本のそれぞれ 2 つずつの L の値を一覧表にまとめ，結果を比較・検討・吟味する．

付録 1　アナログオシロスコープ

a) 構　造　ブラウン管 (Braun tube) は**陰極線管** (cathode-ray tube)，略して **CRT** とも呼び，時間的に変動する電気信号を目に見える波形に変換して観測するための装置である．かつてはテレビや PC ディスプレイなどに広く応用されていた．オシロスコープのブラウン管は，図 5.12 のような構造をもっている．**熱陰極** (cathode) から出た電子ビームはグリッド (grid) によって，その強さが制御されたのち，2 段階の構造をもつ**陽極** (plate) によって加速，集束される．このカソード，グリッド，プレートの部分を総称して**電子銃** (electron gun) という．電子銃の前方にビームを偏向させるための，上下左右 2 組の**偏向板**がある．この偏向板に加えられた電圧に応じて，特定の方向を得たビームが蛍光面に**輝点** (spot) をつくる．時間的に変動する電圧信号を上下方向の偏向板に加え，左右方向には時間とともに増加する電圧を加えれば，蛍光面の xy 平面上で信号波形を観測することができる．y 軸方向を**電圧軸**，x 軸方向を**時間軸**と呼び，y 軸への入力信号を時間軸に沿って振らせることを**掃引** (sweep) と呼ぶ．

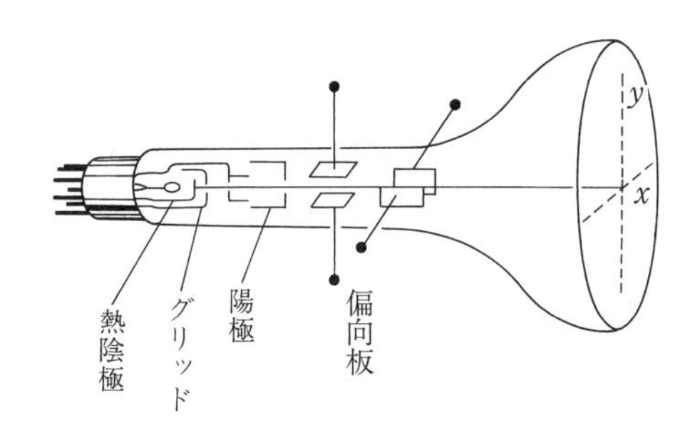

図 5.12　CRT の概念図

偏向板に電圧を加える**静電偏向**の代わりに，管の外側に偏向コイルをつけた**電磁偏向**の方式のものもある．コイルに流す電流によって生じた磁界で電子ビームを偏向させる方式のものであり，この場合のほうが大きな偏向角が得られ，管の長さを短くできるので，テレビやコンピュータ用 CRT などでは，この方式が用いられている．しかし，非常に速い現象や高周波信号の観測に対しては，応答速度の優れた静電偏向方式のものが用いられる．

b）同期掃引　観測すべき信号が一定の周波数で繰り返す信号である場合，時間軸にこれと厳密に同じ周期をもち，直線的に増加する電圧を加えれば，この信号を静止した波形として観測することができる．このために，オシロスコープは内部にのこぎり波電圧を発生する回路をもっている．

図 5.13 に示すように，入力信号 (図 (a)) に対して，これと同じ周期ののこぎり波電圧 (図 (b)) を時間軸に加えれば，この 1 周期に相当する静止波形 (図 (c)) が得られる．これを**同期をとる**という．のこぎり波は，掃引時間 t_1 に対して輝点を出発点に戻すための帰線時間 t_2 がある．これに対応して，観測波形には，1 周期の波形の両端を結ぶ**帰線**が観測される．実験に用いるオシロスコープでは，のこぎり波電圧の周期を任意に選択でき，微調整により入力信号の任意周期分に対して同期をとることができる．オシロスコープには，入力信号がある設定電圧 (トリガーレベル) になったとき，パルス発生回路によりトリガーパルスを発生させ，このパルスによりのこぎり波をスタートさせる機能がある．掃引の周期を，入力信号周期とは独立に設定できることにより，任意の時間間隔で波形を観測したり，単一パルス波形を観測することができる．

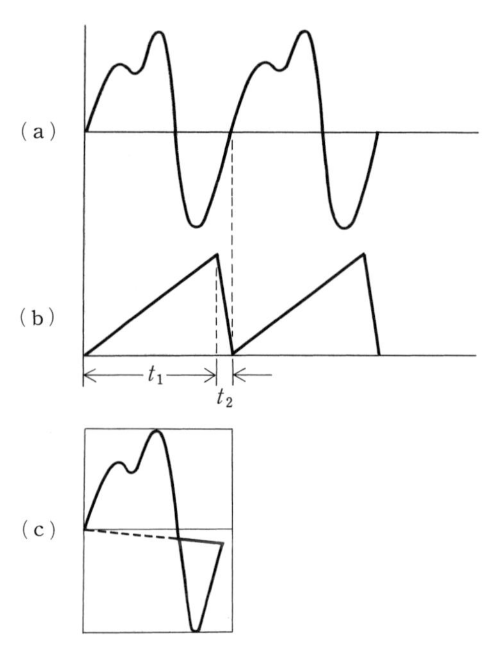

図 5.13　同期掃引

c）リサジュー (Lissajous) 図形　時間軸 (x 軸) への同期信号としては，内部回路によるのこぎり波電圧に限らず，外部から任意の信号を入力することができる．電圧軸 (y 軸) への入力信号が正弦波 (周波数 f_{v}) である場合，時間軸にも正弦波電圧 (周波数 f_{h}) を加えれば，互いに直角な方向の単振動の合成運動としての軌跡がブラウン管上にえがかれることになる．もっとも簡単な場合は，周波数と振幅の等しい正弦波を両軸に加えた場合 ($f_{\mathrm{v}}/f_{\mathrm{h}} = 1$) で，図 5.14 のように両者の位相差 θ によって直線，楕円，円などの静止図形が描かれる．

両軸の正弦波の周波数の比 ($f_{\mathrm{v}}/f_{\mathrm{h}}$) が簡単な整数となる場合にもやはり静止した図形が得られる．たとえば，図 5.15 のようになり，これを**リサジュー図形** (Lissajous figure) という．図 5.15 はそれぞれ $f_{\mathrm{v}}/f_{\mathrm{h}} = 3/2$ と 2/1 の場合である．これからわかるように，一方の軸に既知周波数の信号を加え，他方が未知周波数であるとき，これが既知のものと比較的簡単な整数比のものであれば，得られるリサジュー図形より，周波数を知ることができる．

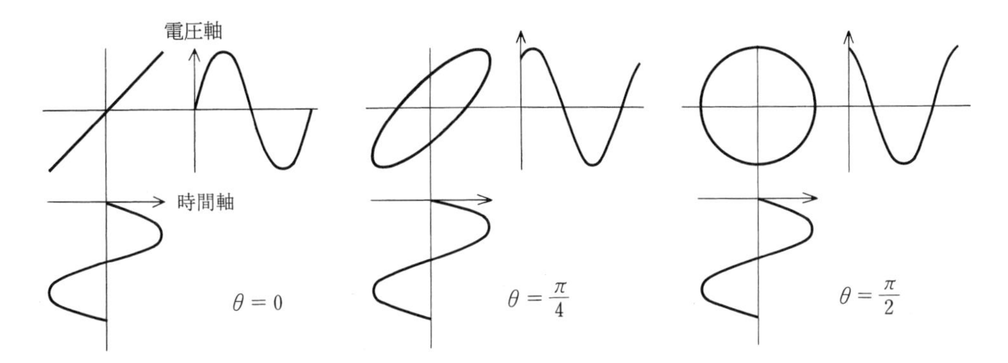

図 5.14 リサジュー図形 ($f_\mathrm{v}/f_\mathrm{h} = 1$)

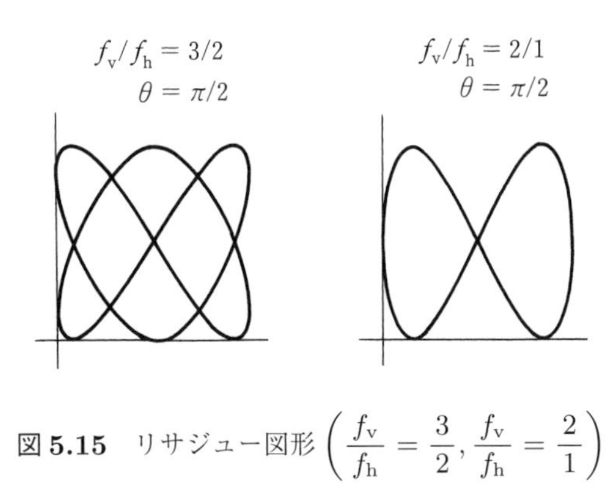

図 5.15 リサジュー図形 $\left(\frac{f_\mathrm{v}}{f_\mathrm{h}} = \frac{3}{2}, \frac{f_\mathrm{v}}{f_\mathrm{h}} = \frac{2}{1}\right)$

実験 6.　熱電子放出に関する実験

§1　目　　的

高温に保たれた金属表面から電子が放出される，いわゆる熱電子放出現象に伴う物理過程を，二極真空管を使って調べるのが本実験の目的である．物理の分野としては，主として電磁気学，統計熱力学，量子力学に関係する．

§2　概　　要

二極管の 2 つの動作状態すなわち温度制限状態と空間電荷制限状態を記述する Richardson-Dushman の式および Langmuir の式を実験的に確かめ，同時にフィラメント (タングステン) の仕事関数を求める．さらに，光高温計によるフィラメントの温度測定を通して，Planck の黒体輻射の原理に基づいた高温物体の非接触型温度測定についての認識を得る．

§3　原　　理

金属結晶内部の伝導電子は，規則的な格子配列をくむ陽イオンの影響を受けることなく結晶中を自由に運動している．これを特に**自由電子**と呼ぶ．しかし，金属内電子には，図 6.1 に示すようなエネルギー分布が生じる．図 6.1 の縦軸はエネルギー，横軸右半分は金属表面からの距離，左半分は絶対零度と有限温度での金属内電子の分布を表している．有限温度での分布は灰色で示されている．金属表面の内側と外側とを比べるとき，一定のエネルギー差 (ϕ) が存在するため，自由電子が表面から外に飛び出すには，これに相当する仕事を必要とする．このエネルギー差のことを**仕事関数**といい，金属の種類によって異なる．金属を高温に熱すると，熱運動している自由電子のうち，その運動エネルギーが仕事関数より大きいものだけが，表面から外に放出される．このようにして放出された電子を**熱電子**，この現象を**熱電子放出**という．

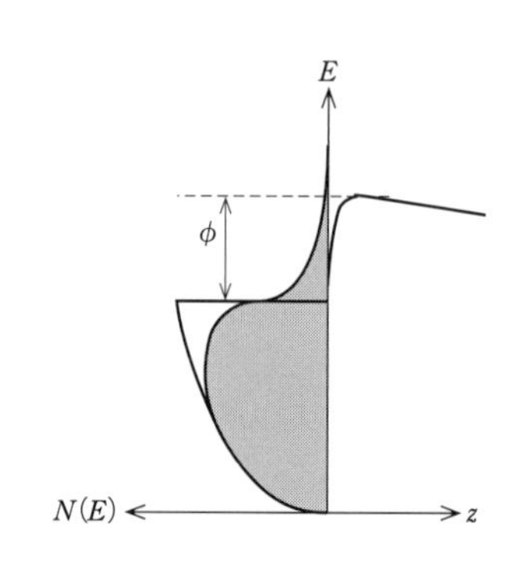

図 6.1　金属内電子のエネルギー分布

金属内電子に対して，Fermi-Dirac の分布則をあてはめると，金属表面から単位面積あたり，

単位時間に飛び出す電子の数，すなわち熱電子放出電流密度 j_{s} は

$$j_{\mathrm{s}} = AT^2 \cdot \exp\left(-\frac{\phi}{k_{\mathrm{B}}T}\right) \tag{6.1}$$

となる．ただし，T は絶対温度，$A = 4\pi mek_{\mathrm{B}}^2/h^3 = 1.20 \times 10^6\,\mathrm{A\,m^{-2}\,K^{-2}}$ である．これを Richardson-Dushman の式という．ここで，m と e はそれぞれ電子の質量と電荷で，k_{B} はボルツマン定数，h はプランク定数である．

高真空度 ($\leq 10^{-6}$ mmHg) のガラス管の中で，熱電子放出を起こさせ，電気的な諸動作をさせるのが真空管である．そのうちもっとも簡単で基本的なものが，熱電子を放出する陰極 (カソードまたはフィラメントという) と，これを囲んで熱電子を加速，捕集する陽極 (プレート) との 2 極からなっている二極管である．本実験で使用する熱電子放出管は，これに相当する．

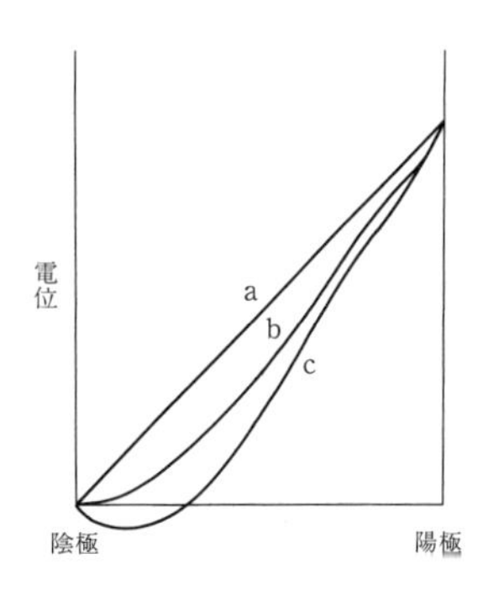

図 **6.2**　二極管の電位

二極管の熱電子放出現象には，次に述べるような 2 つの異なった状態 (領域) がある．まず，放出される熱電子の電荷密度が小さく，したがって陽極電圧が電荷の影響を受けることなく陰極表面に電場をつくる場合 (図 6.2 の a)，熱電子はすべて陽極に流れ込む．このとき，電流は式 (6.1) からわかるように温度だけの関数で，陽極電圧にはよらず，したがって電流と電圧の関係は，図 6.3 の細線のようになる．このような状態を**温度制限状態**，このときの電流を**温度制限電流**という．

次に，放出される電子の密度が大きいとき，陰極は連続的に放出されたり再吸収されたりしている高密度の電子 (これを**空間電荷**という) に囲まれていて，陰極面での電場が非常に小さく，また場合によっては負となり (図 6.2 の b,c)，陰極から十分離れている電子だけが陽極にひかれる．この場合の電場は，空間電荷によって決まり，陰極の温度を上げて熱電子の数を増やそうとしても空間電荷のために電子は反発されて，ある値以上は流れ出なくなる．陽極電圧が高くなると，より多くの電子が空間電荷の領域から陽極へ流れる．すなわち電流は，陽極電圧 V_{p} に依存して，陰極の温度にはよらない．このような状態を**空間電荷制限状態**といい，このときの電流を空間電荷制限電流という．陰極および陽極が同心円筒になっている場合の単位面積あたりの空間電荷制限電流 j は，次の **Langmuir の式**，または **3/2 乗法則**によって与えられる．

$$j = 2.33 \times 10^{-6} \cdot \frac{V_{\mathrm{p}}^{3/2}}{r_{\mathrm{a}}^2\beta^2} \qquad (\mathrm{A\,m^{-2}}) \tag{6.2}$$

ここで，r_{a} は陽極の半径，β は陽極と陰極の半径の比 $r_{\mathrm{a}}/r_{\mathrm{c}}$ の関数である．$r_{\mathrm{a}}/r_{\mathrm{c}} > 10$ では，$\beta \approx 1$ となる．また，$\beta = 1$ とすると，式 (6.2) は，両極間距離を r_{a} としたときの平行板電極に対する表式と一致する．

式 (6.2) に対する電流と電圧の関係は，図 6.3 の太線のようになる．二極管の電流-電圧特性は上に述べた 2 つの状態のどちらが現れるかによって図 6.4 のように変化する．ある温度に対して

陽極電圧が低い間は空間電荷制限状態の 3/2 乗法則に従い (図 6.4 の O-A)，電圧が高くなるにつれて温度制限の状態に移行し，以後は陰極の温度によって決まる一定の飽和電流 (温度制限電流) が流れる (図 6.4 の A-B).

陰極の温度が高くなるにつれて，単位時間に放出される熱電子の数が多くなり，したがって空間電荷制限状態から温度制限状態に変わる陽極電圧が次第に高いほうへ移る.

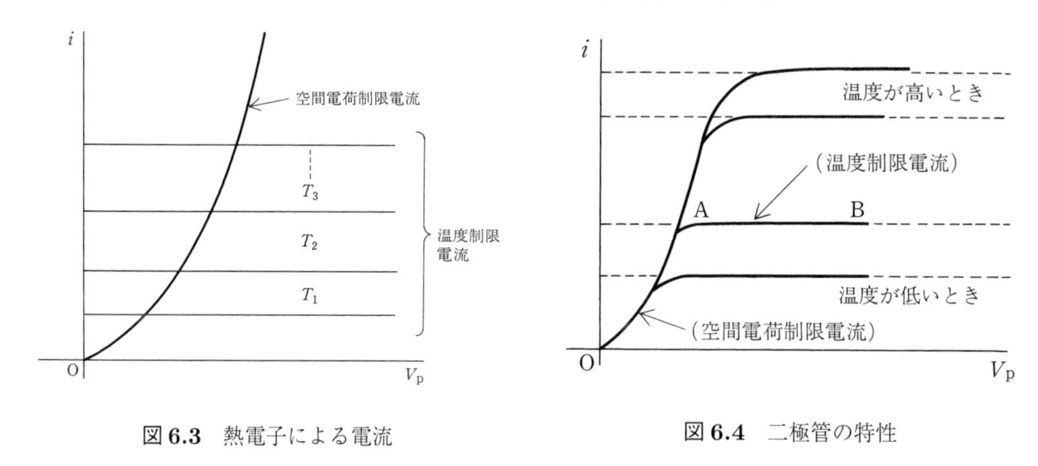

図 6.3　熱電子による電流　　**図 6.4**　二極管の特性

§4　実験装置 (図 6.5)

(a)　熱電子放出管 (直熱型二極管)　　図 6.6 に示したように円筒形の陽極 (プレート)P の中心に陰極 (カソード)K に相当するタングステン・フィラメント (0.20 mmϕ) が同軸になるように張ってある．光高温計で温度が測定できるよう陽極の中央に穴があけてある.

(b)　光高温計　　Stefan-Boltzmann の法則 (黒体の放射熱のエネルギーは黒体の絶対温度の 4 乗に比例する) に基づいて物体の熱放射の可視領域の特定の波長域について輝度を測定して温度を知る機器が光高温計である (図 6.5 参照).

§5　方法

(1)　図 6.7 に従って熱電子放出管，電源および計器を配置・配線する．計器の接続は，一般に電流の流れこむほう，または電圧の高いほうが (+) 端子にくるように，電流の流れ出るほう，または電圧の低いほうが数字 (フルスケールの値を示す) のある (−) 端子にくるようにする．ミリアンペア計，電流計，電圧計は目盛板を水平にして使用すること (II-§2-e) 参照).

可変定電圧電源 (P_1) および可変定電流電源 (P_2) の使用法は次のとおりである．定電圧電源とは，負荷電流が変わっても設定電圧が変化しないような電源のことである.

P_1　：電流調節つまみを最大 (時計回り方向，いっぱいに回す) にし，電圧調節つまみを最小 (反時計回り方向，いっぱいに回す) にしておき，電圧調節つまみを必要な電圧まで上げていく.

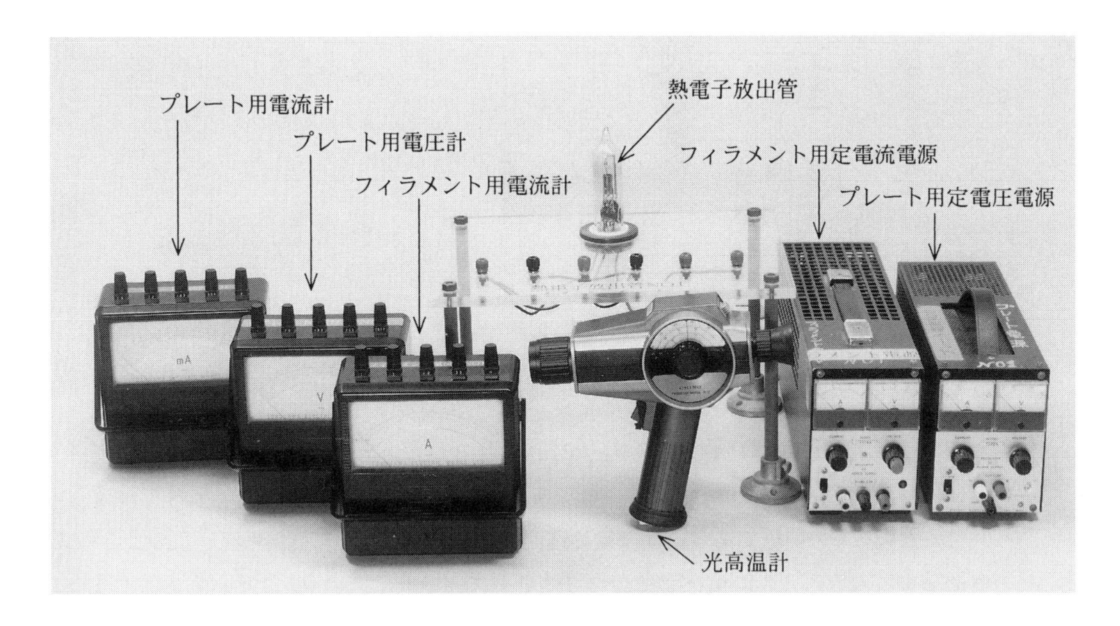

図 6.5　熱電子放出実験装置

P_2　：電圧調節つまみを最小にし，電圧調節つまみを最小から必要な電圧まで上げていく．

本実験では，電流計はフルスケール 3 A，あるいは 10 A，電圧計は 300 V で使用するが，ミリアンペア計については陽極電流がカソードの温度と陽極電圧によって著しく変わるので，その値に応じて (−) 端子を入れ換える．

計器は机上に水平に置く．また，ミリアンペア計の (−) 端子の入れ換えを行うとき，電源電圧の電圧をゼロに戻しておくこと．

(2)　本課題では図 6.8 と図 6.9 に示されるデータを得ることが主たる実験作業である．まず図 6.8 の特性を手短かに概観しよう．図 6.7 の配線でフィラメントが白熱する状態にカソード

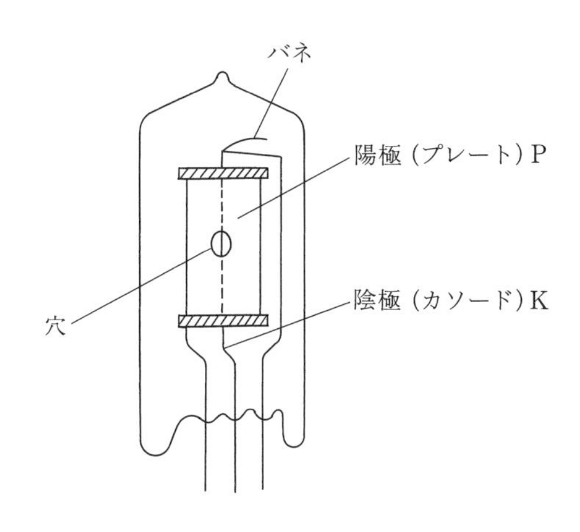

図 6.6　熱電子放出管

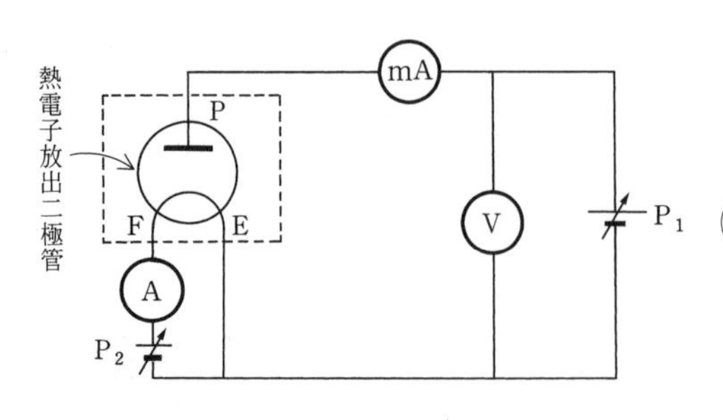

図 **6.7**　配線図

電流 (値は任意)I を設定する．

そこでミリアンペア計の示す電流 J_{p} を注視しながら定電圧電源の電圧を少しずつ上げていく．低電圧のときは電流値は急速に増加するが，その後，飽和することを目視確認しよう．これが図 6.8 の関係である．ほぼ飽和電流の状態にある電圧に固定して，このときの J_{p} の概略値を読み取る．この値を大まかに 5 等分して，それぞれの J_{p} に近い値を示す 5 つのカソード電流 I を読み取って記録しておく．

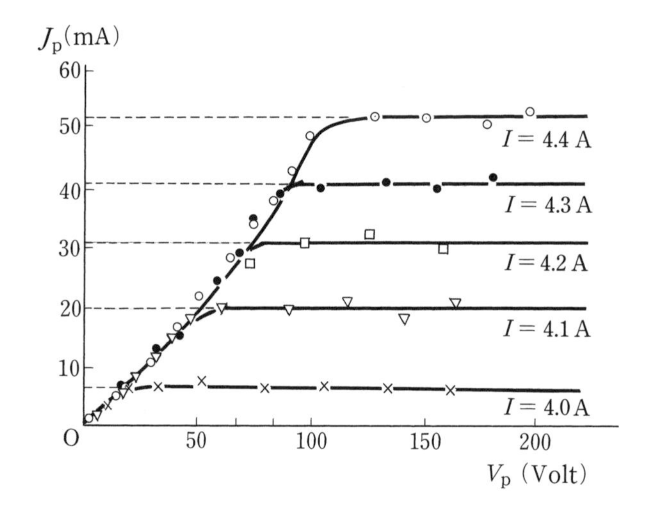

図 **6.8**　陽極電圧-電流特性

(3)　(2) で準備したカソード電流の各値に対して，陽極電圧 V_{p} を 0 V から約 200 V まで順次変えていき，このときの電圧，およびミリアンペア計の読みすなわち陽極電流 J_{p} を測る．はじめ，J_{p} の変化が著しい間は小刻みに，ほとんど変化がなくなった後は間隔をあけて変える．

電子は初速度をもって飛び出すため $V_{\mathrm{p}}=0$ でも，わずかの電流が流れるはずである (初速電流)．実際にこれが検出できるかどうか確かめよ．

(4)　次に $V_{\mathrm{p}}=0$ のまま光高温計を用いてフィラメントの温度 T を測定する．そのさい，(3) の測定におけるカソード電流値域を十分に含む電流値域で 10 点程度測定を行う．光高温計による温度測定は巧妙な方法であるが，誤差を含みやすい．このような場合には，測定点を増

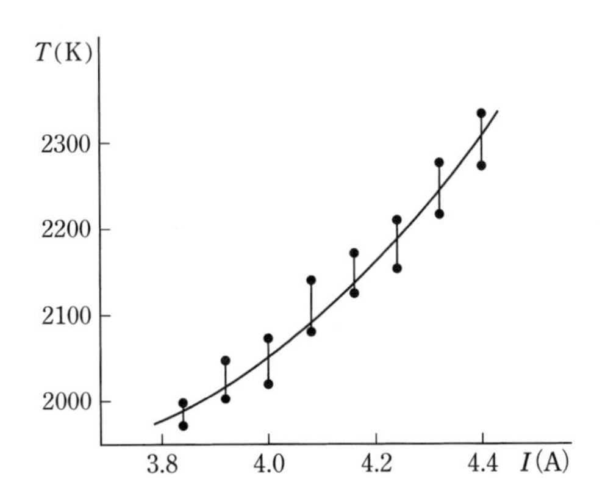

図 6.9　カソード電流と温度との較正曲線 (例)

やすことにより，精度を上げる．また，温度として 1 点を決めにくければ，温度領域として測定し，図 6.9 のようにバーとして描き，それらの間を通るなめらかな曲線を描いて，カソード電流 I-温度 T 較正曲線を作成する．

光高温計の使用に際しては，補足で説明する使用方法をよく読むこと．

(5) 測定を終えたら，電源つまみをすべて左にいっぱい回してもとに戻し，スイッチを切る．

(6) 接続した線をはずす．

(7) 光高温計の電球輝度調節環がもとの位置 (左いっぱい) に戻っていることを確かめる．

§6　結果の整理

(1) 較正曲線からカソードの絶対温度を求め，それぞれの温度に対する J_p, V_p の値をグラフ用紙にプロットし，特性曲線をえがく．光高温計の目盛は摂氏温度であることに注意せよ．実験例を図 6.8 に示す．

(2) 空間電荷制限領域においては，式 (6.2) が成り立つから，両辺の常用対数をとれば

$$\log_{10} J_\mathrm{p} = \frac{3}{2}\log_{10} V_\mathrm{p} + \mathrm{const.} \tag{6.3}$$

となる．したがって，$\log_{10} J_\mathrm{p}$ と $\log_{10} V_\mathrm{p}$ の関係は直線的となり，傾きは 3/2 と期待される．

すべての測定値を対数方眼紙上に図示し，空間電荷領域での傾きを求め，式 (6.3) の示す関係が成り立っているかどうか確かめよ．両対数グラフについては IV-§3-c) を参照せよ．

(3) 同様に，温度制限領域においては式 (6.1) から

$$\log_{10}\frac{j_\mathrm{s}}{T^2} = \log_{10} A - 0.434\frac{\phi}{k_\mathrm{B}T} \tag{6.4}$$

を得る．この j_s は飽和電流密度である．測定された飽和電流を J_s，電子が放出される表面の面積を S とすると $j_\mathrm{s} = J_\mathrm{s}/S$ である．なお，飽和電流領域で陽極電流がゆるやかな増加を示す場合は，この傾向を外挿して (図 6.8 の点線) $V_\mathrm{p} = 0$ に対する電流値を飽和電流値とする．電子を放出しているカソードの直径は 0.20 mm である．放出される電子のうち，電

流として測定されているのは，実質的には陽極の長さ分だけの区間の側面から放出されるものと考えると，有効な長さは 2.0 cm である．

各 I に対する，T, $1/T$, $j_{\rm s}$, $j_{\rm s}/T^2$ を表にまとめよ．そのさい温度 (単位 K) の幅も考慮すること．そのうえで，各データについて，$j_{\rm s}/T^2$ と $1/T$ を片対数グラフの縦軸と横軸にとり，測定値を書き入れる．

これらの点が式 (6.4) に従って直線にのるとして，その傾きからタングステンの仕事関数 ϕ を電子ボルト (eV) の単位で求めよ．直線のとり方には幅があるから，傾きにも幅があり，したがって ϕ の値にも幅がある．その幅まで含めて仕事関数を評価せよ．片対数グラフについては，IV-§3-b)-3) を参照せよ．また，この ϕ の値と実験直線上の任意の 1 点の値を式 (6.4) に代入して A の値を求めよ．タングステンの仕事関数 ϕ は 4.55 eV，係数 A の理論値は $1.2 \times 10^6\,{\rm A\,m^{-2}\,K^{-2}}$ である．実験から得られた値と比較検討せよ．また，A の値の誤差が大きい理由を式 (6.1) から考察せよ．

(参考)

温度制限領域においても $J_{\rm p}$ は $V_{\rm p}$ に対してゆるやかに増加する．この現象にはいくつかの要因があるが，定量的にもほぼ説明できる機構としてショットキー効果が主要と考えられる．ショットキー効果とは陰極面に強い電場がかかるとトンネル効果によって仕事関数が見かけ上，小さくなることを意味する．この実験では陰極として細いフィラメントを使っているので，陰極表面の電場はフィラメントの半径に反比例して強くなる．この電場は $J_{\rm p}$ を数パーセント増加させる程度の影響をもつ．ショットキー効果はトンネル顕微鏡の原理としても重要である．

(補足)

光高温計は黒体輻射用に較正されているので，高温体を完全黒体とみなしうる場合のほかは一般に真の温度より多少低く，補正を要する．本実験におけるカソードも厳密には黒体とみなしえないので，真の温度を求めるには，カソードの放射状態を考慮する必要があるが，その誤差は微小である．

§7　補足

光高温計の原理を図 6.10 に示す．輝度の測定はレンズ系によってできる高温物体の像と標準とする電球のフィラメント (タングステン製) を重ねてその輝度を比較することによって行われる．図 6.10 に示すように，物体 A の像 A′ を対物レンズ O でフィラメント F の位置に結ばせる．A′ と F とを接眼レンズ E と色フィルタ C を通して肉眼で観測する．A′ と F の輝度が等しくなるように，フィラメントの電流を調節し，あらかじめ較正されたメータの読みから A の温度を読み取る．色フィルタとしては通常，波長 $0.65\,\mu{\rm m}$ の赤色光が使われる．測定範囲は 700～1500 °C であるが，O と F の間に灰色フィルタ G を挿入することによって 3000 °C まで拡張できるようになっている．本実験で使用する光高温計の構造は，図 6.11 のようになっている．2 つのフィルタの位置を確認せよ．使用方法は，下記のとおりである．

(1) 計器を熱電子放出管の約 1 m 手前に置く．

(2) スイッチを押しながら接眼レンズを調節して，電球のフィラメント (の形をしている) に焦点距離を合わせる．

(3) 対物レンズを調節して，高温体 (熱電子放出管のフィラメント) の像がはっきり見えるようにする．この像が電球のフィラメントの谷部と交叉して重なるように設定すると判断しやすい．

(4) 物体の温度に応じて適当な明るさになるようレンジ切換スイッチを切り換える．測定値設定ダイヤルを回して，電球のフィラメントの輝度が高温体の輝度と等しくなるように調節する．このときの指針の読みが高温体の温度である．本実験においては，測定される物体が細いから判定がむずかしく，ある程度の読み取り誤差は避けられない．電球フィラメントの温度を高温側から近づけた場合，逆に低温側から近づけた場合に，両フィラメントが区別できなくなる条件を測定温度の上限，下限とする．

(5) レンジ切換スイッチは M への設定を基準とする．必要に応じて H, L に切り換える．L, H にはそれぞれ下側，上側の目盛が対応する．

〔使用上の注意〕

(1) 測定距離は，結果に影響しないが，レンズの焦点を十分に合わせること．

(2) 回転環を回すとき，最初電球が冷却しているため，計器指針が零点より左側に振り切れるが，差し支えない．1～2 分で正常に動作する．あわてて右に大きく回しすぎないこと．

(3) 灰色フィルタの切換つまみを L にしたまま 1500 °C 以上に相当するような電流を流さないこと．回転環を動かすとき，常に指針の動きに注意を払うこと．

(4) 精密な計器であるから，使用に際しては，慎重に取り扱うこと．

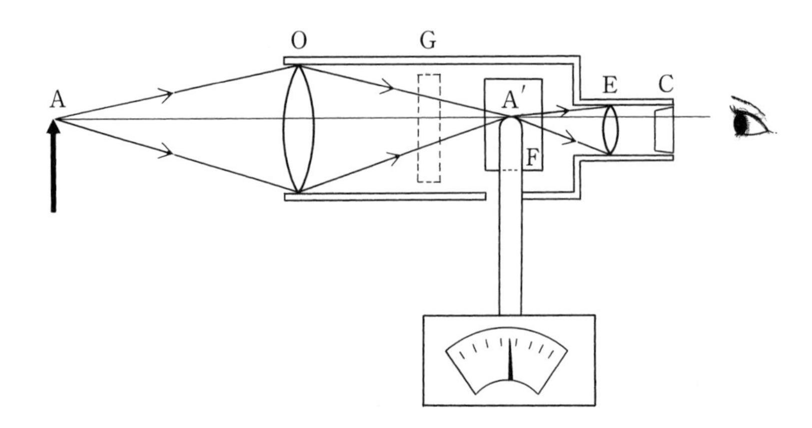

図 **6.10**　光高温計の原理

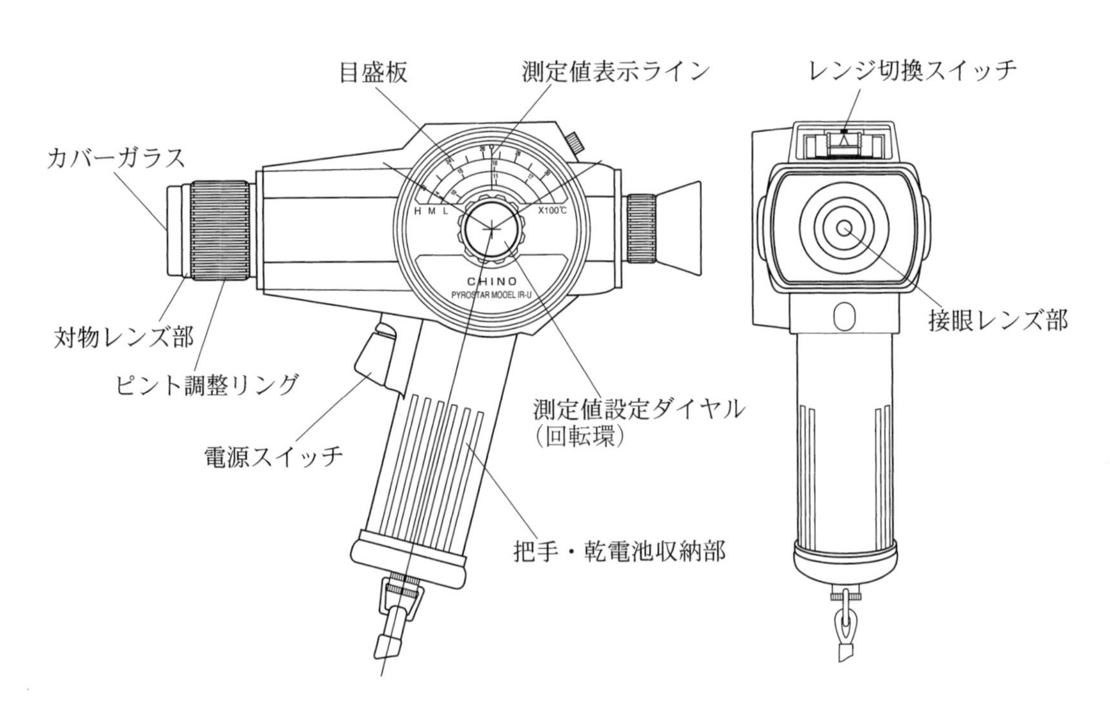

図 **6.11**　光高温計

実験 7.　熱電対による温度の測定

§1　目　　的

クロメル・アルメル熱電対に現れる Seebeck 効果を利用して温度測定を行い，錫の冷却曲線及び融点を求める．物理の分野としては，主として熱力学に関係する．

§2　概　　要

図 7.1 のように 2 種類の金属 A, B を接合した閉回路において，その 2 接点の温度が異なっていると，この回路に電流が流れる．この現象を **Seebeck 効果**といい，この電流を**熱電流**という．熱電流の強さは，回路の抵抗に反比例するので，一種の起電力と考えられ，これを**熱起電力**という．熱起電力は，金属の種類と接合部の温度のみで決まる．この熱起電力を利用するために，2 種類の金属を組み合わせた回路を**熱電対**という．

本実験では，クロメル・アルメル熱電対の片方の接合部とデジタル温度計を加熱炉に挿入して，温度と起電力の対応関係を求める．この関係から得た温度較正表を利用して，錫の冷却曲線及び融点を求める．

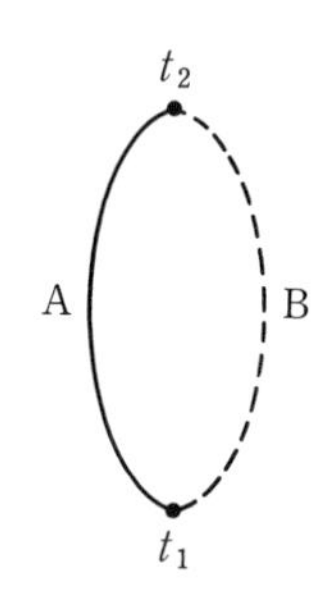

図 7.1　熱電対の接触電位差

§3　原　　理

金属 A,B の組み合わせによる熱電対の 2 接合点の温度を t_1, t_2 とし，A から B に t_2 の継ぎ目を通って電流を流そうとする向きの熱起電力 (V) を正にとる．片方の接合部の温度を一定に保ち，もう一方の接合部の温度 1 °C の変化に対する熱起電力の変化を**熱電能**という．熱電能 $(\mathrm{d}V/\mathrm{d}t)$ は，ある温度範囲内で温度の 1 次関数として表される．

$$\frac{\mathrm{d}V}{\mathrm{d}t} = a + bt \tag{7.1}$$

と書けるので，接点が t_1,t_2 のときの熱起電力は

$$V = a(t_2 - t_1) + \frac{1}{2}b({t_2}^2 - {t_1}^2) \tag{7.2}$$

となる．ここで，a, b は金属の組み合わせによって決まる定数である．

熱電対は，測定温度範囲が広いこと，熱容量が小さいことなどの利点があるため，極低温域や高温域の温度計として広く使用されている．本実験では，クロメル・アルメル熱電対について温

度と熱起電力との関係を測定する.

§4　実験装置

(1)　熱電対：クロメル (Ni 90%, Cr 10%) とアルメル (Ni 94%, Al 2%, Si 1%, Mn 2.5%, Fe 0.5%) が接合されている.

(2)　魔法瓶：熱電対の一方の接合点に対する 0°C の基準点をつくる.

(3)　ディジタルマルチメータ (DM)

(4)　ボルトスライダ (V.S.)：0〜130 V の可変電圧調整機.

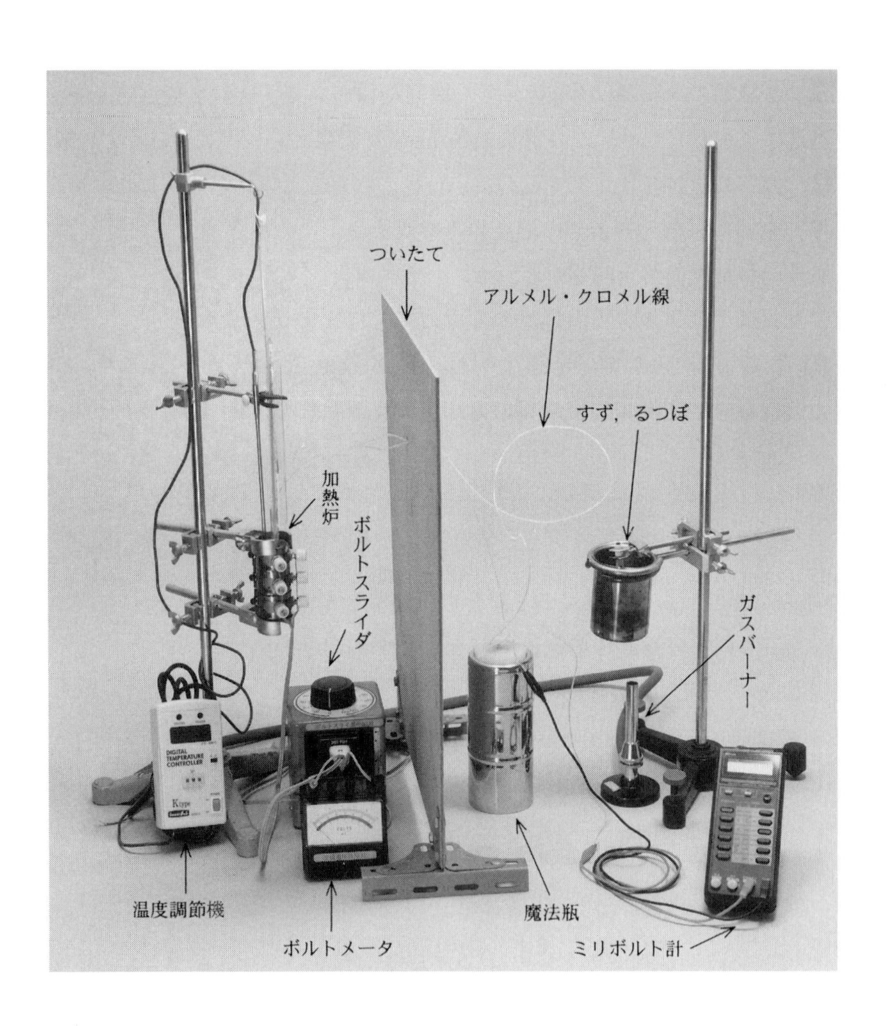

図 **7.2**　熱電対実験装置

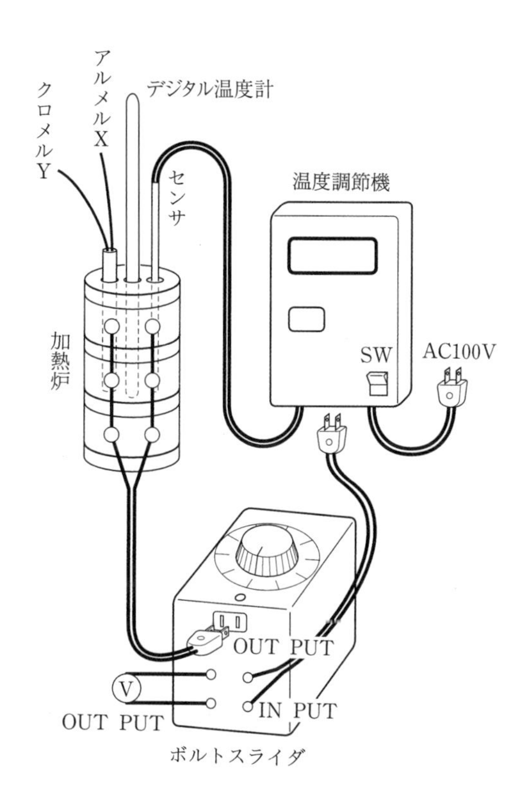

図 **7.3**　概念図

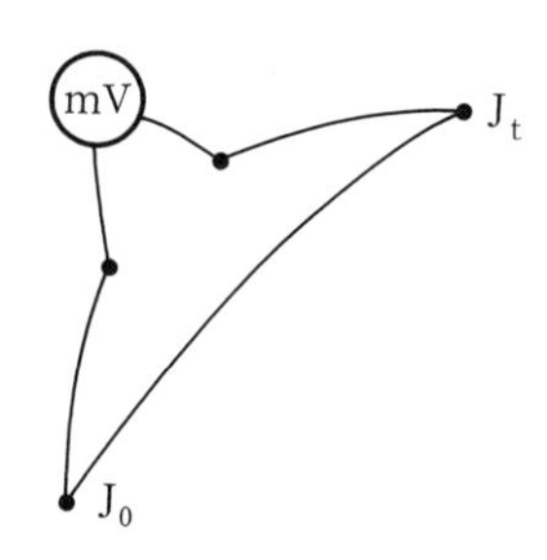

図 **7.4**　熱電対の接続

(5)　ボルトメータ (V)：交流電圧計．

(6)　デジタル温度計：熱電対の温度較正に使う．白金抵抗を使用したもので較正されている．

(7)　加熱炉：熱電対の起電力の，温度に対する較正曲線を描くには，熱電対の高温接合点 J_t と較正用温度計 (デジタル温度計) を温度可変の一様温度域内に入れて測定する必要がある．この実験では，図 7.3 のような銅の加熱炉を使う．熱伝導のよい銅の円柱のまわりにヒーターが巻いてあり，円柱軸に対称な位置に，温度計と熱電対を挿入する穴がある．

(8)　温度調節機 (DIGITAL TEMPERATURE CONTROLLER)：加熱炉の温度が上昇しすぎて，デジタル温度計等が破損することがないよう，加熱炉の温度が 300 °C 以上になると電流が切れるようになっている．

§5　方法

(1)　電気炉回路の配線を図 7.3 のようにする．熱電対とデジタルマルチメータを，図 7.4 のようにつなぐ．100 V 電源コンセントに温度調節機をつなぎ，ボルトスライダをつないで，その出力コンセントに加熱炉のコンセントを差し込む．温度調節機の電源スイッチは OFF にしておく．ボルトスライダは 0 V にセットしておく．温度調節機のセンサは加熱炉に挿入する．

(2) 魔法瓶に氷を2/3まで入れた後，ふたのゴム栓下いっぱいまで水を加えて，熱電対の先が十分に氷水中に入るようにする．氷は実験室内の製氷機から取り出す．低温接合点 J_0 を魔法瓶の中に入れる．J_0 の温度は，別に測る必要はない．1気圧のもとで水と氷が安定な状態で共存しておれば，その温度は 0 °C である．

高温接合点 $\mathbf{J_t}$ を加熱炉の小さいほうの穴の奥底まで入れる．

(3) 温度調節機の冷却・加熱切換スイッチ (CH) が H 側 (加熱) に入っていることを確かめる．温度コントローラが 300 °C になっていることを確かめる．測定中，変更してはいけない．温度調節機の電源スイッチを ON にする．以上によって，加熱炉の温度は 300 °C を超えることはない．なお，加熱炉の温度が上がりすぎた場合には，ボルトスライダの電圧を下げ，自然冷却を待つ．氷などで冷やしてはならない．感電のおそれがある．

(4) ボルトスライダが 0 V の状態で，デジタル温度計の温度 t および熱起電力 V を測定する．

(5) 次に，ボルトスライダの電圧を上げて，加熱炉の温度を上昇させ，熱起電力の温度変化を測定する．そのために，約 260 °C まで約 20 °C ごとに目標温度を決め，その温度付近で温度変化が 1 °C min^{-1} 以下になるようにボルトスライダの電圧を調節する．温度 t が切りのよい数値になるように調節する必要はなく，一定温度に保って熱平衡状態で測定することのほうが重要である．熱平衡状態になったら，デジタル温度計の温度 t と熱起電力 V を測定する．

(6) クロメル-アルメル熱電対の熱起電力と温度の較正曲線をえがく．

(7) 錫 (Sn) の冷却曲線熱電対の高温接合点をすず (純度 99.90%) が入ったるつぼの中の保護管の底に届くまで差し込む．このとき，保護管がるつぼの中央に垂直に立っている状態にする．るつぼをガスバーナで熱し，すずを融解させる．バーナーの火が弱すぎると融解しないので注意すること． すずが融解したら，バーナの炎を消し，熱電対の起電力を1分ごとに測定し，図 7.5 のような熱起電力と時間についての冷却曲線を描く．液相 → 固液共存 → 固相の変化が得られるので，冷却曲線より固液共存のときの熱起電力 V_t を読み取る．

(8) 実験が終わっても，保護管は「るつぼ」の「すず」の中に入れたままにする．次回に実験をする人が，冷えた保護管を溶けた「すず」の中に入れると破損し，かつ，「すず」が飛んで危険だからである．熱電対の高温接合点は保護管から抜き取る．

(9) この実験は，協同者と交代して2度行わなくてもよい．実験が終われば，熱電対をはずし，電気炉の配線ははずさないで，コンセントだけを抜いておく．ガスの元栓を締める．また，魔法瓶内の氷水を捨てる．

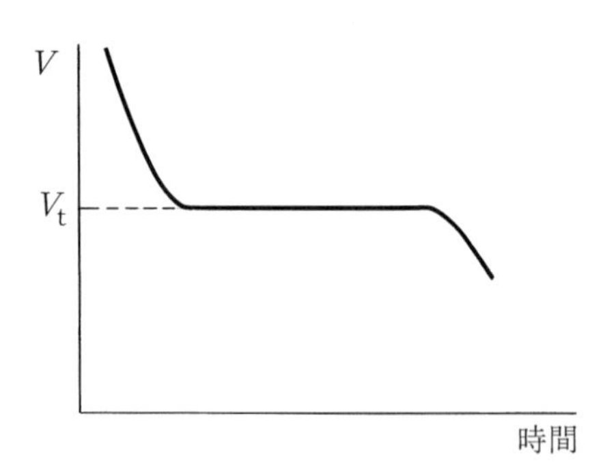

図 7.5 熱電対の接触電位差

(10) (6) で作成した較正曲線に従って，すずの融点を求める．

§6　補足1

金属 A, B の組み合わせによる熱電対の2接合点の温度を t_1, t_2 とし，A から B に t_2 の継ぎ目を通って電流を流そうとする向きの熱起電力 (V) を正にとる．熱起電力 V を $(A,B)_{t_1}^{t_2}$ と表す．次のような経験法則がある．

(1)　中間温度の法則［図 7.6(I)］　　$(A,B)_{t_1}^{t_2} = (A,B)_{t_1}^{\theta} + (A,B)_{\theta}^{t_2}$

(2)　中間物質の法則［図 7.6(II)］　　$(A,B)_{t_1}^{t_2} = (A,C)_{t_1}^{t_2} + (C,B)_{t_1}^{t_2}$

(3)　回路切開の法則［図 7.6(III)］

図 7.6(III) のように，熱電対の任意の点に両端の温度の等しい他の金属 C が入っても，熱起電力は変わらない．

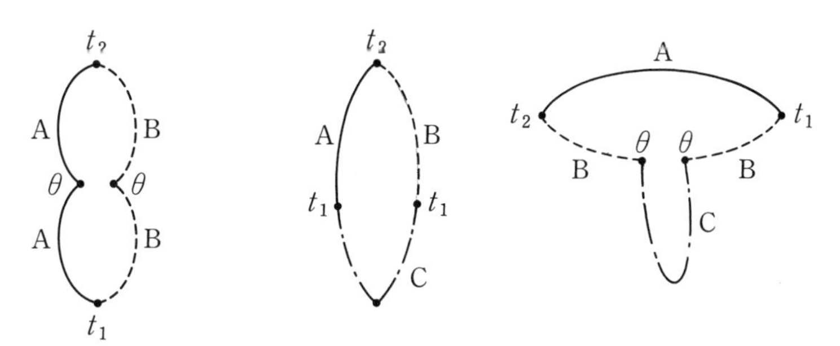

図 7.6　熱電対

実験 8.　レーザー光を用いた実験

§1　目的

単スリットや偏光フィルターを用いた実験を通して光の性質を理解する．

§2　概要

レーザー光は単色光に近い，コヒーレント (coherent) な光である．「コヒーレントな波」は干渉性をもつ波という意味で，位相のそろった波形が時間的空間的にかなり長く保たれていることを意味する．レーザー光は光束の指向性がよく，遠方まで広がらずに進む．狭い断面積に光が集中しているから強度が高い．さらに，偏光させることもできる．これらの性質を利用して 2 種類の実験を行う．

§3　実験 (1) 単スリットによる回折

本実験では単スリットによるレーザー光回折を行い，その回折光強度分布の実測値と理論値との比較を行うことを目的としている．

(a) 説明　　回折現象の例として，幅 a をもつスリットに平面波 (波長 λ) を入射させ，スリット後方の十分離れた位置での回折波の強度を観測する場合を考える．ここで，スリットは長さ方向には無限に長いとする．図 8.1 にこのスリットおよびスクリーンの垂直断面を示す．レーザー

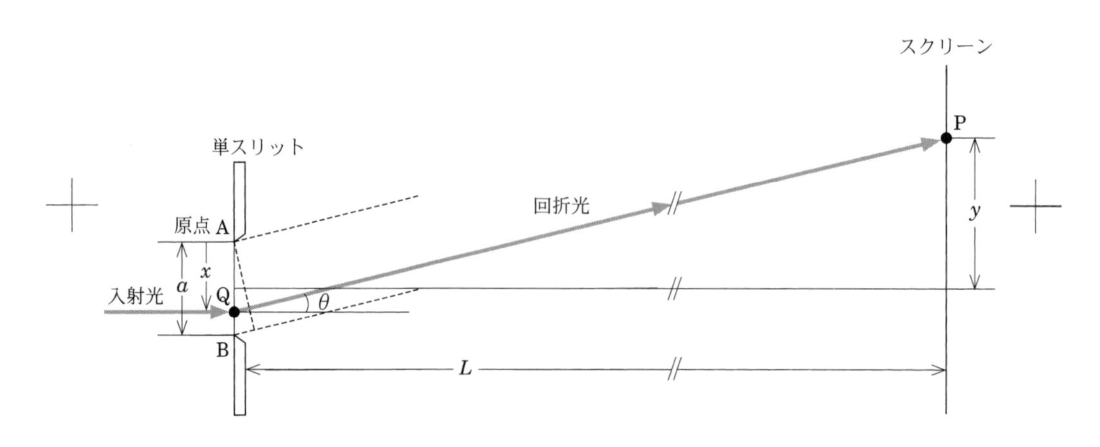

図 8.1　単スリットによる光の干渉

からの入射波が平面波ならば，AB 上のいたる所で波の位相は一定である．図 8.1 のように入射波の進行方向と θ の角度をなす方向でスクリーン上の点 P に到達する回折波は，AB 上の各部分から送り出される波を合成したものである．点 P で観測される回折光強度 I_{P} は

$$I_{\mathrm{P}}(\theta) = |\phi_{\mathrm{P}}|^2 = \frac{C^2\lambda^2}{\pi^2\sin^2\theta}\sin^2\left(\frac{\pi a\sin\theta}{\lambda}\right) \tag{8.1}$$

となる．ただし，ϕ_{P} は AB 上のすべての部分から点 P に到達した波の合成振幅である (式 (8.1) の導出は，章末の「〈参考〉単スリットにおける合成波の振幅の計算」を参照)．ここで，$\alpha \equiv \dfrac{\pi a\sin\theta}{\lambda}$ とおけば

$$I_{\mathrm{P}}(\theta) = C^2a^2\frac{\sin^2\alpha}{\alpha^2} \tag{8.2}$$

となる．これより，強度 I_{P} は $\alpha = m\pi$ のとき，言い換えれば，θ が

$$a\sin\theta = m\lambda \qquad (m \text{ は 0 以外の整数}) \tag{8.3}$$

を満たすとき極小値 0 をとることがわかる．回折スリットとスクリーンとの距離を L，入射レーザー光とスクリーンの交わる点から，スクリーン上の点 P までの距離を y とすると，

$$\tan\theta = \frac{y - a/2 + x}{L} \tag{8.4}$$

となるので，$y \ll L$ の場合，$\sin\theta \simeq \tan\theta \simeq \dfrac{y}{L}$，$\alpha \simeq \dfrac{\pi ay}{\lambda L}$ であり，回折光強度 I_{P} は y の関数として

$$I_{\mathrm{P}}(y) = C'\left\{\frac{\sin\left(\frac{\pi a}{\lambda L}y\right)}{\frac{\pi a}{\lambda L}y}\right\}^2 \tag{8.5}$$

となる．ここで，$C' \equiv C^2a^2$ である．さらに，極小値をとる条件式 (8.3) は

$$y = m\frac{\lambda L}{a} \tag{8.6}$$

となる．また，強度の極大値は式 (8.2) より，$\alpha\cos\alpha - \sin\alpha = 0$，すなわち $\alpha = \tan\alpha$ を満たす方向に現れることがわかる．数値的な計算により，I_{P} の極大点を求めることができる．以上より，C' で規格化した回折光強度 I_{P}/C' の極小値と極大値をまとめると，表 8.1 のようになる．ただし，n は明線の次数，m は暗線の次数である．

表 8.1　規格化された回折光強度 I_{P}/C' の極大値と極小値

明線次数 n	0		1		2		3		4
暗線次数 m		1		2		3		4	
$\alpha(\equiv \pi ay/\lambda L)$	0	π	1.43π	2π	2.46π	3π	3.47π	4π	4.48π
I_{P}/C'	1.000	0	0.047	0	0.017	0	0.008	0	0.005

図 8.2 には単スリットによるレーザー光回折強度のスクリーン上での分布を示す．○ は本実験で使用する装置により得られた実験値で，実線は理論式 (8.5) にバックグラウンド強度 (図 8.2(b) での点線) を加えた計算値である．このように式 (8.5) は実験値を十分に再現できることがわかる．

(b) 実験装置　　本実験ではレーザー発振器より生成されたレーザー光を単スリットに入射さ

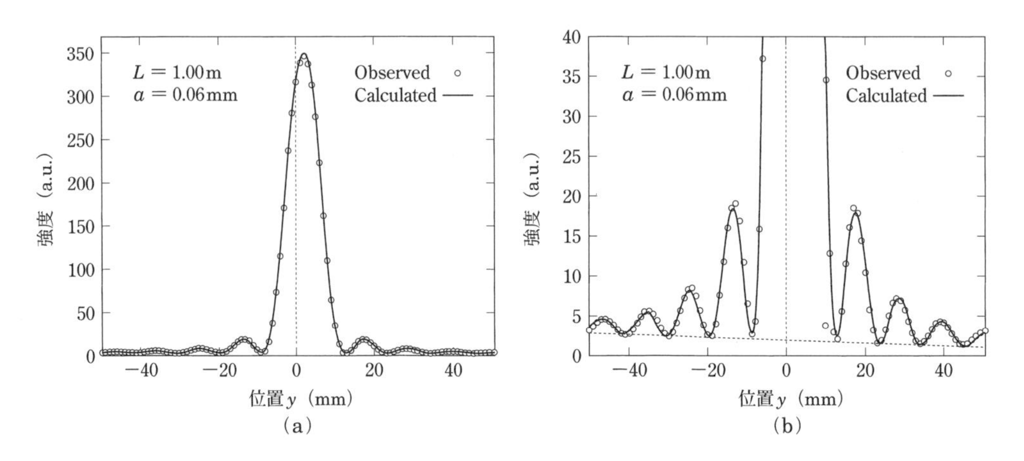

図 8.2　単スリットによる回折光強度分布 ($L = 1.00$ m, $a = 0.06$ mm). (b) 図は (a) 図の微小強度部分を拡大したもの.

せ，そこからの回折光の強度分布を距離 L だけ離れた面内に設置された光電素子 (フォトダイオード) を用いて測定する．光電素子の出力電流値はデジタルマルチメータを用いて負荷抵抗にかかる電圧値として測定する．使用する装置は以下のとおりである．

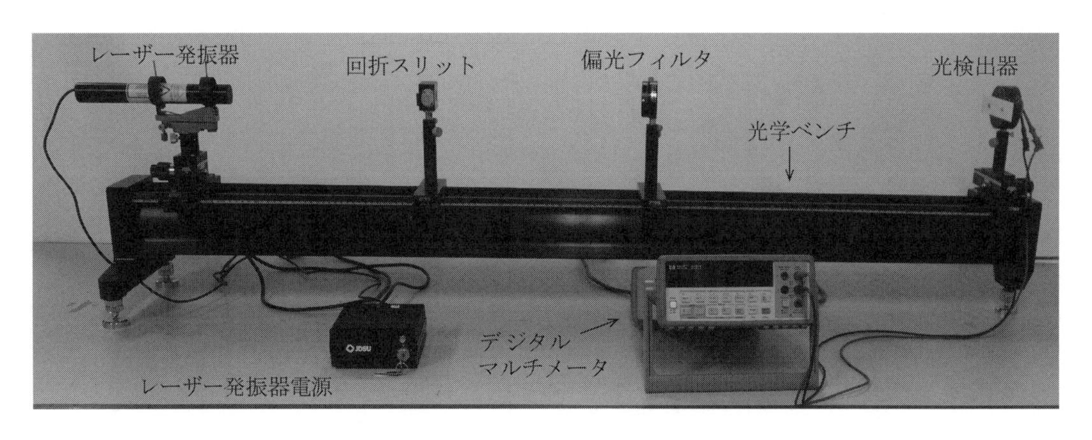

図 8.3　レーザー実験装置.

(1)　レーザー発振器： 出力 2 mW の He-Ne レーザーで波長は $\lambda = 632.8$ nm である．本体と電源からなる．

(2)　レーザー光干渉用光学系：図 8.4 に示すように，10 cm 角の光学ベンチ上に，レーザー発振器，回折スリット (単スリット)，受光スリット・光電素子がそれぞれキャリア上にマウントされており，ベンチ上の任意の位置に固定できる．また，受光系 (光電素子など) は一軸の可動ステージに載っており，スクリーン上で一軸 (y 軸) 方向へ -60 mm から $+60$ mm の範囲で移動できる．

(3)　光検出器： Si フォトダイオード (S2386-8K) を使用する．フォトダイオードは光起電力効

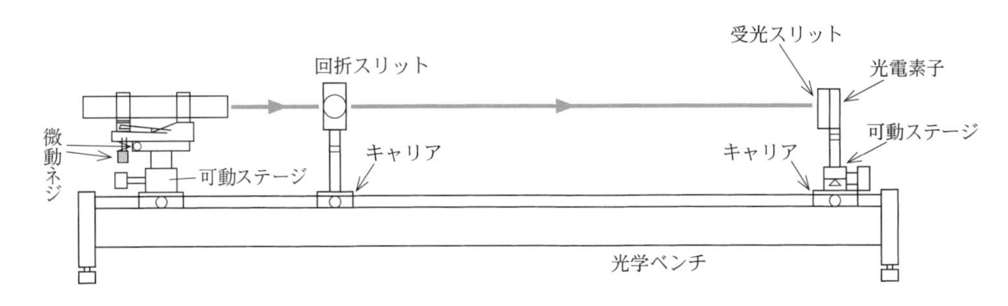

図 **8.4**　レーザー光干渉のための光学系.

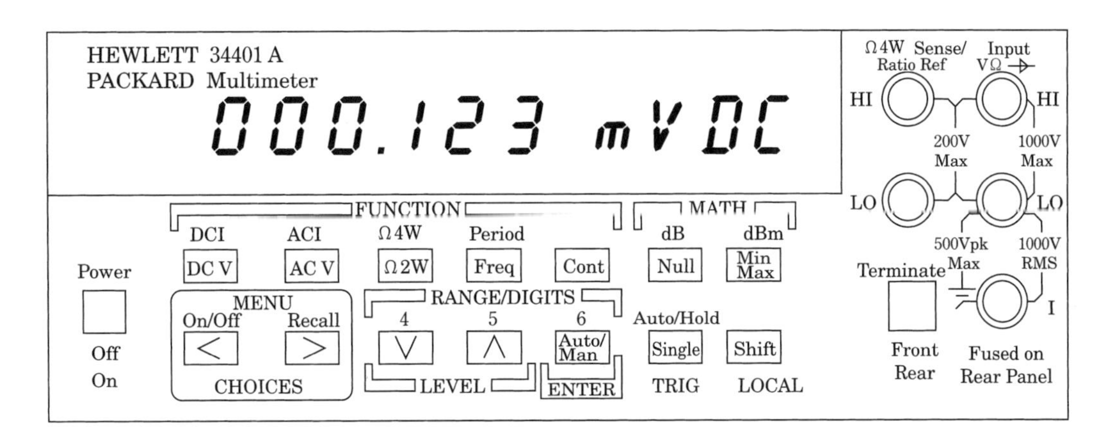

図 **8.5**　デジタルマルチメータ (DMM) のフロントパネル.

果により入射光量に比例した電流が発生する光電素子である．この電流をフォトダイオードに直列に接続した負荷抵抗にかかる電圧値として測定することにより，回折レーザー光強度を得る．負荷抵抗にかかる電圧値が 300 mV 程度以下であれば，この電圧値と光電素子に入射するレーザー光強度は比例している．

(4)　デジタルマルチメータ (HP34401A)：電圧，電流，抵抗などさまざまな量の測定が可能な装置であるが，本実験では負荷抵抗にかかる電圧値の測定に使用する．外観を図 8.5 に示す．右側の LO と HI を負荷抵抗の両端に接続することにより，レーザー光強度を電圧値として測定する．

(c) 測定

［注意］

(1)　レーザー光を直接目に当てると危険である (太陽を眺めるのと同じ)．絶対に目に当ててはいけない．

(2)　単スリットの調整ネジは慎重に回し，特に全閉 (目盛 0) 以下には絶対にしてはいけない．

(c-1) 準備

回折スリットと光検出器 (光電素子) の距離が 1.00 m になるように合わせる．検出器の可動ステージを原点に合わせる．回折スリットおよび光電素子の受光面はともにキャリアの中心にあるものとしてよい．回折スリットを大きく開き，レーザー光が検出器の中心に来るようにレーザーホルダーの微動ネジおよび可動ステージを調節する．つぎに，回折スリット幅を狭くし，レーザー光がスリットに均等にあたり，スクリーン上に左右対称な回折パターンが現れるようにレーザーホルダーをさらに調整する．回折パターンの濃淡の間隔が 10 ～ 20 mm 程度になるようにスリット幅を調整する．

(c-2) 回折プロファイルの測定

次に，スリット幅の実際の零点を求めるために，レーザー光がちょうど消えるときのスリット幅の目盛の読み a_0 を記録する．空回りするので，しめすぎないこと．回折スリット幅を目測で 0.1 mm ほど開ける．デジタルマルチメータの端子を光検出器の出力端子に接続し，強度 (電圧値) が最大になる位置に可動ステージを移動させる．この状態でデジタルマルチメータの表示電圧値が約 300 mV 程度であることを確認する．300 mV を超えている場合は，スリット幅を狭め，300 mV 程度になるように調節する．この状態におけるスリット幅を目盛から読み取って，$a_1{}'$ として記録する．$a_1{}'$ から a_0 を差し引いた値 $a_1{}' - a_0$ を，スリット目盛の読み取りから決定した有効スリット幅 a_1 とする．光検出器の可動ステージを -50 mm から $+50$ mm まで，1 mm 間隔で移動させ，各位置でのレーザー光強度に対応する電圧値をデジタルマルチメータで読み取る．

(注) 副尺 (バーニア) について：主尺の最小目盛は 1 mm で，副尺は 100 等分されているので最小目盛は $\dfrac{1}{100}$ mm である．副尺の基本的な読み方は II-§1-c) を参照のこと．

レーザー光は絶対に目に入れないように注意すること！　特に，可動ステージの目盛を読む際には注意せよ．

(d) データ解析および検討

(d-1) スリット幅の決定

(c-2) で得られたデータを横軸を位置 y，縦軸を電圧値として，図 8.2 に示すように，全測定データが描かれたグラフおよび 2 次明線以降が拡大されたグラフを作成せよ．

次に，強度の極小値を与える位置 y_m をグラフ上で読み取り，次数 m と位置 y_m の関係をグラフ用紙にプロットせよ．y_m は m に対して式 (8.6) で表されるように，直線的に変化することを確認し，その直線の傾きが $\lambda L/a$ に等しいことより，グラフより傾きを計算して，スリット幅 a を求めよ．この値と (c-2) で測ったスリット幅 a_1 を比較せよ．

極小値は理論的にはゼロになるはずだが，実際には有限の値をもつ．これは光電素子の暗電流，迷光などの寄与によるもので，回折光強度を評価する際にはバックグラウンド強度 I_g とみなすことができる．I_g の位置依存性はバックグラウンド強度を与える要因に依存し，厳密には単純な関数形では書けないが，ここでは近似的に位置 y の一次関数であると仮定する．グラフ上ですべての極小点を通るもっともらしい直線の式を求めよ．以下で，回折光強度を議論する場合はこの

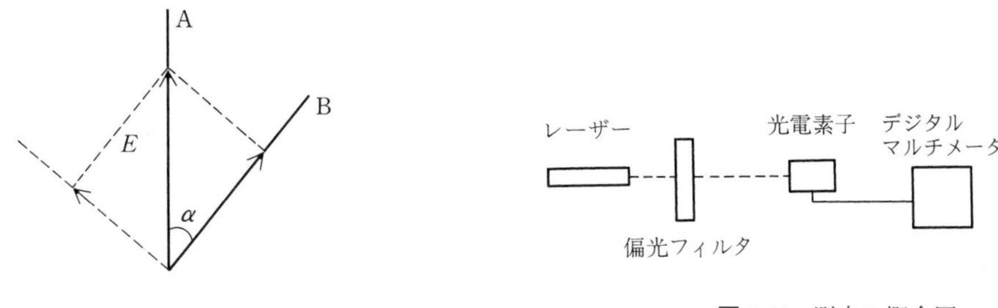

図 **8.6**　偏光の概念図

図 **8.7**　測定の概念図

バックグラウンド強度をすべてのデータ値から差し引く必要がある．

(d-2) 極大値の評価

グラフより，次数 n の回折光に対して，バックグラウンド強度を差し引いた強度の極大値とそのときの位置を読み取り，表にせよ．次に，0 次の極大値で規格化した相対強度と 0 次の極大値を与える位置を基準にした位置を求め，これらと表 8.1 の理論値とを比較せよ．

(d-3) プロファイル比較

(d-1) で求めたスリット幅 a，スリットとスクリーン間の距離 L，レーザー光の波長 λ，0 次のピーク強度 C' の値を代入することにより，式 (8.5) より，回折光強度を位置 y の関数として計算せよ．その際には (d-1) で求めたバックグラウンド強度を加えることを忘れないこと．このようにして計算した結果をグラフに記入し，実測値との比較および検討を行え．0 次のピーク位置が可動ステージの目盛原点と一致しないときはその補正も必要である．

§4　実験 (2) 偏光 — 偏光フィルタによる直線偏光の確認

(a) **説明**　　大気中で光は横波である．進行方向に垂直な平面内に電場ベクトルと磁場ベクトルがある．磁場ベクトルは電場ベクトルに垂直であるから，ここでは電場ベクトルに着目する．普通の光源から出る光は，電場ベクトルがいろいろな方向に向いた光が混じったものであるが，この実験で使用しているレーザー光の電場ベクトルは方向が一定であり，直線偏光していると呼ばれるものである．このことを確かめるために，偏光フィルタを通った光の強度を測定する．偏光フィルタは，光を垂直に入射させたとき，定まった方向の電場ベクトルをもった光しか通過しない性質をもっている．

図 8.6 において，レーザー光の電場ベクトル $\boldsymbol{E}$ を A 方向とし，偏光フィルタを通過できる光の電場ベクトルの方向を B 方向とする．レーザー光の電場ベクトルの B 方向成分は $E\cos\alpha$ である．光の強度は，電場ベクトルの大きさの 2 乗に比例するから，偏光フィルタを通過するレーザー光の強度は，$\cos^2\alpha$ に比例する．

(b) **実験装置と方法**　　実験 (1) で用いた回折スリットをマウントしたキャリアを外し，偏光フィルタをマウントしたキャリアを光学ベンチにとり付け，図 8.7 のようにセットする．偏光フィルタを回して，レーザー光強度に対応した電圧値が最小の点を見いだして，そのときの偏光フィルタの角度 θ_0 を読み取る．そのときの電圧値を V_0 とする．角度を θ_0 から5度ずつ増やして，そのときの電圧値 V を記録していく．V_0 はレーザー光以外の光による電流あるいは暗電流からの寄与と考えられる．

(c) データ解析および検討　　$\sin(\theta-\theta_0)=\cos\alpha$ であるから，$V-V_0$ は $\sin^2(\theta-\theta_0)$ に比例することが期待される．グラフ用紙の横軸に $\sin^2(\theta-\theta_0)$，縦軸に $V-V_0$ をとって，測定値を記入せよ．直線からずれる部分があれば，その原因を推論せよ．

§5　〈参考〉単スリットにおける合成波の振幅の計算

式 (8.1) を導出しよう．スリット幅 a に比べて，十分遠方にあるスクリーン上の点Pで観測される光は，スリットのすべての点で式 (8.4) で与えられる角度 θ の方向に回折した光とみなすことができる．図8.1の $x\sim x+\mathrm{d}x$ の微小領域から送り出された波は，点Aから送り出された波と比較すると，$x\sin\theta$ だけ光路が長いので，λ を入射波 (レーザー光) の波長として，$2\pi\dfrac{x\sin\theta}{\lambda}$(radian) だけ位相が遅れて点Pに達する．したがって，ξ を点Aと点Pでの位相差として，AB上のすべての部分から送り出されてきた波の点Pでの合成波の振幅は

$$\phi_{\mathrm{P}} = C\int_0^a \cos\left(\xi-2\pi\frac{x\sin\theta}{\lambda}\right)\mathrm{d}x \tag{8.7}$$

と表すことができる．ただし，C は入射波の振幅に比例する定数である．このような計算では，オイラーの公式

$$\mathrm{e}^{i\theta} = \cos\theta+i\sin\theta \tag{8.8}$$

を用いて，指数関数についての計算を行うのが便利なことが多い．ここで，$i=\sqrt{-1}$ は虚数単位，e^z は指数関数である．オイラーの公式を用いると，式 (8.7) の被積分関数は

$$\cos\left(\xi-2\pi\frac{x\sin\theta}{\lambda}\right) = \Re\left[\mathrm{e}^{i\left(\xi-2\pi\frac{x\sin\theta}{\lambda}\right)}\right] = \Re\left[\mathrm{e}^{i\xi}\,\mathrm{e}^{-2\pi i\frac{x\sin\theta}{\lambda}}\right] \tag{8.9}$$

となる．ここで，$\Re[z]$ は複素数 z の実数部を表す．式 (8.7) の点Pでの合成波の振幅 ϕ_{P} は，その実数部をとることに約束して，$\Re[\ ]$ を省略すると，

$$\phi_{\mathrm{P}} = C\mathrm{e}^{i\xi}\int_0^a \mathrm{e}^{-2\pi i\frac{x\sin\theta}{\lambda}}\mathrm{d}x = -\frac{C\lambda\mathrm{e}^{i\xi}}{2\pi i\sin\theta}\left(\mathrm{e}^{-2\pi i\frac{a\sin\theta}{\lambda}}-1\right) \tag{8.10}$$

と表すことができる．光の強度は振幅の (絶対値の)2乗に比例するので，点Pで観測される回折光強度は

$$I_{\mathrm{P}}(\theta) = |\phi_{\mathrm{P}}|^2 = \frac{C^2\lambda^2}{\pi^2\sin^2\theta}\sin^2\left(\frac{\pi a\sin\theta}{\lambda}\right) \tag{8.11}$$

となる．

参考文献

[1]　『振動・波動』　第9章，有山正孝著，基礎物理学選書第8巻，裳華房

実験 9.　回折格子による光の波長の測定

§1　目的

本実験では，回折格子分光器の基本原理を理解し，平面透過型回折格子を用いて，回折角の測定を行い，Na 原子のスペクトル D 線の波長を求めることを目的とする．

§2　概要

光学スペクトルの観測に用いる分光器には，プリズム分光器 (実験 10) とともに，広く用いられているものとして，回折格子 (diffraction grating) を用いた分光器がある．回折格子は，原理的には，多数の細いスリットを等間隔にならべ，これに入射して各スリットで回折した光の干渉により，光の波長による分解を行うものである．

§3　原理

図 9.1 のように，回折格子 G の面に直角に波長 λ の単色平行光線を入射させるとする．スリット，すなわち格子の間隔 (格子定数) を d とし，格子面の法線方向に対して角度 (回折角) θ の方向で観測するとする．$\theta = 0$ の場合は，いうまでもなく各スリットより出る透過光は同位相をもち，強め合う．角 $\theta\,(\neq 0)$ の方向では隣り合うスリットの同等の点から出る光線どうしの間には，$d\sin\theta$ の光路差があるため，角 θ が

$$d\sin\theta = 2m\left(\frac{\lambda}{2}\right) \quad (m = 1, 2, 3, \cdots) \tag{9.1}$$

の条件を満たすとき，光は同位相で強め合う．ゆえに，入射光線方向のもっとも明るい明線 (0 次) を中心に，その両側に第 1 次 ($m = 1$)，第 2 次 ($m = 2$)，$\cdots$ と明線の列をつくる角 θ がある

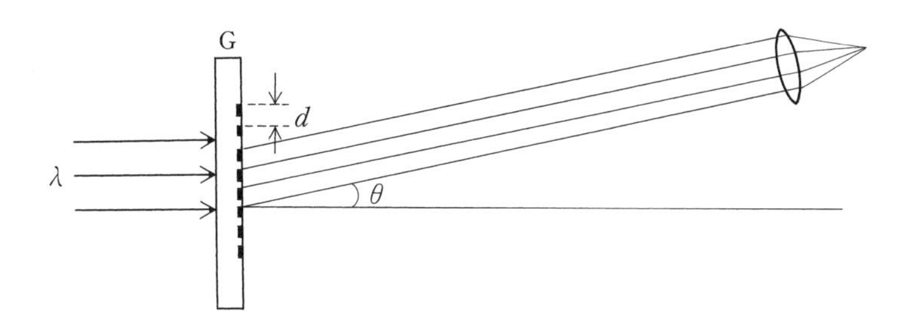

図 9.1　回折格子の原理図

ことになる．

第 m 次の回折角を θ_m とすると，式 (9.1) より

$$\lambda = \frac{d \sin \theta_m}{m} = \frac{\sin \theta_m}{mn} \tag{9.2}$$

となる．ただし，$n = 1/d$ は回折格子の単位長さあたりの刻線数である．これにより，n (または d) が既知であれば，回折角 θ_m を測定することにより，光の波長 λ が求められる．

近接した 2 種の波長の光が回折格子を通過したとき，波長 λ のスペクトル線と $d\lambda$ 離れた線とが，図 9.2 のように 2 本に識別される限界であるとすると，このとき，$\lambda/d\lambda$ を波長 λ に対する回折格子の分解能 (resolving power) と呼ぶ．この分解能は，各スペクトル線の観測される幅 W によっているが，この幅は光が通過してくるすべてのスリットからの回折光の重ね合わせの結果決まる量である．より多数のスリットからの寄与があるほど，幅は狭くなる．これを理論的に取り扱うと，回折格子の総刻線数 (光が当たっている範囲の) を N とすれば，分解能は

$$\lambda/d\lambda = mN \tag{9.3}$$

で与えられることが示される (たとえば，ボルン，ウォルフ著：光学の原理，8 章参照)．

このように，回折格子の総刻線数 N が大きいほど高分解能が得られ，精密なスペクトル測定に適していることがわかる．

実際の回折格子は，通常，ガラス平行板の表面に多数の平行線を刻んだもので，刻線の周期的な凹凸が平行な多数のスリットと同じ役割をする．原理的には同等のもので，透過型回折格子のほかに，ガラスミラーによる反射型のもの，また，平面型のほかに凹面型格子，階段型格子などが用いられる．

Na 原子の D 線は，Na のスペクトル中でもっとも強い黄色のスペクトル線であるが，それは，D_1 (589.592 nm) と D_2 (588.995 nm) の 2 本からなっている．Na 原子の電子構造は $1s^2$，$2s^2$，$2p^6$, 3s で，3s 軌道の電子が熱陰極からの電子との衝突などによってエネルギーの高い 3p 軌道に励起され，そこから 3s 軌道に戻る際の放出光が D 線として観測される．図 9.3 にあるように，3p

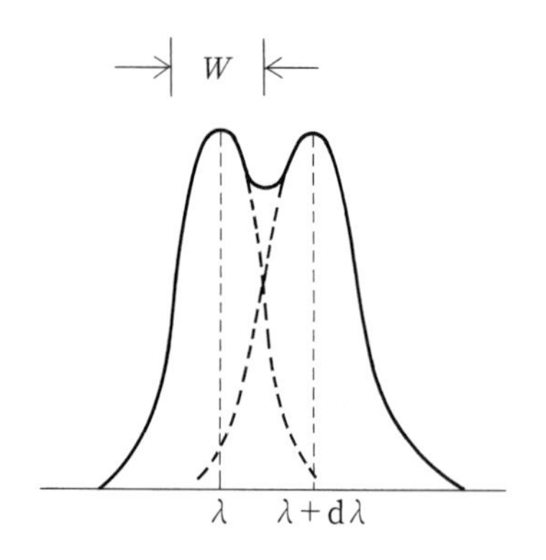

図 9.2　D 線の重なり

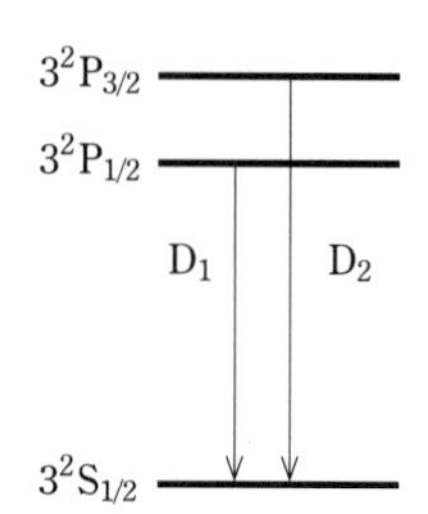

図 9.3　Na 原子のエネルギー準位

軌道はスピン軌道相互作用と呼ばれる相対論的効果によってわずかにエネルギーの異なる 2 つの準位 ($^2P_{3/2}$，$^2P_{1/2}$ と表される) に分かれるため，D_1 線と D_2 線が現れる．

§4　実験装置

実験装置の全体を図 9.4 に示す．分光計各部の名称と説明を図 9.5 に示す．Na ランプをコリメータの前に置き，コリメータから出る平行光線を回折格子に直角に投射し，回折光をテレメータによって観測する (図 9.6)．この実験で使用する回折格子 (図 9.7) は，1 cm あたりの刻線数が 2000 本である．回折格子はきわめて精密なものであり，高価なものなので，格子面には絶対に手を触れてはならない．

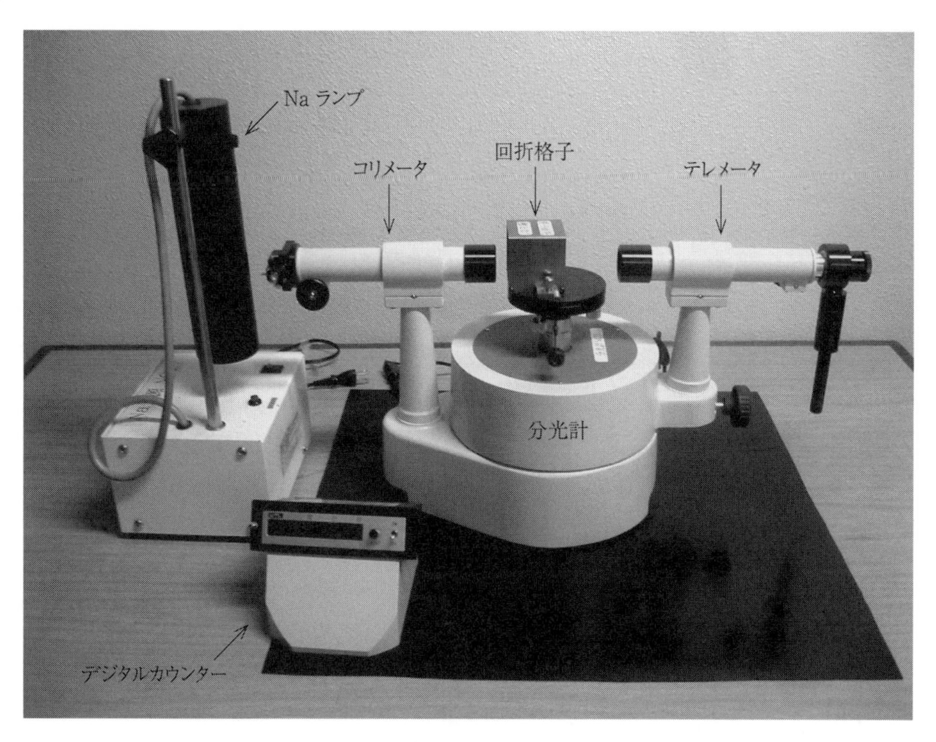

図 9.4　回折格子実験装置

§5　測 定

1.　分光計の調節

a）全般的注意

(1)　実験室に暗幕をひき，部屋全体を暗室にして測定する．

(2)　分光計には，多くの「調整用ネジ」がついている．おのおのの役目をよく研究する．これがわからなければ，せっかくできた調整をあとでこわすことがある．そのためにまず図 9.5 と実際の装置の照合を行っておくことが重要である．

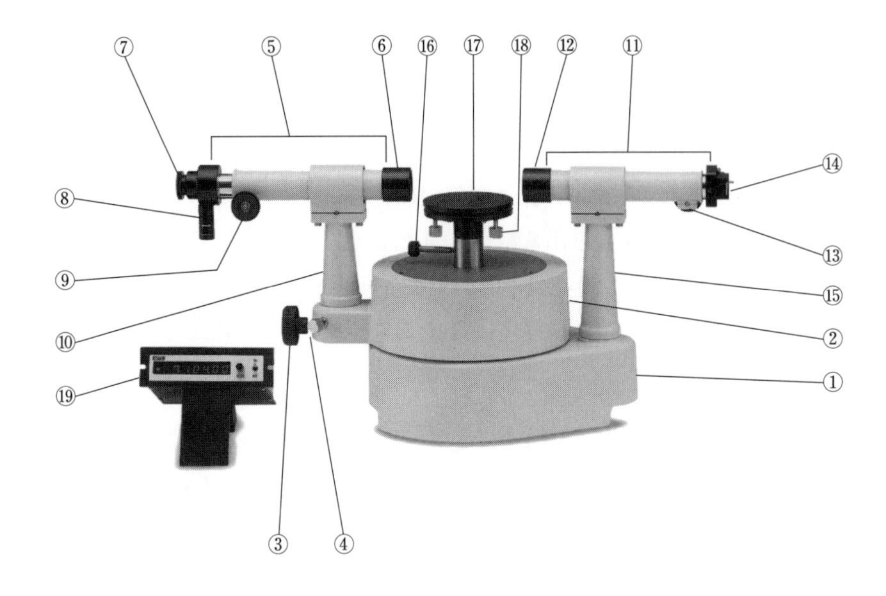

① ベース
② 回転腕
③ クランプハンドル
④ 微調整ハンドル
⑤ テレメータ(望遠鏡)
⑥ テレメータレンズ
⑦ 接眼レンズ
⑧ オートコリメーション照明
⑨ ピント調整ハンドル
⑩ テレメータ支柱
⑪ コリメータ
⑫ コリメータレンズ
⑬ ピント調整ハンドル(スリット像用)
⑭ スリット
⑮ コリメータ支柱
⑯ ステージ固定ツマミ
⑰ ステージ
⑱ ステージ水平調整ネジ
⑲ デジタルカウンタ

図 9.5 分光計

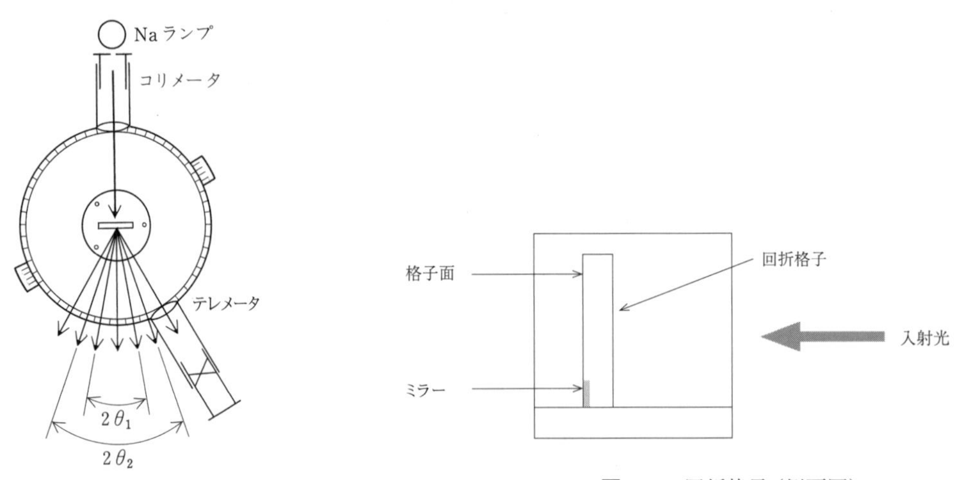

図 9.6 分光計 (上面図)

図 9.7 回折格子 (側面図)

(3) 分光計のテレメータを回転するときは，鏡筒を持って回さずに，支持台を持って回す．

(4) コリメータのスリットは分光計の重要部である．スリットの「ネジ」を締めすぎたり，乱暴に取り扱って，鋭いエッジをきずつけてはならない．

(5) 次数の高い明線まで観測するためには，光源をコリメータの正面に置き，スリットが回折格子の刻線に正しく平行となるようにすることが大切である．そうしないと，明るさが減じて，高次の線が観測しにくくなる．

b）分光計・回折格子の調整　精度のよい測定を可能にするためには，合理的で適切な調整が不可欠である．そのため光学測定において用いられる．オートコリメーション (auto-collimation) 法によって調整を行う．具体的には次の 3 段階からなる．

(A)　テレメータの調整 (焦点を無限遠に合わせ，視度調整をする)

(B)　テレメータの光軸と回折格子の回転軸を垂直にする調整

(C)　コリメータの調整

以下に，具体的な調整法を示す．

(A)　テレメータの調整 (無限遠・視度調整)

(1) コリメータとテレメータをほぼ一直線にする．

(2) ステージ水平調整ネジ⑱ (図 9.8 を参照) を用いて目視でステージをほぼ水平にする．次に水準器をステージに置き (回折格子面に平行に)，ネジ S1 または S2 を動かして S1-S2 方向の水平を合わせる．調整後，水準器を片付ける．

(3) ステージを回転させて，回折格子のミラー面 (下部にある) をテレメータとほぼ垂直にする．

(4) オートコリメーション照明のスイッチを入れる．LED 照明ボディの右回転 (上から見て) で ON，左回転で OFF となる (回し過ぎないこと)．

(5) 接眼レンズを覗いて，オートコリメーションプリズム (視野の下側の黒い部分) の反射像が視野の中 (上方) にあることを確認する (図 9.9)．次に接眼レンズを回転してクロス線にピントを合わせる (視度調整)．テレメータの前に白紙を置くと見やすい．

(6) テレメータのピント調整ハンドル⑨を動かしてクロス線の反射像 (プリズムの反射像の中：図 9.9) にピントを合わせる．クロス線とその反射像の間に視差があるとき，眼を左右に動かすと，クロス線に対しその反射像が動いて見える．テレメータのピント調節ハンドルをまわして視差をなくすこと．

(B)　テレメータの光軸とステージ回転軸を垂直にする調整

図 9.9 のように，クロス線と反射像の隙間 e が左右で同じになったとき，テレメータの光軸と回折格子面が垂直になる．なお，反射像は図に示すようにクロス線の内側にくるようにすること．以下の手順で確認する．

(1) 接眼レンズを覗きながらテレメータの微調整ハンドル④ (注 1 参照) を動かして隙間 e を左

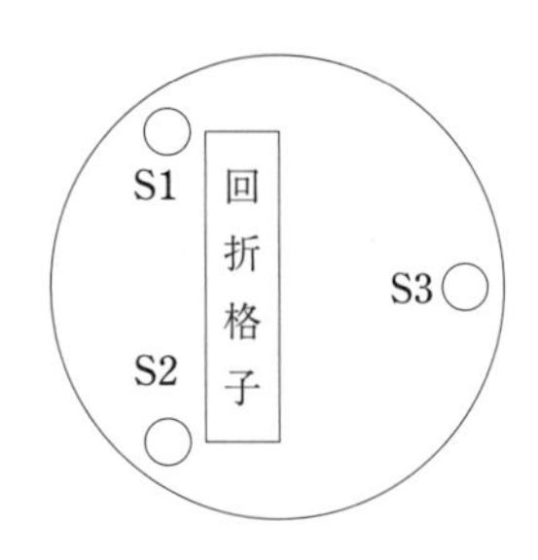

図 9.8　ステージ水平調整ネジ

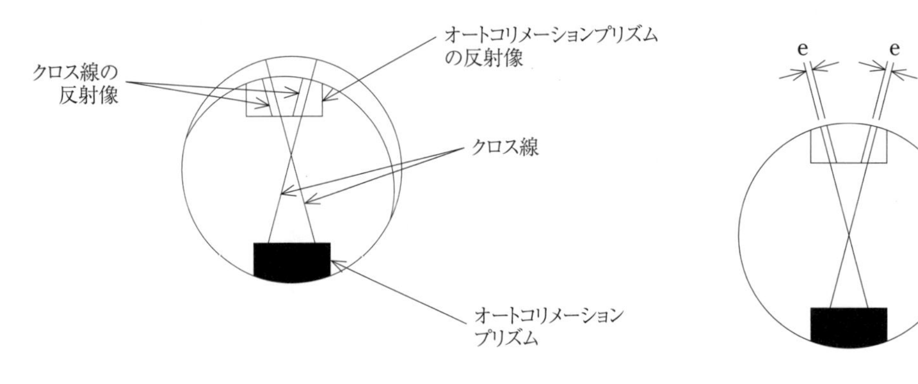

図 9.9　クロス線とその反射像

右同じ大きさにする．ステージ水平調整ネジ S3 (図 9.8) を動かして隙間 e をおおよそ 0.5 から 1 mm にする．

(2) ステージを 180 度回転し，回折格子裏面についても隙間 e を確認する．

(3) 1 と同じ状態であれば，テレメータの光軸と回折格子の回転軸の垂直が出ている．ずれているならば，1, 2 を繰り返して隙間 e が同じになるようにする．

(4) オートコリメーション照明のスイッチを切る．

(C)　コリメータの調整

(1) 回折格子面を，テレメータ側に向ける．

(2) ナトリウムランプを点灯し，コリメータのスリットの前に置く．

(3) テレメータを覗き視野の中央部に透過光のスリット像が来るようにテレメータを動かす．スリット幅は適当に狭める．

(4) コリメータのピント調整ハンドル⑬を動かしてスリット像のピントを合わせる．この像が 0 次の明線である．テレメータを動かすと，0 次明線の両側に対称に 1 次，2 次，$\cdots$ と回折像が見える．

(5) スリット幅の調節：4 次の回折光から，D_1, D_2 線の分離が観測可能になるように，スリット幅⑭を調整する．テレメータのクロス線と 0 次光が一致するようにしておいて，デジタルカウンタをリセットして $0^\circ 00' 00''$ とする．

(6) オートコリメーション照明のスイッチを再度入れる．プリズムの反射像とスリット像の中心(左右方向)が一致するように，回折格子のステージを調整する．調整後，**オートコリメーション照明のスイッチを切る．**

(7) 調整が適切であれば，回折による明線は左右に 8 本ずつ見える．左右とも 8 次の回折光まで観測できることを確かめる．このとき左右の 8 次の回折角の差が 1 度以内であればよい．これで調整は終わりである．

2. 測定と解析

調節が終われば，テレメータのみを回転させて，第 1 次，第 2 次の順に左右の明線の現れる位置をデジタルカウンタによって読み取る．左右の同じ次数の明線の間の角の 1/2 から，回折角 $\theta_1, \theta_2, \cdots$ を定め，式 (9.2) より波長 λ を求める．

(1) 次数の低いところでは D 線は 1 本に観測される．この場合，得られる波長は，D_1, D_2 線の平均値となる．高次になると，D_1, D_2 の分離が見え始める．明らかに見分けられるところからは，各次数について区別して測定する．

次のような形式で測定値を記録，整理する．

m		角	$2\theta_m$	θ_m	$\sin\theta_m$	λ	$\Delta\lambda_m$
0							
1	左						
	右						
8	左						
D_1	右						
8	左						
D_2	右						

(2) この実験では，便宜上回折格子に指定してある刻線数 n をそのまま利用する．しかし，n の値は温度によって多少異なる．ゆえに，より厳密には，あらかじめ既知波長の光を利用して式 (9.2) により n を定め，その値を用いて未知波長を求める必要がある．

(3) この分光計は，角度を 1/2 分まで読み取れる．このことから，λ の最大誤差 $\Delta\lambda_{\rm m}$ を求める．式 (9.2) の対数微分により，λ の最大誤差 $\Delta\lambda_{\rm m}$ (θ の誤差だけによる) は

$$|\Delta\lambda_{\rm m}/\lambda| = |\Delta\theta/\tan\theta_{\rm m}| \tag{9.4}$$

各次数について，λ と $\theta_{\rm m}$ の測定値を代入して見積もればよい．このとき，$\Delta\theta = 1/4$ 分 ($= 7.3 \times 10^{-5}\,\rm rad$) とする．たとえば，次数 $m = 1$ の場合には $\Delta\lambda_1 \approx 0.36\,\rm nm$ となる．

(4) 各次数に対して測定値 λ から $\lambda \pm \Delta\lambda_{\rm m}$ を例 (図 9.10) のようにプロットしてみる．得られ

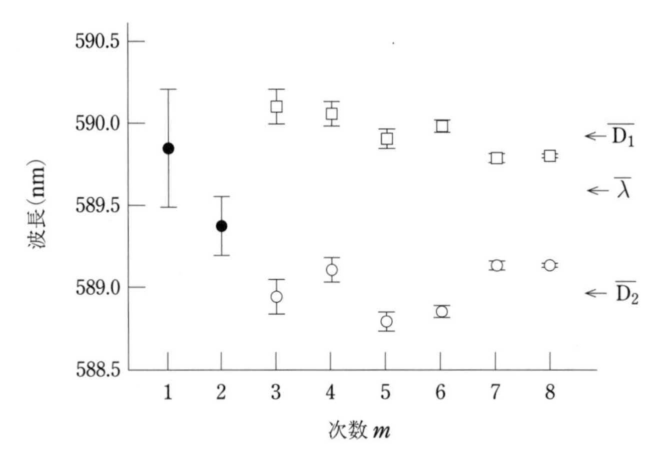

図 9.10 プロットの例

た結果について，平均値としての λ, D_1, D_2 を求め，文献値と比較し，吟味・検討する．

[注　意]

1. この実験は，協同者と交代して同じことをやらなくてもよい．途中適宜交代する．

〔注 1〕　テレメータの回転を微調整したいときは，クランプ③を締め，微調整ハンドル④を回す．**微調整が終わったら必ずクランプをゆるめること**．締めたままでテレメータを無理に回してはいけない．

§6　発 展 課 題

上記の解析では，各次数の波長値の単純平均をとって結論とした．しかし，式 (9.4) から明らかなように測定精度は次数によって異なっている．各観測値の精度が同一でない場合は，平均値を計算するときに精度の高い観測値をより重視すべきである．このような場合は観測値に重みを取り入れた加重平均を考える．重み w とは基準の測定に対して w 回分の平均値に相当する価値があるという意味である．各観測値を $\lambda_1, \lambda_2, \lambda_3, \cdots$ とし，重みがそれぞれ $w_1, w_2, w_3, \cdots$ であったとすると，加重平均の値 λ_{av} は次式で与えられる．

$$\lambda_{\mathrm{av}} = (w_1\lambda_1 + w_2\lambda_2 + w_3\lambda_3 + \cdots) \,/\, (w_1 + w_2 + w_3 + \cdots) = \sum_i w_i\lambda_i / \sum_i w_i \qquad (9.5)$$

次数 m の観測値の重み w_{m} の取り方として，ここでは $w_{\mathrm{m}} = 1/(\Delta\lambda_{\mathrm{m}})^2$ としてみよう．式 (9.5) をもとに，D_1, D_2 線が分離して観測できた次数の D_1, D_2 線の波長値を用いて加重平均値を求めてみよ．

実験 10. プリズム分光器による原子スペクトルの測定

§1 目的

本実験では，スペクトル分光法において歴史的でかつもっとも簡便なプリズム分光器 (prism spectroscope) を用いて，原子スペクトルの観測を行い，分光法の基礎を学ぶとともに，水素原子スペクトルの解析を通じて原子構造に対する理解を深めることを目的とする．

§2 概要

分光学 (spectroscopy) は，ニュートンによるガラスプリズムを用いた太陽光スペクトルの観測以来，近代物理学の発展のうえではきわめて重要な役割を果たしてきた．とりわけ，種々の原子スペクトルの観測は，量子力学の誕生に至る過程においては決定的な役割を担った．

図 10.1 のように，ガラスプリズムの一方の屈折面 AB への入射光を I (入射角 i)，他方からの

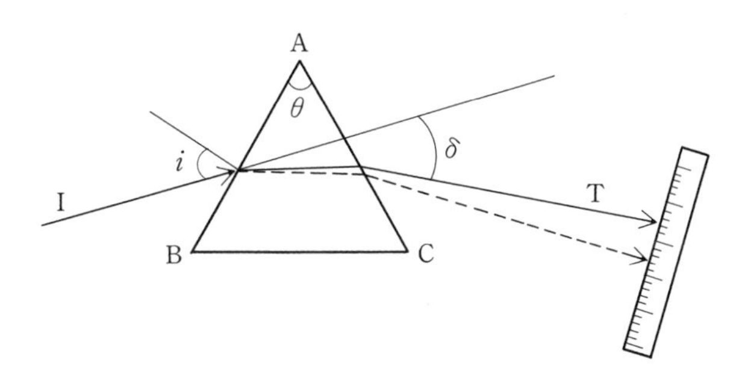

図 10.1 プリズムによる光の分散

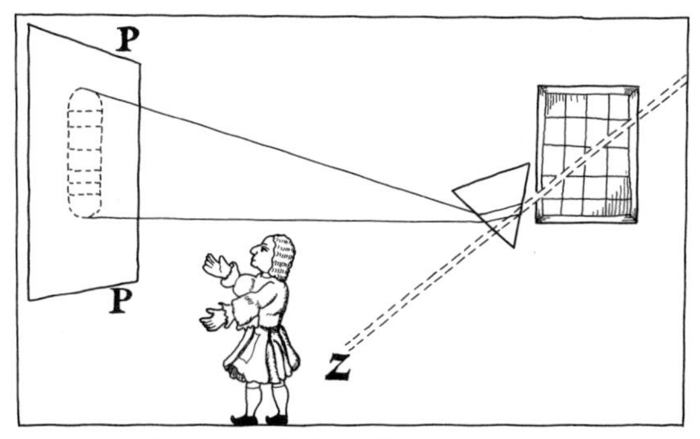

Newton's discovery of dispersion.
(Condon & Shortley "The Theory of Atomic Spectra"より)

透過光を T とすると，この両者のなす角 δ，すなわち偏れの角 (deviation angle) は，入射角 i と屈折率によって決まる．光の波長に対するガラスの屈折率の違いに応じて，この偏れの角が変化するため，透過光は波長によって分解される．これを**分散** (dispersion) という．入射光が種々の波長の光を含んでいると，透過光の側ではその偏れの角に応じて分布したスペクトルが得られる．

§3　原 理

1.　分散曲線

可視光を観測するためのガラスプリズムの場合，光の波長と偏れの関係は，通常図 10.2 のような曲線になる．このような曲線を**分散曲線** (dispersion curve) という．横軸の目盛は，偏れの角に比例した任意のスケールである．プリズムへの光線の入射角および観測スケールの位置を固定すれば，この分散曲線は分光器に固有のものとなる．ゆえに，あらかじめ使用する分光器の分散曲線がわかっていれば，未知の光の波長を決定したり，スペクトル分布を知ることができる．この実験では，はじめに既知波長の原子スペクトル光源を用いて分光器の分散曲線を作成し，これを用いて試料の原子スペクトルの波長の測定を行う．

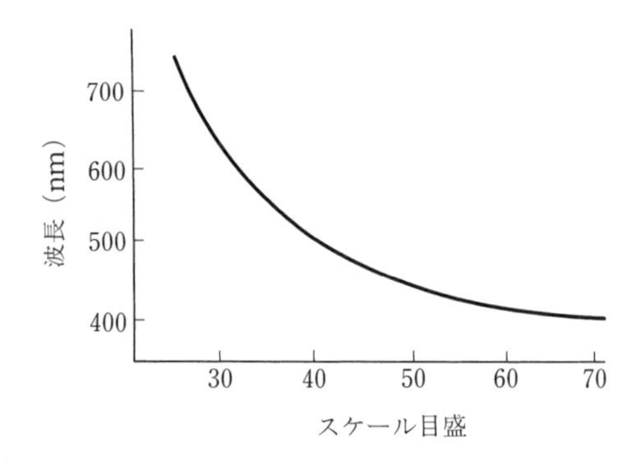

図 **10.2**　波長とスケールの関係 (分散曲線)

2.　水素原子のスペクトル

ここでは水素原子のスペクトルについて簡単な説明を行う．この知識は解析の際に必要となる．

気体を放電させたとき，自由に飛び回る単独の原子が光を放出するが，そのスペクトルは原子に特有の配列をもっている．この原子のスペクトルは，原子内電子の運動を直接反映することから，原子構造を解明していく歴史においては，きわめて重要な役割を果たしてきた．もっとも構造の簡単な原子である水素において，可視部にあるスペクトル線の配列に見られる規則性が，次のような実験式で正確に表されることが，1885 年に Balmer によって発見された (B は定数).

$$\lambda = B\frac{n^2}{n^2-4} \quad (n = 3, 4, 5, \cdots) \tag{10.1}$$

その後，水素スペクトルにはこの可視部のほかに，紫外部と赤外部にも多くのスペクトル線があり，そのすべてが次の公式で表されることがわかった．

$$\frac{1}{\lambda} = R_{\rm H}\left(\frac{1}{l^2} - \frac{1}{n^2}\right) \qquad (l < n\text{：自然数}) \tag{10.2}$$

$R_{\rm H}$ は水素の Rydberg 定数と呼ばれる．

スペクトルは l の値によっていくつかの系統 (spectral series) に分けられる．

$$\begin{cases} \text{紫外部} \cdots\cdots\cdots\cdots \text{Lyman 系列} & (l = 1,\ n = 2, 3, 4, \cdots) \\ \text{可視部} \cdots\cdots\cdots\cdots \text{Balmer 系列} & (l = 2,\ n = 3, 4, 5, \cdots) \\ \text{赤外部} \cdots\cdots\cdots\cdots \text{Paschen 系列} & (l = 3,\ n = 4, 5, 6, \cdots) \end{cases}$$

このようにして確立された実験法則は，その後，**Bohr の量子仮説** (1913 年) (実験 11　フランクとヘルツの実験の説明も参照) に始まる理論の展開によって見事に説明されることになった．それによれば，水素原子内の電子に許される円軌道 (半径 r) は，Bohr の量子条件と呼ばれる

$$2\pi m_{\rm e} v r = nh \qquad (n = 1, 2, 3, \cdots) \tag{10.3}$$

を満たすとびとびのものに限られる (図 10.3 参照)．ここで $m_{\rm e}$ は電子の質量，v は速さ，h はプランク定数である．これに対応して電子のエネルギーも**離散的**となる．この離散的なエネルギーをとる状態をエネルギー準位と呼び，量子数と呼ばれる値 n を用いて指定される．$n = 1$ の準位が最もエネルギーの低い状態 (基底状態) であり，$n \geq 2$ の準位は励起状態と呼ばれる．Bohr によれば，励起状態にある電子は一定の確率でよりエネルギーの低い準位に移り変わる．これを**遷移**と呼ぶ．このとき，2 つの準位間のエネルギー差に等しいエネルギーが光として放出される．これが水素のスペクトルとして観測される．たとえば我々の観測した Balmer 系列のスペクトルは，図 10.3 に示すように電子が $n \geq 3$ の準位から $n = 2$ の準位に遷移したときの放出光である．より一般に式 (10.2) は準位 $n\,(> l)$ から準位 l に電子が遷移したときに放出される光のエネルギーを表している．

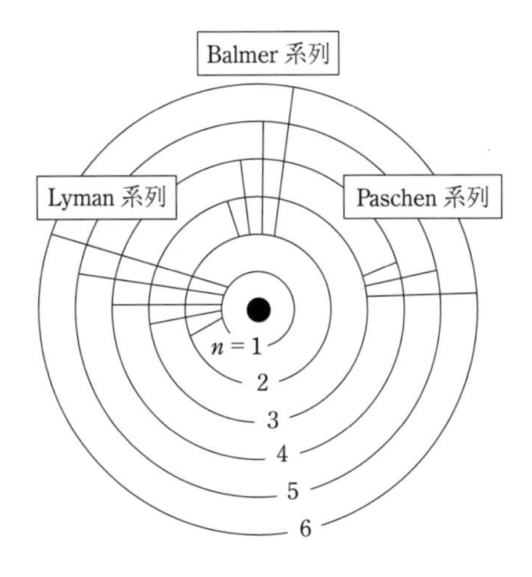

図 10.3　水素原子のスペクトル (模式図)

Bohr の量子仮説によれば，R_{H} は

$$R_{\mathrm{H}} = \frac{\mu e^4}{8\epsilon_0{}^2 ch^3} \quad ただし\frac{1}{\mu} = \frac{1}{m_{\mathrm{e}}} + \frac{1}{m_{\mathrm{p}}} \tag{10.4}$$

(m_{p}：陽子の質量，e：電子の電荷，c：光速度，ϵ_0：真空の誘電率) で与えられ，実験観測の結果と見事な一致を示した (精密な実験によって決定された参照値 $R_{\mathrm{H}} = 1.09737 \times 10^7\,\mathrm{m}^{-1}$).

§4　実験装置

1.　分光器 (島津分光器 KB II 型)

実験装置の全体を図 10.4 に示す．分光器の主要部は，図 10.5 に示すとおり，コリメータ C，プリズム P，望遠鏡 T および標尺管 B からなる．標尺管は管の先端にスケール S′ をもつ．これは，傾きが調節できる．スケール S′ をランプで照らせば，スケールの像が標尺管によって平行光線となり，プリズム面で反射され望遠鏡の視野に入る．

測定しようとする光源からの光は，スリット S を通り，コリメータによって平行光線となり，

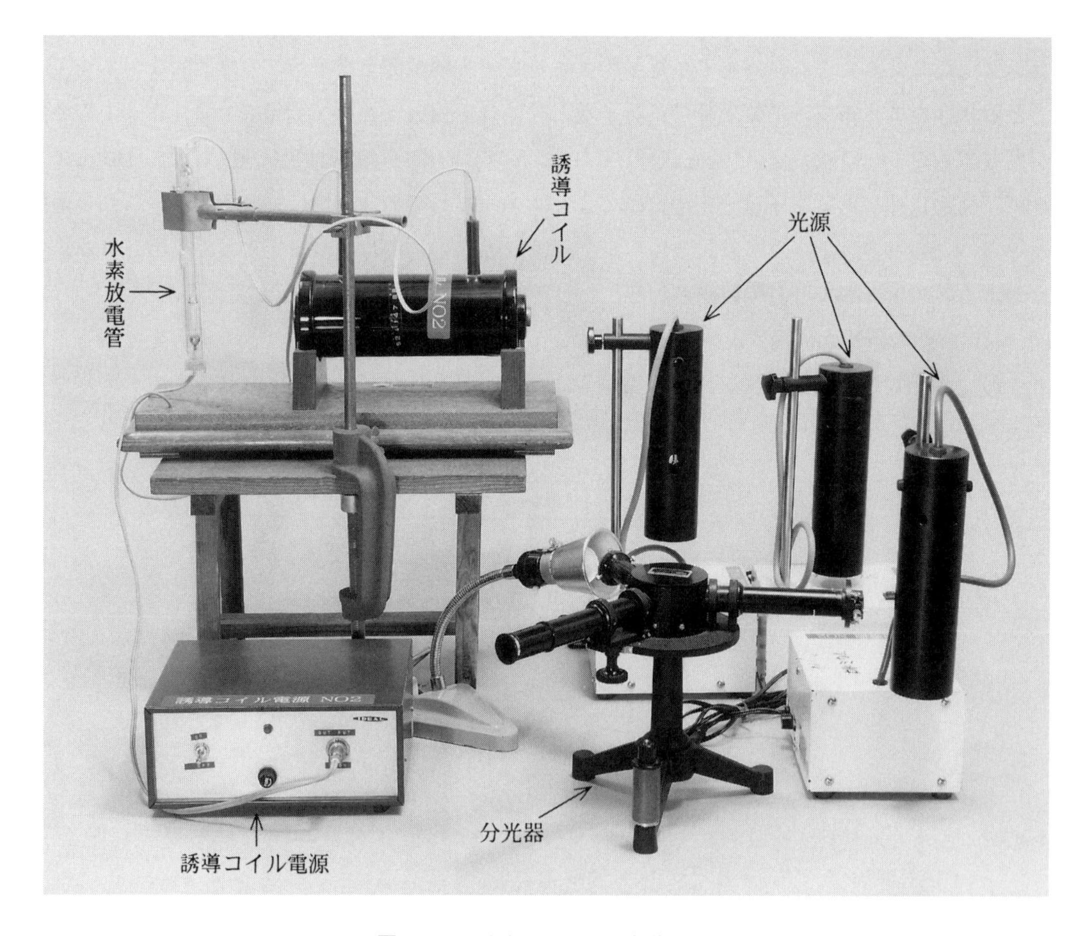

図 10.4　原子スペクトル実験装置

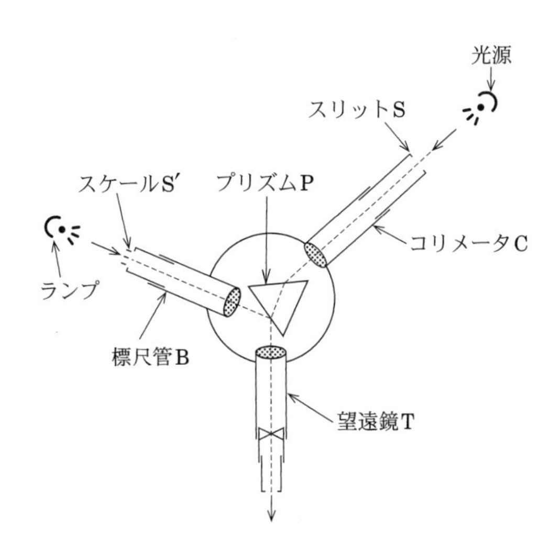

図 **10.5**　分光器の概念図

プリズムで分散し，望遠鏡の視野に入る．

無限遠に調節した望遠鏡 T により，スペクトル線の位置をスケール上に読み取ることができる．

〔注意〕

1. コリメータのスリットは分光器の重要部である．スリットの「ネジ」を締めすぎたり乱暴に取り扱って，鋭いエッジをきずつけてはならない．
2. プリズムは「最小の偏れの位置」に調節ずみで，固定されている [注 1]．中央の黒い蓋をはずして，上から内部をよく観察しておく．ただし，プリズムに手を触れてはならない．

2.　光源

分散曲線を求めるために，波長が既知の光源として，Na，Hg，Cd を封入した熱陰極放電管を用いる．これら 3 種類のランプは，放電により原子の種類に特有の線スペクトルを発する．電源スイッチを ON にしたうえで，起動用の押しボタンを手で押し続けると，ブーンという音とともに発光する．そのとき，手を離せば点灯するが，数分間して光が強くなってから使う．

§5　測 定

1.　分光器の調節

a）望遠鏡の調節　Na ランプでコリメータのスリットを照らして望遠鏡 T をのぞく．スリットの幅を細め，かつ望遠鏡の長さを調節して，「スペクトル線が楽に，細く，はっきり見える」ようにする．これで，望遠鏡が無限遠に調節されたのである．

b）コリメータの調節　固定式で調節ずみ．スリット S を備えた内筒は，外筒に十分押しこんだ状態で使う．付属のネジによって筒の長さおよびスリット S (鉛直にして使う) の傾きを変えることができるが，これを変えてはならない．スリット幅は「ネジ」によって変えることができるが，固く締めつけると壊れるので注意する．

c）標尺管の調節　この実験では調整ずみであるから，触らなくてよい．先端のスケール S' に白熱灯を十分近づけておいて，無限遠に調節した望遠鏡を回してのぞく．S' が傾いて見えたり，上下しすぎていたり，また望遠鏡を回してもスケール全部が見えないときは，申し出ること．なお，スケールの左右の位置は，Na ランプの D 線 (強い黄線) または Hg ランプの強い黄線 (579.1, 577.0 nm) が 2.0〜2.5 目盛のところに設定してある．

2.　分散曲線の作成

既知波長のスペクトル線として Na，Hg，Cd ランプで順次コリメータのスリットを照らし，望遠鏡を通して視野に現れるスペクトル線の位置，すなわち偏れをスケールから読み取る．方眼紙上に，縦軸に波長，横軸に偏れをとり，使用した分光器に対する分散曲線をえがく．この曲線は，曲率がかなり大きいから，正確な曲線をえがくために，なるべく多くの既知波長の線に対する観測値を求めておく必要がある．

〔注　意〕

1. スペクトル線は多く見えるが，どの線がどの波長のものかわからない．しかし

Na	黄　線	589.6，589.0 nm	(D 線)
Hg	黄　線	579.1 nm	(2 本見える)
	黄　線	577.0 nm	
	黄緑線	546.1 nm	
	青　線	435.8 nm	
Cd	赤　線	643.8 nm	(標準波長線)
	青緑線	508.6 nm	

　はきわめて強いから，一応それらしい線をその波長のものとして，その場でグラフ用紙にプロットする．おそらく 1 つの曲線にのるであろう．

2. 他のスペクトル線は，線の色，明るさ，隣の線との間隔などに着目して表 10.1 のスペクトル表を調べて線の波長を推定し，先のグラフに書き入れる．もしそれらの点が，その曲線にうまくのるならば，その推定は正しかったことになる．このようにして，すべての線をグラフに入れてなめらかな 1 本の分散曲線をえがく．3 つのランプの点は，区別できるように別々の記号 (◯ 印，× 印，△ 印など) で示す．
3. スペクトル表の線はおおむね観測できる．そのためには，スリット S の幅を広げたり，細めたり，また標尺管を照らす白熱灯を点滅したりする工夫を要する．また，スペクトル表

表 10.1 スペクトル表 (カッコで包んだ線は 1 本に見える．◎印は特に強い線．)

ナトリウム (Na)		水銀 (Hg)		カドミウム (Cd)	
λ(nm)	色	λ(nm)	色	λ(nm)	色
616.1	細い赤	690.7	うす赤	738.5 }	赤
615.4		671.6		738.4 }	
◎ 589.6 }	強い黄	589.0 }	強い黄	734.6	
◎ 589.0 }	(D 線)	588.9 }		646.5	強い赤
568.8 }	黄緑	580.4		◎ 643.8	(標準)
568.3 }		◎ 579.1	強い黄	636.0	細い赤
515.4 }	細い緑			632.5	
514.9 }		◎ 577.0		611.2 }	橙
498.3 }	強く細い青			609.9 }	
497.9 }		◎ 546.1	強い黄緑	563.7	細い緑
475.2 }	うす紫				うす緑
474.8 }		491.6	細い深緑	515.5	
466.9 }	うす紫	◎ 435.8		◎ 508.6	強い青緑
466.5 }		◎ 434.8	強い青		
439.3	うす紫			◎ 480.0	やや強い青緑
		◎ 407.8	細い紫	◎ 467.8 }	強い青
		◎ 404.7		◎ 466.2 }	
				441.5	強く細い紫

にない線が見えることもあるので，注意を要する．

4. 分散曲線は，実になめらかな曲線になる．もし測定点がばらつくようであれば，分光器の調節が悪いか，視差があったか，またはスペクトル線を取り違えた可能性がある．
5. 装置の分解能は 1.5 nm 程度であるから，これより接近しているスペクトルは 1 本の発光線として観測される．また表に記されていないスペクトル線が観測されることもあるが，分散曲線作成にあたっては無視してよい．
6. レポートには，分散曲線をえがくばかりでなく，各ランプについて，見えたスペクトル線のスケール S′ の目盛，色，対応する波長の一覧表を添える．

3. 水素スペクトルの波長の測定

前節で得た分散曲線を使って，未知スペクトルの波長を決定する．データのバラつきに対応して，分散曲線には幅がある．したがって観測された偏れに対して，波長は $\lambda \pm \Delta\lambda$ と幅 $\Delta\lambda$ をつけて評価することができる．本実験では，水素放電管 (気体として水素を使うガイスラー放電管) により得られるスペクトル線の波長を $\lambda \pm \Delta\lambda$ として求める．

〔注　意〕

1. 水素放電管の点灯

   水素ガスは他の気体と比べて，とりわけ放電電圧が高いために，誘導コイルを用いて，高圧を印加して放電させる．誘導コイルの一次側は，サイリスタを用いたパルス電圧で作動させる．誘導コイルの二次側は電流は少ないが，数十 kV に及ぶ高電圧を生じるので，手などを近づけないように注意すること．

2. 水素スペクトルは，3 本の鮮明なスペクトル線のほかに，紫色の端の側にもう 1 本の淡いスペクトル線が観測できる．その観測のためには，スリット幅の調節や，標尺管を照らす白熱灯の点滅などの工夫を要する．また，本来，水素スペクトルでない線が見えることもあるので注意する．

§6　解 析

実験により求めた水素の波長のデータ全体を使い，式 (10.2) に従って Rydberg 定数 R_{H} を求める．$1/n^2\,(n=2,3,4,\cdots)$ を横軸，$1/\lambda$ を縦軸とするグラフを描こう．Balmer 系列のスペクトルは座標 $(1/2^2,0)$ を通り右下りの直線の上にある．水素スペクトルの観測値 λ のそれぞれに対して，$n=3,4,5,\cdots$ の値を与えて，このグラフの上に点 $(1/n^2,1/\lambda)$ を記入すると，$(1/2^2,0)$ を通る直線に全体として集積する n を，各 λ に対して，選ぶことができる．この選ばれた点群を大きくマークして，$(1/2^2,0)$ を通る回帰直線を図示する．点群のバラつきに応じて傾きが最大・最小となる直線を追加する．

この回帰直線の傾きは $-R_{\mathrm{H}}$ に等しい．また $1/n^2=0$ にある縦軸の切片は $R_{\mathrm{H}}/4$ に等しい．この関係から R_{H} の値を $R_{\mathrm{H}}\pm\Delta R_{\mathrm{H}}$ として観測幅も含めて評価せよ．そのうえで参照値と比較せよ．

§7　検 討

1.　水素原子のイオン化エネルギー

R_{H} に hc を掛けた量 hcR_{H} はエネルギーの次元をもつが，これは，基底状態にある水素のイオン化エネルギーを意味している (式 (10.2) で $l=1$, $n=\infty$ とした場合に対応)．R_{H} からこのイオン化エネルギーを求めてみよ．単位は eV とする．(参照値を用いると 13.6 eV となる．)

2.　水素原子の大きさの評価

R_{H} を用いて水素原子の大きさを見積もってみよう．原子核によるクーロン力のもとで半径 r の円運動を行う電子のエネルギー E は

$$E=\frac{m_{\mathrm{e}}v^2}{2}-\frac{e^2}{4\pi\epsilon_0 r} \tag{10.5}$$

と表されるが，クーロン力が向心力となっているから

$$\frac{e^2}{4\pi\epsilon_0 r^2} = \frac{m_e v^2}{r} \tag{10.6}$$

である．式 (10.6) を用いて式 (10.5) から v を消去すると，結局，電子のエネルギーは

$$E = -\frac{e^2}{8\pi\epsilon_0 r} \tag{10.7}$$

と表される．基底状態にある電子のエネルギーは $-hcR_\mathrm{H}$ であるから，これを式 (10.7) と等置することにより，基底状態の電子の軌道半径は次式で与えられる．

$$r = \frac{e^2}{8\pi\epsilon_0 hcR_\mathrm{H}} \tag{10.8}$$

R_H からこの r を求めてみよ．この値は Bohr 半径 a_B と呼ばれ，原子の大きさの目安となる (参照値を用いると $a_\mathrm{B} = 5.29 \times 10^{-11}$ m となる).

〔注 1〕　「最小の偏れの角」

図 10.1 における偏れの角 δ は入射光の入射角 i によって変化する．i を変化させたとき，δ が最小になる位置がある．これは，簡単な幾何学的考察によって，光線がプリズムを対称に通過するときであることがわかる (図 10.6)．このときの偏れを「最小の偏れの角」という．最小の偏れの角 δ_0 とプリズムの屈折率 n の間には

$$n = \sin\left(\frac{\delta_0 + \theta}{2}\right) \Big/ \sin\left(\frac{\theta}{2}\right) \tag{10.9}$$

の関係がある．ここで，θ はプリズムの頂角である．

可視光を観測するためのガラスプリズムを用いた分光器では，たとえば Na の D 線に対して最小の偏れの角になるように，コリメータ，プリズムを固定し，これを中心にわずかな偏れの角の分布を観測するようにしている．このような設定は，D 線の波長が全可視光領域のほぼ中心にあたり，また，強い光であることによる．

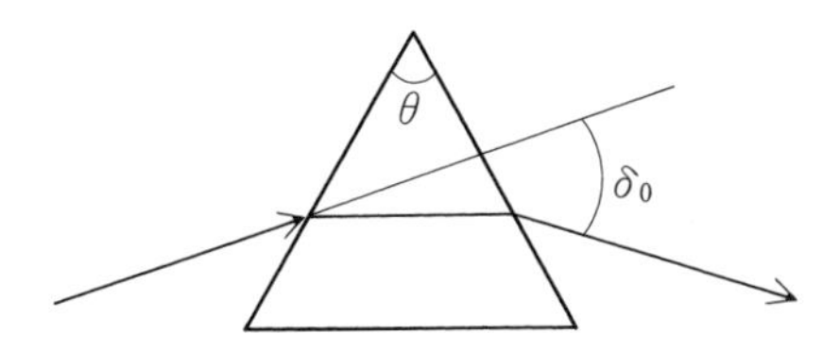

図 10.6　プリズムによる最小の偏れの角

〔発展課題〕　ガラスの透明な領域での屈折率 n と光の波長の関係は

$$n = A + \frac{B}{\lambda^2} + \frac{C}{\lambda^4} + \cdots \tag{10.10}$$

の形で近似できる．これははじめ実験的に見いだされたものであるが (Cauchy′s equation)，その後，古典的な分散理論によって確かめられている (下記の補足説明を参照).

分散曲線，すなわち偏れの角 δ は n に厳密に比例するわけではないが (注 1 の式 (10.9))，δ の変化の範囲は小さいので，分散曲線はこの n の波長依存性を反映したものになる．そこで，上記の議論に従い偏れを $1/\lambda^2$ の関数として図示すると，$1/\lambda^2$ の小さい (波長の長い) ところで図形は直線に近くなる．このグラフを利用すると長波長の領域 (主に赤色) の波長値を正確に求めることができる．

「補足説明」分散理論によれば，物質を同種の振動子の集まりによってできていると考えたとき，その屈折率 n と光の振動数 ω の間には

$$n^2 = A' + \frac{B'}{{\omega_0}^2 - \omega^2} \tag{10.11}$$

なる関係がある．ここで，ω_0 は振動子の共鳴振動数，A', B' は定数である．ここで，$\omega \ll \omega_0$ の領域，すなわち共鳴から離れた領域では，ω を波長に変換して展開すると，式 (10.10) が得られる．

実験 11.　フランク・ヘルツの実験

§1　目 的

本実験の目的は，原子が離散的なエネルギー状態をもつことを，電子ビームと Ne 原子の非弾性衝突の実験によって確認し，Ne 原子の最低励起エネルギーを求めることである．

§2　概 要

原子核のまわりを電子が円運動する単純な原子モデルに，古典電磁気学を適用すると，電子は回転周波数に等しい電磁波を放射し続けてエネルギーを失い，最終的には原子核へと落ち込むので，原子は安定に存在できなくなる．また，放射される電磁波の周波数は連続的に分布するはずであるが，これは原子から発する光が特定の周波数をもつという観測事実と矛盾する．そこで Bohr は，原子内の電子の状態に関し，次の 2 つの量子論的な仮説をおいた (1913 年)．

(1)　原子にはとびとびのエネルギー値をもった状態だけが許される．この状態では，荷電粒子の運動状態いかんにかかわらず，エネルギーは時間的に変化しない (定常状態)．エネルギーの変化は，ある定常状態から他の定常状態に遷移するときにのみ起こる．

(2)　ある定常状態 (エネルギー E_m) から他の定常状態 (エネルギー E_n) へ遷移するとき，放出または吸収される光 (電磁波) の振動数 ν は，特定の値に限られる．h をプランク定数とすると，その振動数 ν は，以下の条件

$$h\nu = |E_m - E_n| \tag{11.1}$$

を満たすものである．

Bohr はさらに角運動量がとりうる値にも条件を付加し，水素原子が離散的なエネルギー準位構造をもつことを示した．Bohr の仮説は，原子を構成している電子が加速度運動 (たとえば，円運動) を行っていても，なぜ電磁波の放射が起こらないのかを説明できるものではないが，水素原子の発光スペクトルの観測結果を見事に再現し，量子力学の幕開けとなった (前期量子論)．

Bohr の量子仮説の直接的な実験的検証を行ったのが，Franck と Hertz であった (1914 年)．彼らの実験では，原子の電子状態を遷移させるのに，光 (電磁波) ではなく，電子ビームを用いた．原子の励起エネルギー以上の運動エネルギーをもった電子が原子に衝突すると，電子のエネルギーは原子の励起のために使われ減少する．原子に衝突させる電子のエネルギーを電子ボルト単位 eV を用いて表す．ここで，e は電気素量 (C；クーロン)，V は加速電圧 (V；ボルト) である．E_0 を

原子の基底状態のエネルギー，E_1 をすぐ上の励起状態のエネルギーとすると，それぞれ電子ボルト単位で eV_0, eV_1 と表せる．原子の最低励起エネルギーを eV_{E} とすると，式 (11.1) から次式が成り立つ．

$$V_{\mathrm{E}} = V_1 - V_0 \tag{11.2}$$

この V_{E} を実験によって求める．

電子が 1 個だけの水素原子のエネルギー準位は，Bohr の量子仮説によりうまく説明できるが，実験で用いる原子は Ne であり，多電子原子である．このため，Ne の場合，エネルギー準位の計算は難しく，エネルギーの最も低い基底状態からの最低励起エネルギーは理論的には厳密に求まらず，種々の近似法で与えられる．実験的に求まっている最低励起電圧は $V_{\mathrm{E}} = 16.7\,\mathrm{V}$ であり，その次に低い励起電圧は 18.7 V である．

§3　測 定 原 理

本実験では，Ne 原子の励起による電子ビームのエネルギー減少の測定と，Ne 原子の励起発光の観測を加速電圧を変化させながら行う．

(1) 電子ビームとの非弾性衝突による Ne 原子の励起

図 11.1 のように Ne ガスを封入した 4 極管で，ヒーター H により加熱されたカソード (陰極) K より放出される電子をグリッド G_1, G_2 の間で加速する．加速電圧 V_{ACC} を 0 V から増していくと，最初，電子は Ne 原子と衝突してもほとんどそのエネルギーを失うことなくプレート (陽極) P に到達する．このとき，カソードから引き出される電流は熱電子管の電圧-電流特性で決まり，単調に増大する (実験 6 を参照)．ただし，グリッド G_2 に対してプレートに約 6 V の逆電圧をかけているためにプレート電流 I_{P} は，加速電圧が約 6 V あたりから増大しはじめる．

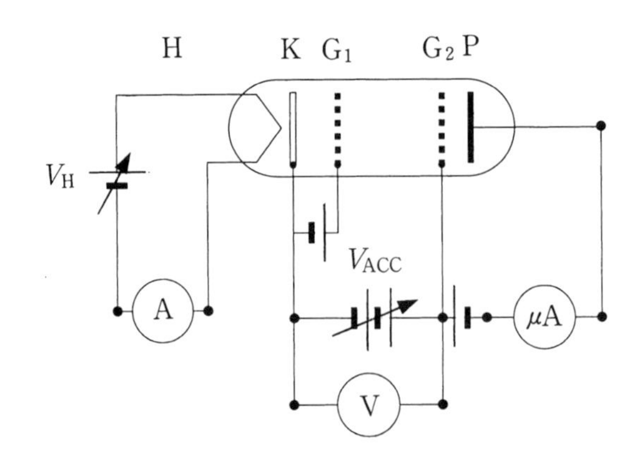

図 11.1　フランク-ヘルツの実験装置の原理図

加速電圧 V_{ACC} により電子のエネルギーが eV_{E} 付近になると電子と Ne 原子との非弾性衝突が起こりはじめ，電子のエネルギーは Ne 原子の励起のために失われる．プレートにはグリッド G_2 に対して逆電圧がかかっているため，逆電圧に対応するエネルギー以下になった電子はプレートに到達できず，このためプレート電流 I_{P} は急激に減少する．実際の実験では，カソードから引き出される熱電子はエネルギー分布をもっていることや，原子との非弾性衝突の確率が 1 ではないため，プレート電流 I_{P} は 0 A とはならない．さらに電圧 V_{ACC} を上げていくと，非弾性衝突により失うエネルギーを引いた残りのエネルギーがプレートの逆電圧に対応するエネルギーより大きくなり，再びプレート電流 I_{P} は増大する．しかし，グリッド G_2 に達する前に電子のエネルギーが再び最低励起エネルギー eV_{E} 以上に達すると，電子は Ne 原子との非弾性衝突によりエネルギーを失い，プレート電流 I_{P} は再び減少する．この現象が繰り返されると，図 11.2 のように，加速電圧 V_{ACC} が V_{E} だけ増加するごとにプレート電流 I_{P} は極大値を示す．

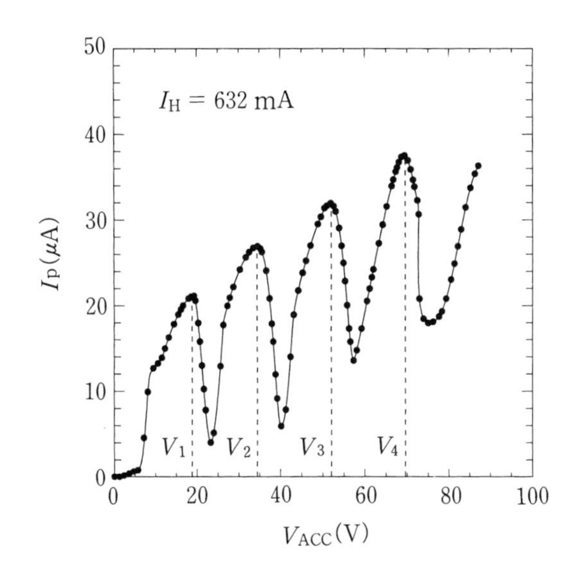

図 11.2 フランク-ヘルツの実験結果の例

(2) 励起発光の観測

電子の非弾性衝突により励起された Ne 原子は, その後, 光 (電磁波) の放出などによってより低いエネルギー準位へと遷移し, 最終的にはエネルギーが最低の基底状態に戻る. 放出される光 (電磁波) の周波数は Bohr の量子仮説 (2) にしたがうが, 周波数が可視域にあれば肉眼で直接観測できる場合があり, エネルギー準位の離散化を確認することができる. Ne の基底状態の電子配置は, 1s と 2s の各軌道に 2 個の電子, 2p 軌道に 6 個の電子が入った閉殻構造 ($1\mathrm{s}^2 2\mathrm{s}^2 2\mathrm{p}^6$) をとる．最低励起エネルギーは価電子 1 個が軌道 2p から 3s へ遷移したときに対応している．Ne の最低励起エネルギーは 16.7 eV であり，対応する光は可視領域ではなく紫外線領域である．しかし，この実験で観測される励起発光は可視光 (主に赤色系) である．図 11.3 に示されるように Ne は数多くの準位をもっている．発光をスペクトル解析すると，種々の可視光が存在しているが，その中で，もっとも強い強度をもつのは波長 585.2488 nm の光である．これは価電子 1 個が 3p 軌道から 3s 軌道に遷移する際に放出される光の波長に対応し，そのエネルギーは 2.11 eV である．このことは，最低励起エネルギー (16.7 eV) 以上に加速された電子群が 2p → 3s への励起だけでなく，直接 3p などへも励起させるか，あるいは 3s の状態に一旦励起された Ne 原子を後続してくる加速電子がさらに 3p などに励起させ，その後，3p → 3s へと発光を伴った遷移が起こったことを示唆している．励起発光に関する観測結果は，入射する電子のエネルギーや密度，封入してある Ne の密度，さらには電極間の距離などに依存する．

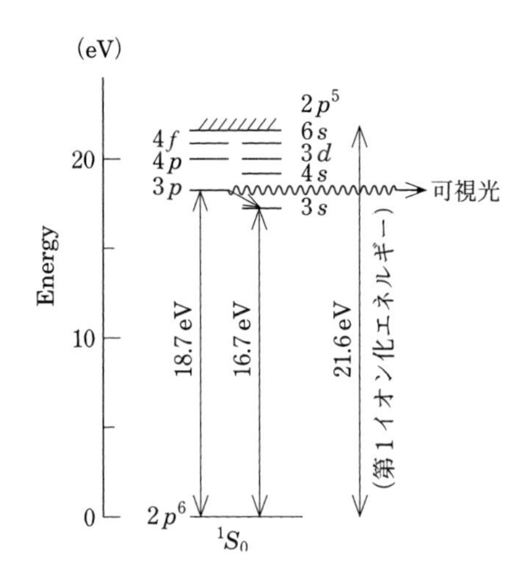

図 11.3　中性 Ne 原子の主なエネルギー準位

§4　実験装置

実験で用いる装置 (図 11.4 参照) は以下のとおりである．

ⓐ　Franck-Hertz 実験装置 (京都大学-小林計測機器共同製作)

ⓑ　加速電圧測定用の直流電圧計 (以下，V 計と略す)；0〜100 V

ⓒ　ヒータ電流測定用の直流電流計 (以下，A 計と略す)；0〜1 A

ⓓ　プレート電流測定用の直流マイクロアンペア計 (以下，μA 計と略す)；0〜100 μA

図 11.5 に Franck-Hertz 実験装置 (KFH-100) の各部の名称を示す．

- POWER　電源スイッチ．ヒータ電流のスイッチを兼ねる．
- 遮光筒 (2 本)　励起発光を観測するときに接続して用いる．
- 4 極管　ヒータ，円筒形のカソード，グリッドおよびプレートから構成される真空管 (図 11.6 参照)．ネオンが封入されている．
- HEATER CURRENT　ヒータ電流の調整用ダイヤル．

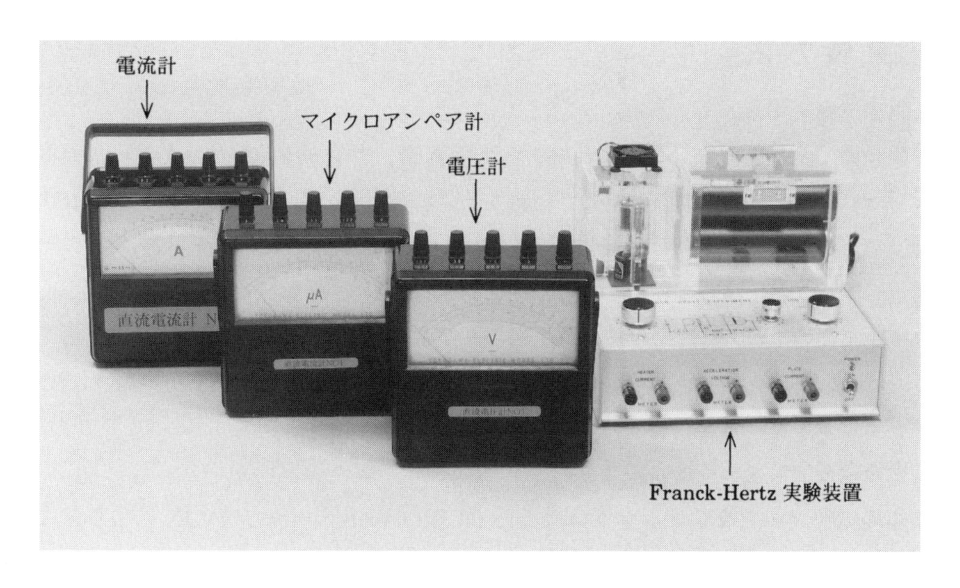

図 **11.4**　フランク-ヘルツ実験装置

- ACCELERATION VOLTAGE　加速電圧の調整用ダイヤル.
- PLATE CURRENT ZERO ADJ.　プレート電流の零点調整用ダイヤル.
- A-METER　ヒータ電流測定用直流電流計の接続端子.
- V-METER　加速電圧測定用直流電圧計の接続端子.
- μA-METER　プレート電流測定用直流 μA 電流計の接続端子.

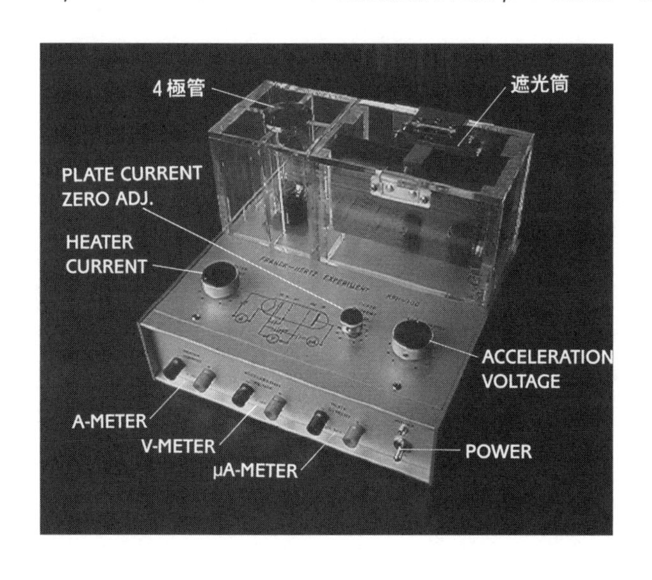

図 **11.5**　フランク-ヘルツ実験装置の各部の名称

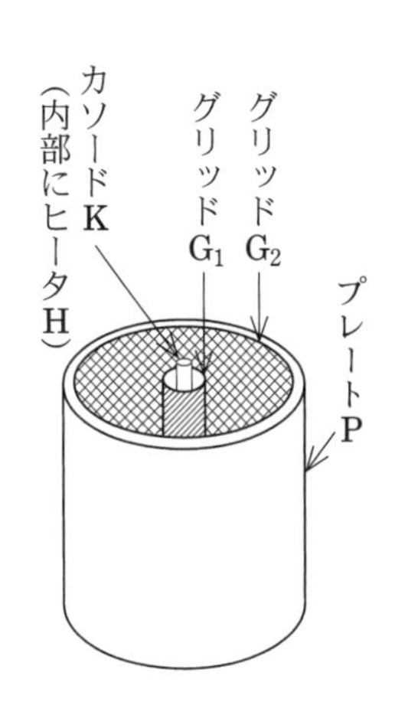

図 **11.6**　4 極管内部構造の模式図

§5 実験方法

a) 測定準備

(1) 実験装置パネル前面の端子に，ヒータ電流用 A 計，プレート電流用 μA 計，加速電圧用 V 計をそれぞれ表示のとおり，正しく結線する．このとき，A 計は 1 A，μA 計は 100 μA，V 計は 100 V の端子にそれぞれ接続する．図 11.4 では，説明のため電気計器は立ててあるが，測定の際は，水平にして使用すること (8 ページの II-§2-e) 参照)．

(2) パネル上面のヒータ電流用と加速電圧用のダイヤルが左いっぱいに回っていることを確認する．(**注意！** このときおよび実験中，無理にダイヤルを左右に回し込まないように注意する．各ダイヤルの可動角度範囲は約 300 度である．)

(3) 遮光筒は最初は 4 極管にかぶせない．

(4) 本体の電源コードをコンセントに差し込む．POWER スイッチを ON にする．このときヒータ電流が 400 mA 程度流れていることを確認する．カソードの温度が十分高くなるまで約 1 分以上ウォーミングアップする．

(5) PLATE CURRENT の零点を零点調整用ダイヤルを用いて合わせる．

(6) 加速電圧 V_{ACC} を約 90 V に設定する．次にヒータ電流を約 600 mA から 680 mA までの間に設定し，プレート電流 I_{P} が 60〜80 μA になるように調節する．この際，プレート電流値が振り切れる場合にはヒータ電流値を下げる．そして，プレート電流があまり変動しなくなるまで再度ウォーミングアップする．プレート電流が十分に安定したら，設定したヒータ電流 I_{H} の値を記録する．この後，加速電圧を 0 V にし，再度 μA 計の零点を調整する．

b) 測定 1 —プレート電流の加速電圧依存性の測定—

(1) 加速電圧を 0 V からゆっくりと上げながらプレート電流が 4〜5 個のピークをもつことを確かめる．このとき，プレート電流の極大に対応する加速電圧の値を記録しておく．

(2) 次に，加速電圧 V_{ACC} を 0 V から少しずつ上げ 80 V 付近まで，加速電圧の値に対応するプレート電流の値をグラフにプロットしながら，値を記録する．プレート電流のピークや谷底付近では，加速電圧の間隔が 0.2〜0.5 V 程度の詳細なデータをとる．ピークや谷底以外のところでは，加速電圧は 1 V 間隔で測定してよい．

(3) 測定者を代えて再度 (1)〜(2) の測定を行う (**1 人の場合**は 2 回測定する)．2 回目にはヒーター電流値を 1 回目と少し変えて測定を行う．

c) 測定 2 —励起発光の観測—

(1) 2 本の遮光筒を接続し，真空管の観測窓からさしこみ，加速電圧を変化させて同心円状の励起発光のリングパターンを観測する (図 11.7 参照)．リングが現れるたびにそのときの加速電圧を記録する．可視光のリングは電子の加速電圧がプレート電流の極大値より約 2 V 大きくなったときから観測されることを確認する．また，励起発光のリングパターンの個数や半径が，加速電圧の値によってどのように変化していくか，その依存性をノートに記録する．
(**注意！** 遮光筒を真空管にかぶせると真空管内の熱の逃げが悪くなり，ヒータの温度が上がり，プレート電流が徐々に増大するので，観測はすばやく行う．さらに，この観測が終わったらすぐに遮光筒を取りはずす．測定 2 は測定 1 のように 2 度，繰り返す必要はない．)

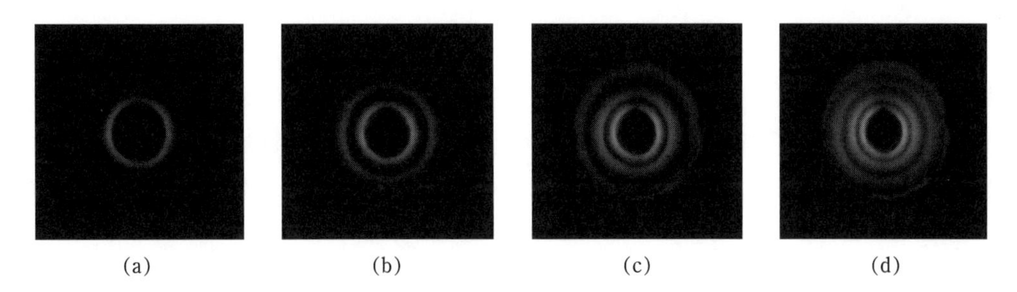

図 11.7 観測された発光リング ： このリング例では，加速電圧 V_{ACC} がそれぞれ，(a) 40 V，(b) 50 V，(c) 60 V，(d) 70 V に対応．リングの色は実際には赤橙色である．

(2) すべての実験が終わったら，遮光筒をもとの位置に戻し，零点調整用以外のつまみをすべて左いっぱいに戻し，その後で POWER を OFF にし，電源コードをコンセントからはずす．各端子に結線したリード線はすべて所定の位置に戻す．

§6 解析および考察

以下の指示に従って，解析を進め考察せよ．

(1) 加速電圧とプレート電流の関係をグラフにプロットする．
測定点を通るなめらかな曲線を描き入れる．2 回の測定データは別々のグラフにする．実験データやグラフはできるだけ，見やすくまとめる．たとえば，表の書き方，データ点の大きさ，全体図の見やすさを考慮する．

(2) 熱電子をカソードから引き出すためのエネルギーや加速電子のエネルギー分布などの効果を含んでいるため，プレート電流の第 1 極大値に対応する加速電圧値は最低励起電圧そのものではない．最低励起電圧は極大値に対応する加速電圧の値の差から求める．描き入れた実験曲線から電流の極大に対応する電圧値を読み取り，小さいほうから V_1, V_2, V_3, V_4 とする．グラフにも，$V_1 \sim V_4$ の位置を矢印で書き込む．熱電子をカソードから引き出すことなどに必要なエネルギーを eV_{W} とすると，次式が成り立つ．

$$V_1 = V_{\mathrm{E}} + V_{\mathrm{W}},$$

$$V_2 = 2V_{\mathrm{E}} + V_{\mathrm{W}},$$

$$V_3 = 3V_{\mathrm{E}} + V_{\mathrm{W}},$$

$$V_4 = 4V_E + V_W$$

次の式から V_E を決定する．

$$V_E = \frac{1}{2}\left\{\frac{1}{2}(V_3 - V_1) + \frac{1}{2}(V_4 - V_2)\right\} \tag{11.3}$$

2 回の測定についてそれぞれ V_E を求め，Ne の最低励起エネルギーと比較検討せよ．

(3) 発光がリング状になって現れる理由を，4 極管の対称的な構造と関連付けて説明せよ．

(4) 励起発光のリングの個数と半径が，加速電圧によって変化する理由について考察せよ．

(5) この実験では，リングが観測される電圧ではなく，プレート電流が極大となる電圧から最低励起電圧を求めている．このことが妥当である理由を述べよ．

実験 12.　光電効果によるプランク定数の測定

§1　目的

本実験は，量子論を特徴づける定数であるプランク定数 h を光電効果を利用して求めることが目的である．

§2　概要

19 世紀後半，溶鉱炉の中の熱い物体から放出される光 (**熱放射**，熱輻射ともいう) のスペクトルについて，古典的な波動と考えると理解できないことが問題になっていた．この古典理論の破綻を救うため，1900 年に Planck は，物質が連続体ではなく不可分な原子から構成されているように，光のエネルギーは連続量ではなく離散的なエネルギー素量から成り立っているという**量子仮説**を導入し，実験データとよく一致する輻射公式 (Planck の公式) を導出した．このエネルギー素量として**エネルギー量子** (quantum) $\varepsilon = h\nu$ を導入し，振動数 ν の光 (電磁波) はこのエネルギー量子の整数倍のエネルギーをもっていると仮定した．h は (エネルギー)×(時間) の次元をもっており，今日，**プランク定数**と呼ばれている．

一方，図 12.1 (a) のように金属表面に光をあてると，電子が放出される**光電効果**の現象が 19 世紀後半に発見されていた．1905 年に Einstein は，光 (電磁波) は波ではなく粒子 (**光量子**，**光子**) の集まりであるという**光量子仮説**を導入し，光電効果に関する Lenard の実験結果 (1902) を説明した．振動数 ν の光は，エネルギー $h\nu$ の量子であるとすると，金属表面に入射した光がそのエネルギーを金属内の 1 個の電子に与え，その電子は運動エネルギー K をもって金属から飛び出す [図 12.1 (a)]．このとき，電子の運動エネルギーの最大値を $K_{\max}$，金属の仕事関数を W とすると，次の関係式が成り立つ．

$$K_{\max} = h\nu - W \tag{12.1}$$

ここで，Planck の輻射公式で導入された h と光量子の概念が関係づけられた．1916 年，Millikan が $K_{\max}$ と ν の関係を測定して，定量的に式 (12.1) を検証し，h の値を求めた．この実験では光電管を用いた阻止電圧法と呼ばれる方法で，プランク定数 h を求める．

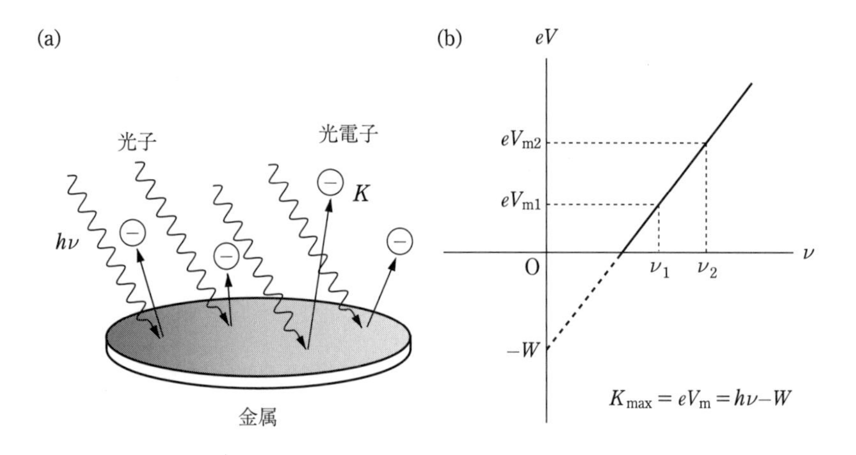

図 12.1 光電効果の概念図 (a) 金属表面から放出される光電子．エネルギー $h\nu$ をもつ 1 個の光子は，1 個の電子にエネルギーを与え，電子は運動エネルギー K で外部に飛び出す．(b) 関係式 $K_{\max} = eV_{\mathrm{m}} = h\nu - W$ のグラフ．直線の傾きからプランク定数 h を見積もることができる．

§3 測定原理

図 12.2 に，この実験で用いる光電管の概略を示す．振動数 ν の光が光電面に入射したとき，電子は運動エネルギー K をもって光電面から飛び出す．光電面に対してコレクターに負の電圧 $-V$ をかけると，$K > eV$ の電子のみコレクターに達することができ，電流計で電流として観測される．電子の運動エネルギーの最大値 $K_{\max}$ は式 (12.1) で与えられることから，電圧 V を上げていき，$K_{\max} = h\nu - W = eV_{\mathrm{m}}$ なる電圧 V_{m} 以上になると，電子はコレクターに達することができず，電流は零になる．図 12.1 (b) に示すように，2 つの振動数 ν_1 と ν_2 の光に対してそれぞれ逆電圧 V_{m1} と V_{m2} を測定すれば，$h = e(V_{\mathrm{m1}} - V_{\mathrm{m2}})/(\nu_1 - \nu_2)$ より h の値が求めることができる．

しかし，実際に測定してみると，逆電圧を V_{m} 以上かけても電流は零にならず，微小電流が残り続けることが分かる．これは光電面が有限の温度をもっており，§8 発展課題に示すように電子

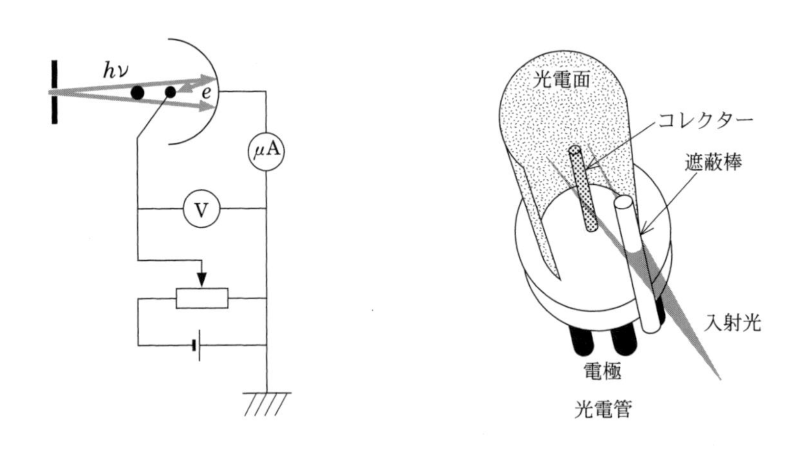

図 12.2 光電子の測定原理と光電管の概略図

のエネルギー分布は熱励起によってぼけていることが原因である．この実験では下記の阻止電圧法を用いてプランク定数を見積もるが，さらに有限の温度の効果を考慮したい場合は §8 発展課題にある漸近法を用いて見積もると，より正確な値が得られる．

阻止電圧法

逆電圧を十分大きくしていくと光電流は十分小さくなる．しかし，上述したように光電流は 0 A にはならない．そこで，電流値が十分小さな値，たとえば，0.10 μA あるいは 0.02 μA を実効的に零電流と見なし，それに対する電圧を電子の最大エネルギー K_{max} に対応しているとして阻止電圧 V_{s} とする．すなわち，$K_{\mathrm{max}} = eV_{\mathrm{s}}$ とする (図 12.3 の実験例を参照)．いくつかの振動数に対しその阻止電圧 V_{s} と光の振動数 ν の関係

$$eV_{\mathrm{s}} = h\nu - W \tag{12.2}$$

から，プランク定数 h を求める．

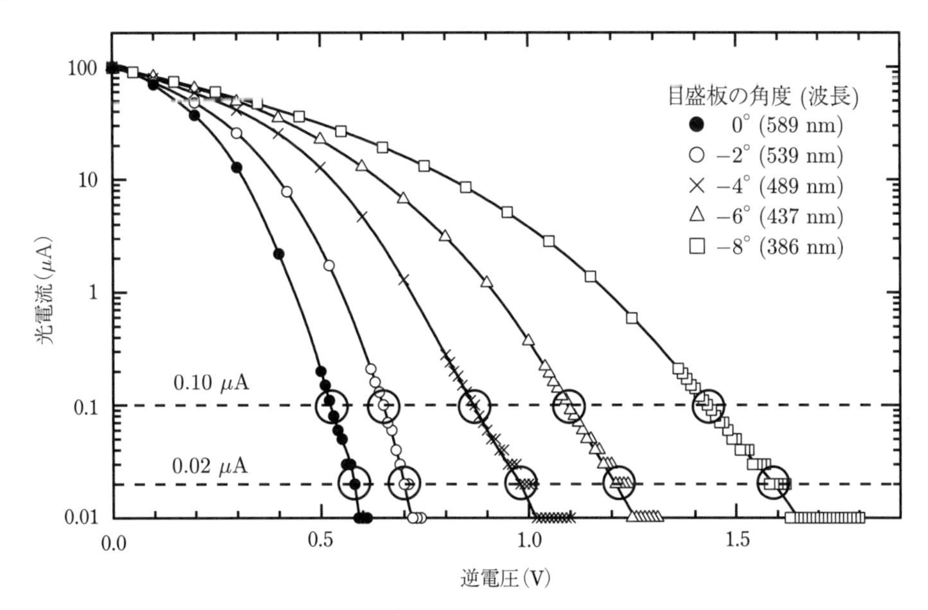

図 12.3 光電流-逆電圧特性の実験例；波長は 386 nm から 589 nm．実効的な零電流値として $I_{\mathrm{photo}} = 0.02\,\mu$A および 0.10 μA を選んだ場合，各波長に対する交点を○で示してある．○に対応する電圧を V_{s} とする．

§4 実験装置

実験で用いる装置は以下のとおりである．(図 12.4 参照)

ⓐ プランク定数測定装置 (HA-30).

ⓑ 直流電圧 · 電流計 (KU-1AV，以下 AV 計と略す).

図 12.5 にプランク定数測定装置 (HA-30) の各部の名称を示す．

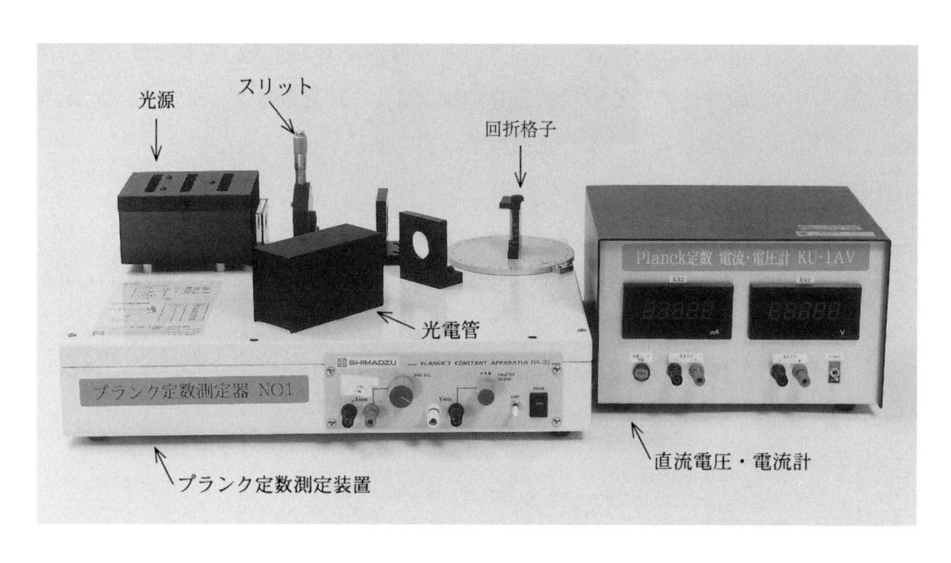

図 **12.4**　プランク定数実験装置

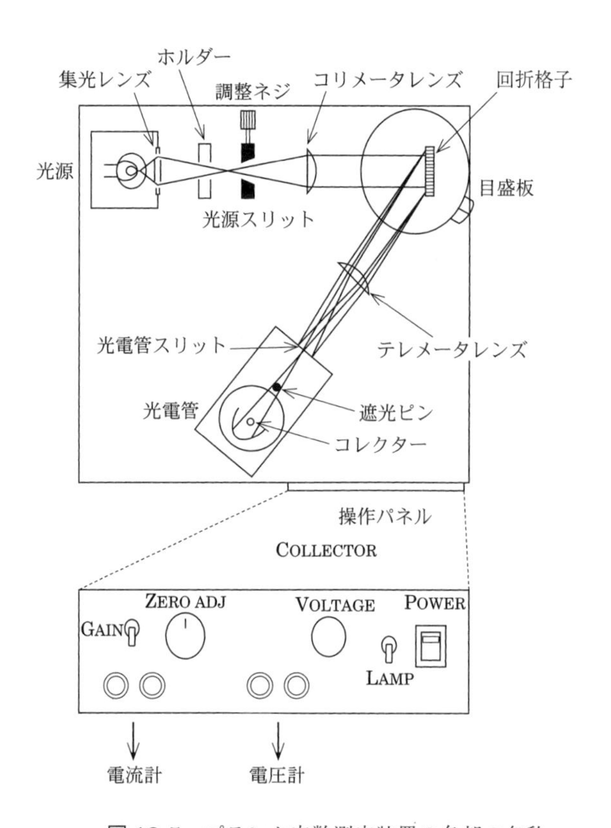

図 **12.5**　プランク定数測定装置の各部の名称

- **光源**：色温度 3300 K をもつハロゲンランプ．
- **光電管**：半円筒形の光電面 (陰極)，その円の中心に棒状のコレクター (陽極) が封入してある．光電面には Sb-Cs が塗布され，仕事関数は 2 eV 程度である．図 12.2 参照．
- **分光器**：分光器は種々の波長を含む光源の光から単色光 (単一波長の光) を取り出す装置である．集光した光を平行光線にするコリメータレンズ，光を回折分光する回折格子，および分光した光を光電面前面のスリットに集光するテレメータレンズからなっている．回折格子は格子定数 $d = 1/1200\,\mathrm{mm}$ をもつ反射型回折格子である．光電管スリットを通過する中心波長は表 12.1 に与えてある．本実験では 1 次の回折光を用いる．
- **操作パネル**

  POWER：電源スイッチ．

  LAMP：光源 (ハロゲンランプ) スイッチ．

  COLLECTOR VOLTAGE：逆電圧の調整用ダイヤル．

  ZERO ADJ.：光電流の零点調整用ダイヤル．

  A-METER：光電流測定用直流電流計の接続端子．

  V-METER：逆電圧測定用直流電圧計の接続端子．

§5　実験方法

a)　測定準備

Ⓐ 分光器系の準備

(1) POWER スイッチおよび LAMP スイッチが OFF 状態であることを確認する．

(2) コンセントを入れ，LAMP スイッチのみを ON にする．

(3) 分光器系の黒いカバーケースをはずす．このとき他の部分に接触しないよう十分に注意をすること．光源スリットを適当に開けた状態にする．

(4) 目盛板の 0.0 度を標線 (副尺の零線) にあわせる．このとき，589 nm の光が光電管に入射する．光電管カバーの光電管スリット部分に可視光の連続スペクトルが見えることを確認する．0.0 度では光電管スリットの所でスペクトル光の色は黄色である．目盛板の角度を変えてスリット部分のスペクトルの色が変化することを確認する (表 12.1 参照)．確認が終わったら，黒いカバーケースを元の位置に戻す．

(5) LAMP スイッチを OFF にする．その後で，実験装置パネル前面の端子と，光電流用 μA 計，逆電圧用 V 計をそれぞれ結線する．

(6) POWER スイッチを ON にし，約 20 分程度ウォーミングアップする．

(7) 同時に電流電圧計の電源コンセントも差し込み，POWER スイッチを ON にし，同様に約 20 分程度ウォーミングアップする．引き続きⒷの作業を行う．

表 12.1 回折格子の角度と光の波長・振動数との関係

1次光			
角度 (deg)	波長 (nm)	振動数 ($\times 10^{14}$ Hz)	色
2.0	639	4.70	赤
1.0	614	4.88	橙
0.0	589	5.09	黄
−1.0	564	5.31	
−2.0	539	5.56	緑
−3.0	514	5.83	
−4.0	489	6.14	青
−5.0	463	6.47	
−6.0	437	6.86	
−7.0	411	7.29	紫
−8.0	386	7.78	紫外
−9.0	359	8.34	

Ⓑ 光電流系の準備

(1) パネル上面のCOLLECTOR VOLTAGEのダイヤルを回し，左いっぱいで0.00 V，右いっぱいで3 V以上の逆電圧が印加されていることを確認する．
(**注意！** このときおよび実験中，無理にダイヤルを左右に回し込まないように注意する．)

(2) 目盛板の0.0度を標線(副尺の零線)にあわせる．このとき，589 nmの光が光電管に入射する．

(3) COLLECTOR VOLTAGEのダイヤルを右に回し，3 V以上の逆電圧をかける．

(4) 減光板(フィルター)が挿入されていることを確認して，LAMPスイッチをONにし，光源スリットを全閉状態にする．(**注意**　スリットは右回しで開き，左回しで閉じる.)

(5) ZERO ADJ.のダイヤルで，電流が0.00 μAとなるよう調節する．

(6) COLLECTOR VOLTAGEのダイヤルを左いっぱいに回し，逆電圧を0 Vにする．

(7) 光源スリットを**ゆっくり**開き，光電流を100 μAにする[注)]．電流値が10〜20秒程度以上変化しないことを確認する．ただし波長が短い領域で光電流が100 μAに到達しない場合は，光源の前にある減光フィルターを外すこと．

(8) 逆電圧のダイヤルを**十分ゆっくり**[注)]と回して3 Vにし，再度ZERO ADJ.のダイヤルで，電流が0.00 μAを指示するように調節する．電流値が1分以上変化しないことを確認する．

注) 早過ぎるとメータの指示が追随せず，真の電流値を表示しない．この作業の目的はすべて

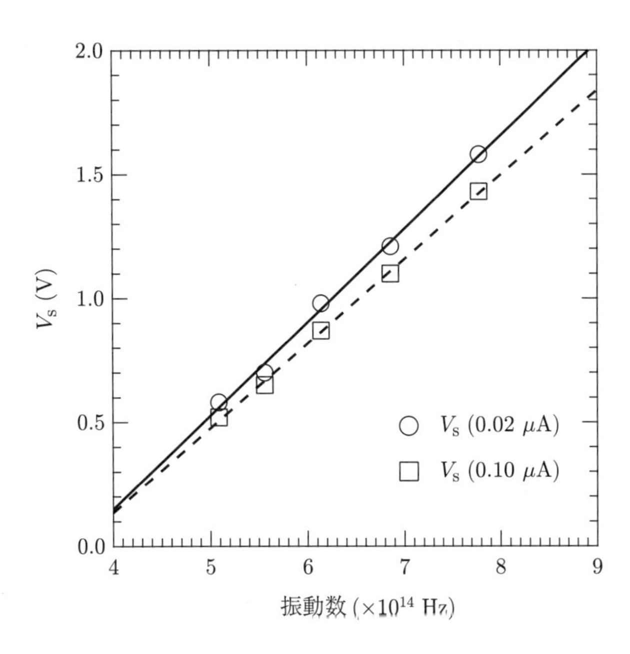

図 12.6 阻止電圧 V_s と振動数 ν との関係の実験例.

の波長に対して 0 V で 100 μA にするという規格化を行うためである.

b) 測　定

(1) 逆電圧の大きさを 3 V から下げながら，光電流が 0.00 μA から立ち上がるところを見出す.

(2) 次に，逆電圧の大きさをゆっくりと下げながら，逆電圧の値と対応する光電流値を記録する．光電流が立ち上がるところから，光電流が 0.2 μA までは 0.01 V 間隔でデータをとる．光電流が 0.2 μA 以上のところでは 0.1 V 間隔でデータをとる．また逆電圧が 0 V のときのデータもとる.

(3) 目盛板で角度を 2.0 度ずつ変えて，少なくとも波長 589 nm，539 nm，489 nm，437 nm，386 nm について同様に逆電圧と光電流の値を測定する．このとき，各波長に対する測定ごとに準備操作Ⓑ (4) 以下を行うこと．その他の波長に対しても時間が許すならデータをとる．角度と波長との関係は，表 12.1 を参照のこと．なお，波長が 489, 437, 386 nm のときは減光フィルターを外すこと.

(4) すべての実験が終わったら，零点調整用以外のつまみをすべて左いっぱいに戻し，その後で POWER と LAMP スイッチ，さらに電流電圧計の POWER を OFF にし，各電源コードをコンセントからはずす．各端子に結線したリード線はすべて所定の位置に戻す.

§6　データ整理・解析

各波長ごとに逆電圧 (絶対値) に対する光電流の表を作成する.

(1) 表から光電流と逆電圧の片対数グラフを作成する.

(2) グラフ上で実効的な零電流 (この実験では $0.02\,\mu$A および $0.10\,\mu$A とする) のときの逆電圧を阻止電圧 V_{s} とし，各波長に対して V_{s} を求める．

(3) 得られた阻止電圧 V_{s} を縦軸，対応する振動数 ν を横軸にとり，プロットし，式 (12.2) の関係になっていることを確かめ，回帰直線を引く (図 12.6 参照)．回帰直線は最小二乗法により求めよ．

(4) 直線の勾配は式 (12.2) より h/e である．これよりプランク定数 h を J·s 単位で求めよ．

(5) 仕事関数も求めよ．ただし，単位は eV を用いよ．

§7 検討課題

(1) 実験で得られたプランク定数を 169 ページの付録 2-付 2 で与えられているプランク定数の文献値と比較せよ．

(2) 仕事関数の値を文献値と比較せよ．

(3) 今回の実験方法以外でプランク定数を求める実験方法を調べてみよ．

§8 発展課題 — 漸近法 —

a) Fermi-Dirac 分布による熱励起の効果

光電流を実際に精度よく測定してみると，逆電圧を V_{m} 以上かけても電流は零にならず，微小電流が残り続け，V_{m} の値を実験的に決めることが難しい．この現象は次のように説明できる．

金属中の伝導電子は絶対温度 T のとき，エネルギーが E の状態にある存在確率は，Fermi-Dirac 分布関数

$$f(E) = \frac{1}{1 + \exp\left[(E - E_{\mathrm{F}})/k_{\mathrm{B}}T\right]} \tag{12.3}$$

で与えられる．ここで k_{B} は Boltzmann 定数であり，E_{F} は Fermi エネルギーと呼ばれる．絶対零度 ($T = 0$ K) のときには図 12.7 (a) に示すように，$f(E)$ は，$E < E_{\mathrm{F}}$ で $f(E) = 1$，$E > E_{\mathrm{F}}$ で $f(E) = 0$ の階段関数になり，すべての伝導電子は E_{F} より低いエネルギーをもっている．この場合には光からエネルギー $h\nu$ をもらった伝導電子は仕事関数 W に当たるエネルギーを使って金属の外に出ると運動エネルギー K をもつ光電子となるが，最大の運動エネルギー $K_{\mathrm{max}} = h\nu - W$ をもつ光電子は金属内でも最大エネルギー $E = E_{\mathrm{F}}$ をもっていた伝導電子である．この光電子の運動エネルギー K_{max} をうち消す逆電圧 $V = V_{\mathrm{m}}$ ($eV_{\mathrm{m}} = K_{\mathrm{max}} = h\nu - W$) をかけると，光電子はコレクターに達することができず電流は零になる．ところが，有限温度 ($T \neq 0$ K) では，エネルギー E_{F} 近くの伝導電子が熱エネルギーをもらって励起され，E_{F} 以上のエネルギー ΔE をもつ電子が存在するようになり，分布関数 $f(E)$ は図 12.7 (b) に示すように $E = E_{\mathrm{F}}$ でなめらかな関数になる．ΔE だけ高いエネルギーをもった電子は光エネルギー $h\nu$ を受け取り，逆電圧 V_{m} をかけられてもまだ ΔE だけの運動エネルギーをもっており，コレクターに到達することができて電流として観測される．

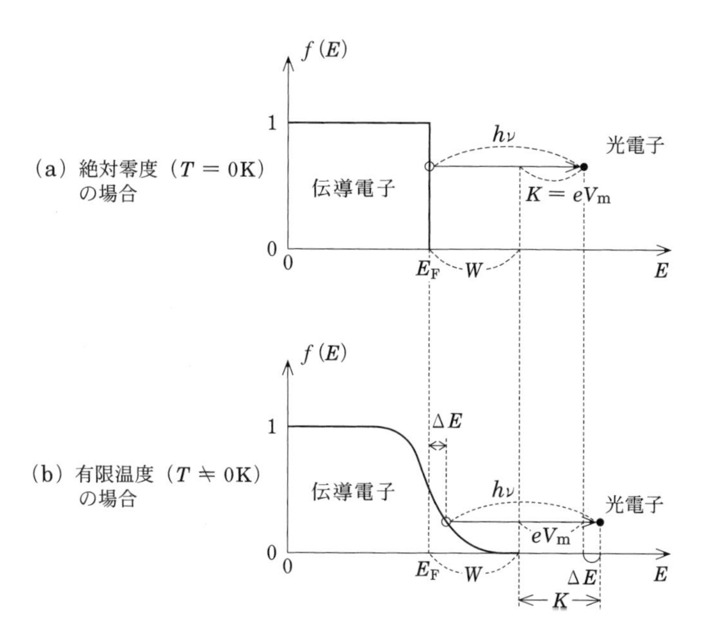

図 12.7 金属内の伝導電子の Fermi 分布関数 $f(E)$ と光量子による伝導電子の放出

このようなモデルで詳しく計算すると，逆電圧 V をかけているとき，表面から垂直に飛び出しコレクターに達する光電子電流 I_{photo} は次式で与えられる．

$$I_{\text{photo}} = AT^2F(x) \tag{12.4}$$

ここで A は振動数 ν，よって電圧 V_{m} に依存した量であり，また

$$x = \frac{e(V_{\text{m}} - V)}{k_{\text{B}}T}, \tag{12.5}$$

$$eV_{\text{m}} = h\nu - W, \tag{12.6}$$

$$F(x) = \int_0^{\infty} \ln\{1 + \exp(x - t)\}\,\mathrm{d}t \tag{12.7}$$

である．eV_{m} は温度 $T = 0\,\text{K}$ のとき，ある波長の光により飛び出してくる光電子の最大エネルギーに対応する．

図 12.8 に式 (12.4) で与えられる光電子電流 I_{photo} と逆電圧 V の関係を示してある．温度依存性の関係 (図 12.8 (a)) からわかるように，光電面の温度が十分低ければ電流は V_{m} のところまでしか存在しない．温度が高くなるにつれ V_{m} を超えて電流が存在し，はっきりとした最大エネルギーが存在しなくなる．また，図 12.8 (b) からわかるように，温度が一定のとき，電流-電圧曲線の V_{m} 依存性 (ν 依存性) のグラフはそれぞれ並進移動の関係にあり，V 軸方向に平行移動をしたグラフとなる．これは，式 (12.5) からも明らかである．すなわち，式 (12.4) のグラフは，片対数グラフ上では，V_{m} が変わると，$F(x)$ によって横軸方向に平行移動し，$\log A$ によって縦軸方向に平行移動することになる．

b) 漸近法による熱励起効果の補正

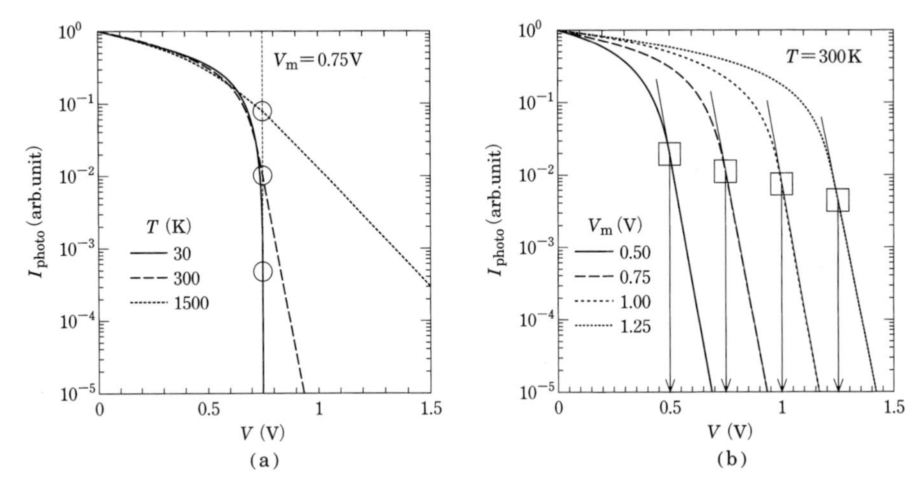

図 12.8 光電子電流と逆電圧の関係．理論式 (12.4) を片対数グラフに描いたものである．縦軸 I_{photo} は対数目盛であり，逆電圧 V の増加とともに急速に減少するが，零にはならないことがわかる．(a) 温度依存性．温度が高くなると $V_{\mathrm{m}} = 0.75\,\mathrm{V}$ 以上の逆電圧をかけても電流が流れる．(b) V_{m} 依存性．温度 T を $300\,\mathrm{K}$ に固定して V_{m} を変えたグラフ．$V = 0$ のとき，I_{photo} が 1 になるように規格化してある．対数グラフであるので，規格化はグラフを縦軸方向に平行移動することにあたる．V_{m} を変えることは実験的には振動数 ν を変えることにあたる．(a),(b) いずれの場合も漸近直線から離れる電圧がほぼ V_{m} となることに注意せよ．その点を○と□で示した

逆電圧 V が十分大きくなり，$e|V_{\mathrm{m}} - V| \gg k_{\mathrm{B}}T$ の場合，式 (12.4) は，$I_{\mathrm{photo}} \propto \exp\left[e(V_{\mathrm{m}} - V)/k_{\mathrm{B}}T\right]$ となり，$\log_{10}(I_{\mathrm{photo}})$ は V に比例する．光電面の温度があまり高くならないならば，計算例 (図 12.8) に示されるように漸近線からはずれる点の電圧が温度 $T = 0\,\mathrm{K}$ のときの光電子の最大エネルギー eV_{m} に近似的に対応している．いくつかの振動数 ν に対し，最大電圧 V_{m} を求め，ν との関係

$$eV_{\mathrm{m}} = h\nu - W \tag{12.8}$$

からプランク定数 h を求める．

c) 漸近法によるデータ解析

(1) 入射光の最大波長のデータに対し，片対数グラフ上で漸近直線を描く．波長が短くなるにつれ漸近直線に一致するデータ部分が少なくなるが，同じ勾配の直線を各波長に対して描く (図 12.8 (b) を参照)．

(2) グラフ上で漸近線から離れるところの電圧を，$T = 0\,\mathrm{K}$ のときの最大エネルギー eV_{m} に対応する電圧とし，各波長に対して求める．

(3) 得られた最大電圧 V_{m} を縦軸，対応する振動数 ν を横軸にとり，阻止電圧法の図 12.6 と同様にプロットし，式 (12.8) の関係になっていることを確かめ，データ点を通る直線を引く．

(4) 直線の勾配よりプランク定数を J·s 単位で求めよ．

(5) 仕事関数も求めよ．ただし，単位は eV を用いよ．

実験 13.　身の回りの放射線
どこからどれくらいくるのか?

§1　目的

あなたは「放射線」についてどんなイメージを持っているだろうか．ひとに，例えば中学生とかに尋ねられたらあなたはどう答えるだろうか．普段はひとの目には見えない放射線を観てみて，また，一連の問題提起について議論を行い，放射線のイメージをつかむ・深めることがこの課題の目的です．

この課題は，「物理学実験」の他の課題とは趣を異にし，社会的に共有できる普遍的な結論を求める実験的研究の側面よりも，個人の科学的認識を深める実習的側面に重きを置いています．実習的ですが，予想を持って問い掛けて検証し獲得されたイメージであれば，それは個人的なものに留まらず，ひとと共有するに足るものとなるでしょう．ひとにそのイメージを伝えてみて，さらに自分のイメージを鍛えるとよいでしょう．

§2　進行概要

A：観察 ⇒**B：予想と議論** ⇒**C：レポート課題準備**の 3 つの活動からなり，適時プリントを配布します．進捗に応じて各段階の最初に担当教員の一斉指導があります．**A：観察**は以下の説明に従って各ペアで進めて下さい．まず以下の**準備**についてペアで簡単に意見交換しましょう．

§3　準備

- 放射線はふつう目には見えないが，目に見えるようにする工夫 (装置) にはどんなものがあるだろうか．どんな原理で見えるようになるのだろうか．
- 放射線を測る単位にはどんなものがあるか．
- 身のまわりの放射線量を測るとしたら，どんなところを測ってみたいか．大きな値の出るところ・小さな値の出るところ・ゼロとなるところはどんなところだろうか．

§4　活動 A：観察

まず下記の囲みの資料を読んで下さい．

もしも放射線が見えたなら*

放射線は人の目には見えません．携帯電話の電波も目には見えませんが，電波が届いていることは，電波の強さを表すマークでわかります．電気ストーブから出る赤外線という光も目に見えませんが，光が当たっている部分が暖かくなるので気がつきます．しかし，放射線は当たっても何も感じないので気がつきません．

放射線は見えないし，感じることもできません．だから大量にある場所には，こんなマークで「放射線がある」「放射線を使っている」ことがわかるようにしています．

しかし，今から約 100 年前のことです．

1895 年，イギリスの科学者ウィルソン (1869-1959) は，人工的に雲を作る実験中に不思議な現象に出会いました．雲はふつう空気中にある小さいチリなどに水蒸気がくっついてできます．

ところが，いくら空気からチリを取り除いても，わずかにできる雲がありました．彼はその原因を追求した結果，「放射線が雲を作ること」を発見したのです．

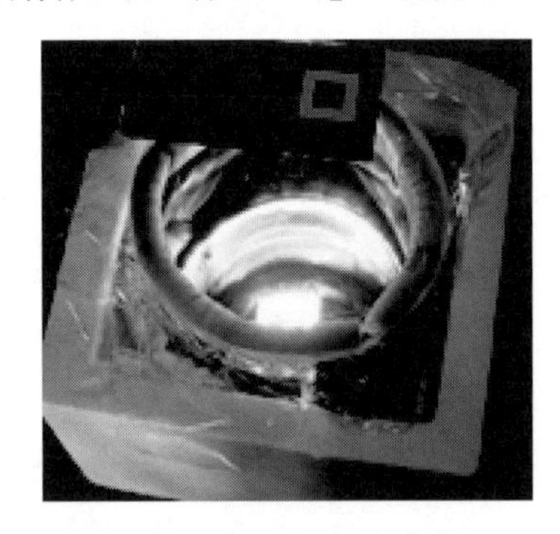

これは「見えない放射線を見る方法になる」と，考えたウィルソンは，その装置を改良し，放射線を見るための装置を完成させました．その装置を「**霧箱** (きりばこ)」といいます．霧箱は 100 年前の科学者が，放射線の研究をするのにとても役立ちました．

「霧箱」は，放射線をどんなふうに見せてくれるというのでしょう．今ではウィルソンの時代よりも簡単に霧箱を作れます．

＊＊＊

霧箱に「放射線を出す石」を入れてみました．

石からわきだすように，白い筋のような「雲」があらわれては消えていきます．まるで「飛行機雲」のようです．

これは霧箱の中で放射線が飛んだときに，その通り道にできる「雲」です．

この飛行機雲のようなものは「放射線の飛跡」と呼ばれています．目に見えない放射線も，霧箱を使えばこのように「飛跡」として見ることができます．

[*] 参考文献　山本海行著『放射線とシーベルト　2011 夏の大会版』(ひぽぽ屋, 2011 年)

実際に，霧箱を使って飛跡を観察してみましょう．ここでは「放射線を出す石」として，**ユークセン石**という鉱物のカケラを入れてみることにします．

霧箱 操作ガイド

構成

① 発泡スチロール断熱容器 (アルミ蒸着シート中敷付)，② 皮手袋，③ アルミ底板，④「ユークセン石」(プラスティックケース内の青い小片に糊付けされている)，⑤ 黒色台座 (ボトルキャップ)，⑥ ピンセット，⑦ 名札用画用紙，⑧ マジックペン，⑨ 霧箱本体 (プラダン容器：内寸 深さ_____mm × 幅_____mm × 奥行_____mm)，⑩ アルコール注入用洗浄壜，⑪ ステンレスバット，⑫ ラップフィルム，⑬ 輪ゴム，⑭ LED ライト

以上と 木槌 が卓上にある．

これらとは別に，ドライアイスブロック，エタノール，作業用バット，アルコール回収用漏斗

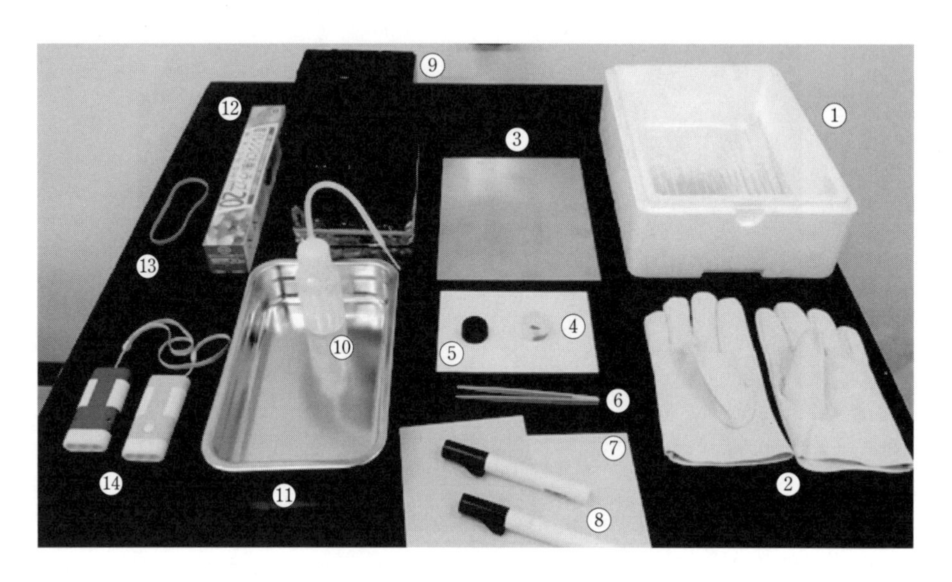

図 13.1

が実験室中央の共通卓上に用意されている．

概要

「放射線の飛跡」＝「雲」は，過飽和状態の気体が，何かのキッカケを得て，液化し小さな液滴の集まりになったものが見えています．ここでは，霧箱容器本体の中にアルコール蒸気を満たし，過飽和状態を作って「放射線の飛跡」を観察します．過飽和状態は，温度勾配を作りその途中で生じる過冷却層にできます．温度勾配は，霧箱本体の底面と上面を異なる温度の物に接触させることで作ります．上面は室温のままにして，底面をドライアイスで冷却します．

「飛跡」はそのままでは見え辛いものです，部屋を暗くして霧箱内部を照明するとよいでしょう，工夫してみて下さい．よく観えたひとにコツを尋ねてみてもいいでしょう．

操作手順

※ 手順 9) に移るときには，他のペアに声を掛けてから，実験室の照明を落として下さい．

1) 保冷袋に入ったドライアイスが共通卓上の保冷容器にある．皮手袋を用い，保冷袋から白いブロック 1 個を取り出し，構成 ⑪ のステンレスバットに受け，木槌で米粒大まで砕く．粒状ドライアイスを断熱容器 ① の中に平坦に*敷き詰めその上にアルミ底板 ③ を置く．
   ＊アルミ底板はドライアイスによく接し，かつ，水平にしたい．

図 13.2

2) 黒布を敷いた面を底にして霧箱本体 ⑨ をアルミ底板の中央に置く．アルミ板に接することで，霧箱本体底面が冷却される．隙間が出来ると温度が十分に下がらない恐れがある．
3) 「ユークセン石」をプラケースから出し番号 (青色台板に刻印あり) をログノートに控える．
4) 黒色台座を霧箱本体容器の底面中央に伏せて置く．その上面にプラケースから取り出した「ユークセン石」を置く．石が過飽和層を向くように青色台板を下にする．
5) 共通卓上のバットのうえで，アルコール試薬瓶から，洗浄壜 ⑩ にアルコールを取り分ける．(開封済みの壜から優先的に使うこと.)

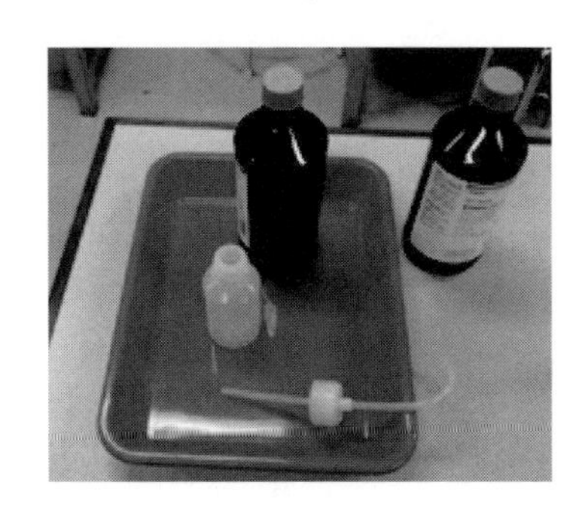

図 **13.3**

6) 霧箱本体容器の内側壁面の黒画用紙全面にアルコールをたっぷりかける．そのとき，底面にアルコールが溜まって構わない．最終的に底全面が 3 ～ 5 mm 程度の深さのアルコール池になるようにする．合計 200 ～ 250 cc 要するでしょう．
7) ラップフィルムで容器に蓋をする (なるべくシワの少ない方が内部の観察に適する)．ふたりで協力して作業し，輪ゴムで蓋を留める．
8) 霧箱底面が傾いている場合は断熱容器 ① の下に物を挟んで霧箱底面を水平に近づける．
9) 部屋を暗くして LED ライト で内部を照らす．霧が降る様子が見えてくる．
10) 冷却開始から 5 ～ 10 分後，内部の様子が落ち着いてくると…

「飛跡」が見えてきたら，その様子を実験ノートに記録してみましょう．自分たちの霧箱の様子を記録したら，他のペアの様子も見せてもらいましょう．違いがあれば，それも記録して下さい．

全てのペアが「飛跡」を確認できたら，担当教員にその旨を伝えて下さい．次の段階の指示をします．

付　録　1

§1　確率・統計

コインを空中に投げ上げて，落ちてきたコインを手で受けとめるとき，表が出る確率と裏が出る確率は理想的には $\dfrac{1}{2}$ ずつである．このコインの投げ上げ (コイントス) を繰り返して，試行回数を大きくしていくと，表が出る割合と裏が出る割合は次第に $\dfrac{1}{2}$ に落ち着いていく．m 回試行を行ったうち，n 回表 (裏) が出る確率は以下で述べる一定の分布をする．

a) 二項分布　　サイコロを振って，いずれの目が出るかは理想的には $\dfrac{1}{6}$ ずつで等しく，m 回試行を行ったうち，1 の目が出る回数 n は以下の確率分布で与えられる．すなわち一般に 1 回の試行において，ある事象が起こる確率を p とするとき，独立な m 回の試行のうちでこの事象が n 回起こる確率は，以下の式で表される．この確率分布を**二項分布** (binomial distribution) という．

$$P(n) = {}_m\mathrm{C}_n\, p^n(1-p)^{m-n} = \frac{m!}{(m-n)!\,n!}p^n(1-p)^{m-n}. \tag{1}$$

なぜなら，確率 p で n 回この事象が起こり，確率 $1-p$ で $m-n$ 回事象が起きないので p^n と $(1-p)^{m-n}$ の積に比例し，一方この組み合わせの数は，${}_m\mathrm{C}_n$ で与えられるからである．ここで，$P(n)$ は以下の性質を満たす：

$$\sum_{n=0}^{m} P(n) = 1 \qquad \overline{n} \equiv \sum_{n=0}^{m} nP(n) = mp\ . \tag{2}$$

すなわち，この事象が起きる平均値は，$\overline{n} = mp$ である．一方，標準偏差 σ は以下の式

$$\sigma^2 = \overline{(n-\overline{n})^2} = \sum_{n=0}^{m}(n^2 - 2n\overline{n} + \overline{n}^2)P(n) = \overline{n^2} - \overline{n}^2 \tag{3}$$

の平方根で定義されるが，二項分布の場合，$\overline{n^2}$ は以下のように求まる．

$$\begin{aligned}\overline{n^2} &= \sum_{n=0}^{m} n^2P(n) = \sum_{n=1}^{m}\frac{nm!}{(m-n)!\,(n-1)!}p^n(1-p)^{m-n}\\ &= \left[\sum_{n=2}^{m}\frac{m!}{(m-n)!\,(n-2)!} + \sum_{n=1}^{m}\frac{m!}{(m-n)!\,(n-1)!}\right]p^n(1-p)^{m-n}\\ &= m(m-1)p^2 + mp\end{aligned} \tag{4}$$

したがって，標準偏差の 2 乗は

$$\sigma^2 = m(m-1)p^2 + mp - (mp)^2 = mp(1-p) \tag{5}$$

すなわち，$\sigma = \sqrt{mp(1-p)}$ となる．

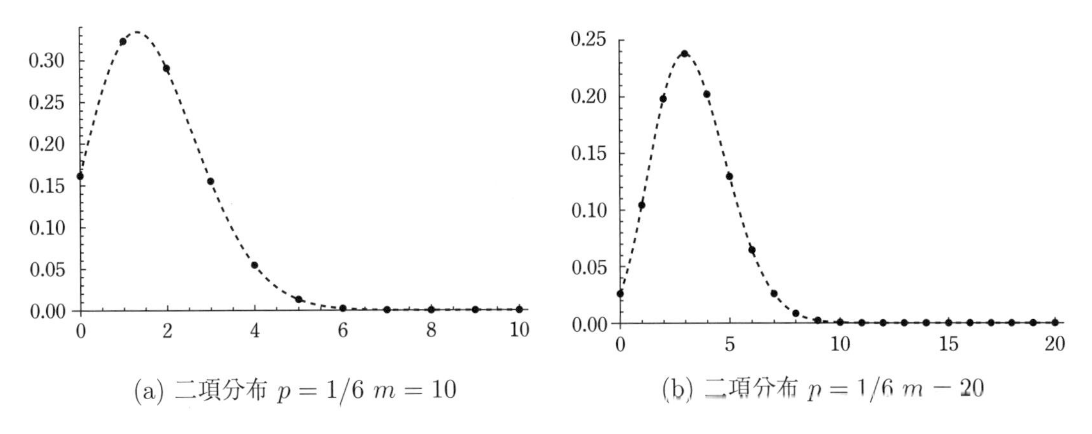

(a) 二項分布 $p = 1/6$ $m = 10$　　(b) 二項分布 $p = 1/6$ $m = 20$

図 1

図 1 は (a) $p = 1/6$ で $m = 10\,(\overline{n} = 10/6 \approx 1.67)$ と (b) $m = 20\,(\overline{n} = 20/6 \approx 3.33)$ の場合を示した．試行回数 m を十分大きくとれば，m 回の試行のうち，n 回事象の起きる確率 n/m は一定値 p に近づく．これを**大数の法則** (law of large numbers) という．

b）ポアソン分布　　二項分布で平均値 $\overline{n} = mp$ を λ と書いて，$P(n)$ を

$$P(n) = \frac{m!}{(m-n)!\,n!}\left(\frac{\lambda}{m}\right)^n\left(1-\frac{\lambda}{m}\right)^{m-n} . \tag{6}$$

と書き換え，$p \ll 1$ すなわち $n \ll m$ の極限を考えると

$$\begin{aligned} P(n) &= \frac{m(m-1)\cdots(m-n+1)}{n!}\left(\frac{\lambda}{m}\right)^n\left(1-\frac{\lambda}{m}\right)^{m-n} \\ &\to \frac{\lambda^n}{n!}\left(1-\frac{\lambda}{m}\right)^m \approx \frac{\lambda^n}{n!}\mathrm{e}^{-\lambda} \end{aligned} \tag{7}$$

これを**ポアソン分布** (Poisson distribution) という．図 2 は $\lambda = 3$ の場合を示した．

この分布の特徴は平均値 $\overline{n}$ も標準偏差の二乗 σ^2 も，以下のように λ に等しいことである．

$$\overline{n} = \sum_{n=1}^{\infty} nP(n) = \lambda, \quad \sigma^2 = \sum_{n=1}^{\infty}(n-\overline{n})^2 P(n) = \overline{n^2} - \overline{n}^2 = \lambda \tag{8}$$

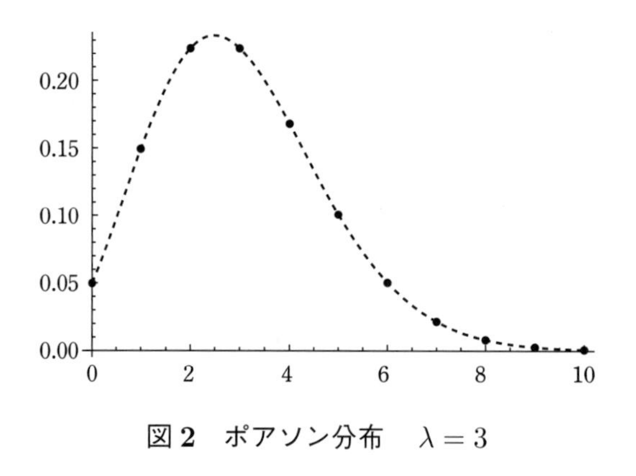

図 2　ポアソン分布　$\lambda = 3$

c）正規分布　　二項分布

$$P(n) = {}_m\mathrm{C}_n\, p^n (1-p)^{m-n} = \frac{m!}{(m-n)!\,n!} p^n q^{m-n}\ , \quad q = 1-p \tag{9}$$

で，平均値は $\overline{n} = mp$, 標準偏差は $\sigma = \sqrt{mpq}$ である．

いま，変数 t を

$$t = \frac{n - \overline{n}}{\sigma} = \frac{n - mp}{\sqrt{mpq}} \tag{10}$$

で定義すると，n の値 $0, 1, \cdots, m$ の変化に対して t の値は等間隔 $1/\sqrt{mpq}$ をもち，

$$P(t) = \frac{m!}{n!\,(m-n)!} p^n q^{m-n} \tag{11}$$

となる．m が次第に大きくなる極限を考え，$m!$, $n!$, $(m-n)!$ にスターリングの公式を適用すれば，

$$\log\left(\sqrt{2\pi} P(t) \Big/ \frac{1}{\sqrt{mpq}}\right) = -\frac{t^2}{2} + \mathcal{O}(1/\sqrt{m}) \tag{12}$$

すなわち

$$P(t) \Big/ \frac{1}{\sqrt{mpq}} \sim \frac{1}{\sqrt{2\pi}} \mathrm{e}^{-\frac{t^2}{2}} \tag{13}$$

となり，二項分布の極限が図 3 で示される**正規分布** (normal distribution) となる．

多数回の測定による測定値の分布については，本文で述べたように，ガウスによる誤差の法則がある．いまある量の測定の誤差は以下の平均値 0 の正規分布 (ガウス分布) で与えられる．

$$P(x) = \frac{1}{\sqrt{2\pi}\sigma} \mathrm{e}^{-\frac{x^2}{2\sigma^2}} \quad x = X - X_0, \quad X_0 : \text{真の値}, \quad X : \text{測定値} \tag{14}$$

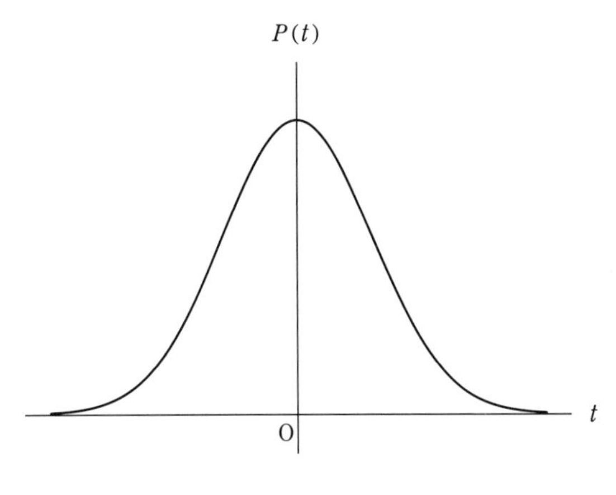

図 3　正規分布

§2　最尤法

物理量 X を n 回測定して，測定値 $X_i\,(i = 1, 2, \quad , n)$ が得られた場合，実験値は通常，平均値 $\overline{X} = \dfrac{1}{n}\displaystyle\sum_{i=1}^{n} X_i$ を採用する．このことが最も確からしい値である推定値 X_0 に等しいことを，**最尤法** (さいゆうほう，Method of Maximum Likelihood) で以下に示そう．

測定値の集団の分布は正規分布 (ガウス分布) で与えられ，中心値 (最確値) を X_0，標準偏差を σ とする．いま，i 番目の測定を行って，測定値が X_i と $X_i + \mathrm{d}X_i$ の間の値をとる確率は

$$\mathrm{d}P_i = \frac{1}{\sqrt{2\pi}\sigma} \exp\left[-\frac{(X_i - X_0)^2}{2\sigma^2}\right] \mathrm{d}X_i \tag{15}$$

で与えられる．X の最確値 X_0 と測定値 X_i との差

$$X_i - X_0 \equiv x_i \tag{16}$$

を**残差**という．すなわち，$\mathrm{d}P_i$ は

$$\mathrm{d}P_i = \frac{1}{\sqrt{2\pi}\sigma} \exp\left(-\frac{x_i^2}{2\sigma^2}\right) \mathrm{d}x_i \equiv P(x_i)\,\mathrm{d}x_i \tag{17}$$

とも書ける．

一連の測定を行って残差，$x_1, x_2, \cdots, x_n$ を得る確率は

$$P = \prod_{i=1}^{n} P(x_i)\,\mathrm{d}x_i = \left(\frac{1}{\sqrt{2\pi}\sigma}\right)^n \exp\left(-\frac{1}{2\sigma^2}\sum_{i=1}^{n} x_i^2\right) \mathrm{d}x_1 \cdots \mathrm{d}x_n \tag{18}$$

となる．X_0 が最確値 (推定値) となるためには，P が最大となる条件，すなわち残差の二乗の和

$$S = \sum_{i=1}^{n} x_i^2 = \sum_{i=1}^{n} (X_i - X_0)^2 \tag{19}$$

が最小となる条件を満足しなければならない．そのために X_0 が満たすべき条件は

$$\frac{\partial S}{\partial X_0} = 0 \tag{20}$$

すなわち

$$2\left(\sum_{i=1}^{n} X_i - nX_0\right) = 0 \qquad \text{すなわち} \quad X_0 = \frac{1}{n}\sum_{i=1}^{n} X_i \tag{21}$$

となり，最確値 X_0 は平均値 $\overline{X}$ に等しいことが示された．

§3　最小二乗法

物理量 X に対して，$Y = f(X)$ で表される物理量 Y を測定する．すなわち Y はいくつかのパラメータを含んだ X の関数で計算されるものとする．X の測定値 $x_i\,(i = 1, \cdots, n)$ に対して Y の測定値は y_i で誤差は $\sigma_i\,(i = 1, \cdots, n)$ のとき，パラメータの最も確からしい値を決めるのが，**最小二乗法** (Method of Least Squares) である．例として，y が x の一次関数

$$y = f(x) = a + bx \tag{22}$$

で表されるとしたとき，正規分布を考えると

$$P(a,b) = \prod_i P_i = \prod_i \frac{1}{\sqrt{2\pi}\sigma_i} \exp\left\{-\frac{1}{2}\sum_i \left[\frac{y_i - f(x_i)}{\sigma_i}\right]^2\right\} \tag{23}$$

パラメータ a, b を決めるには，確率分布 $P(a,b)$ を最大にすればよい．すなわち指数関数の肩の二乗和：

$$\chi^2 \equiv \sum_{i=1}^{n}\left[\frac{1}{\sigma_i^2}(y_i - a - bx_i)^2\right] \tag{24}$$

を最小にすればよい．いま，$\sigma_i =$ 一定 $\equiv \sigma$ のときは

$$S \equiv \sum_{i=1}^{n}(y_i - a - bx_i)^2 \tag{25}$$

を最小にすればよい．よってパラメータ a, b は S をこれらについて変分をとってゼロになるように決める．

$$\frac{\partial S}{\partial a} = -2\sum_{i=1}^{n}(y_i - a - bx_i) = 0 \tag{26}$$

$$\frac{\partial S}{\partial b} = -2\sum_{i=1}^{n}x_i(y_i - a - bx_i) = 0 \tag{27}$$

この連立方程式を解いて a, b を決めると

$$a = \frac{1}{\Delta}\left(\sum x_i^2 \cdot \sum y_i - \sum x_i \cdot \sum x_i y_i\right) \tag{28}$$

$$b = \frac{1}{\Delta}\left(n\sum x_i y_i - \sum x_i \cdot \sum y_i\right) \tag{29}$$

ここで，Δ は

$$\Delta = n\sum x_i^2 - \left(\sum x_i\right)^2 \tag{30}$$

で与えられ，また総和記号は特に断らない場合は $i=1$ から n までとるものとし，添字を省略した．以上のような手続きで関数形を決める手法を，**最小二乗法**という．

ここで，a,b の誤差 σ_a,σ_b について考える．16 ページの III-§2-d) 誤差伝播の法則を用いるため，式 (28) を $y_j\,(j=1,\cdots,n)$ で偏微分すると，

$$\frac{\partial a}{\partial y_j}=\frac{1}{\Delta}\left(\sum {x_i}^2-x_j\sum x_i\right) \tag{31}$$

よって，σ_a は

$$\sigma_a=\sqrt{\frac{\sigma^2}{\Delta^2}\left(\sum x_i^2-x_1\sum x_i\right)^2+\cdots+\frac{\sigma^2}{\Delta^2}\left(\sum x_i^2-x_n\sum x_i\right)^2} \tag{32}$$

$$=\frac{\sigma}{\Delta}\sqrt{n\left(\sum x_i^2\right)^2-2\sum x_i^2\cdot\left(\sum x_i\right)^2+\sum x_i^2\cdot\left(\sum x_i\right)^2} \tag{33}$$

$$=\frac{\sigma}{\Delta}\sqrt{\sum x_i^2}\cdot\sqrt{n\sum x_i^2-\left(\sum x_i\right)^2} \tag{34}$$

$$\sigma_a=\sqrt{\frac{1}{\Delta}\sum x_i^2}\cdot\sigma \tag{35}$$

同様に，式 (29) を偏微分して，σ_b を求めると，

$$\frac{\partial b}{\partial y_j}=\frac{1}{\Delta}\left(nx_j-\sum x_i\right) \tag{36}$$

$$\sigma_b=\sqrt{\frac{1}{\Delta^2}\left(nx_1-\sum x_i\right)^2\sigma^2+\cdots+\frac{1}{\Delta^2}\left(nx_n-\sum x_i\right)^2\sigma^2} \tag{37}$$

$$\sigma_b=\sqrt{\frac{n}{\Delta}}\cdot\sigma \tag{38}$$

誤差 σ について評価する．y_i は $a+bx$ のまわりで正規分布していると考えられる．n 個のデータを用いて，2 つの未知量 a,b を定めたので，独立なデータが $n-2$ 個になっていることを考慮すると，

$$\sigma\sim\sqrt{\frac{1}{n-2}\sum(y_i-a-bx_i)^2}=\sqrt{\frac{S}{n-2}} \tag{39}$$

$\sigma_i\,(i=1,\cdots,n)$ が一定の値でない場合は，χ^2 そのものを最小化させる．すなわち

$$\frac{\partial\chi^2}{\partial a}=-2\sum_{i=1}^{n}\left[\frac{1}{\sigma_i^2}(y_i-a-bx_i)\right]=0 \tag{40}$$

$$\frac{\partial\chi^2}{\partial b}=-2\sum_{i=1}^{n}\left[\frac{1}{\sigma_i^2}x_i(y_i-a-bx_i)\right]=0 \tag{41}$$

上の連立方程式を a,b について解いて

$$a=\frac{1}{\Delta}\left(\sum\frac{x_i^2}{\sigma_i^2}\cdot\sum\frac{y_i}{\sigma_i^2}-\sum\frac{x_i}{\sigma_i^2}\cdot\sum\frac{x_iy_i}{\sigma_i^2}\right) \tag{42}$$

$$b = \frac{1}{\Delta}\left(\sum \frac{1}{\sigma_i^2}\cdot\sum \frac{x_i y_i}{\sigma_i^2} - \sum \frac{x_i}{\sigma_i^2}\cdot\sum \frac{y_i}{\sigma_i^2}\right) \tag{43}$$

ここで，Δ は

$$\Delta = \sum \frac{1}{\sigma_i^2}\cdot\sum \frac{x_i^2}{\sigma_i^2} - \left(\sum \frac{x_i}{\sigma_i^2}\right)^2 \tag{44}$$

で与えられる．このように重み付きの最小二乗法で関数のパラメータを決める処方を $\boldsymbol{\chi^2}$ **fit** という．

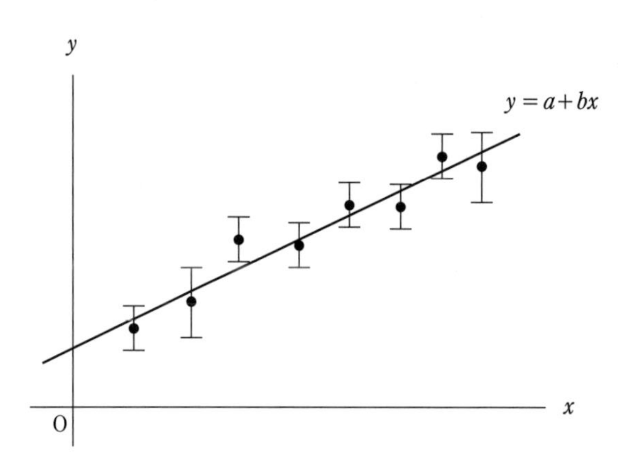

図 4　χ^2 fit

式 (35)，(38) と同様にして，誤差 σ_a, σ_b を求める．式 (42)，(43) を $y_j\ (j = 1, \cdots, n)$ で偏微分すると，

$$\frac{\partial a}{\partial y_j} = \frac{1}{\Delta}\left(\frac{1}{\sigma_j^2}\sum \frac{x_i^2}{\sigma_i^2} - \frac{x_j}{\sigma_j^2}\sum \frac{x_i}{\sigma_i^2}\right) \tag{45}$$

$$\frac{\partial b}{\partial y_j} = \frac{1}{\Delta}\left(\frac{x_j}{\sigma_j^2}\sum \frac{1}{\sigma_i^2} - \frac{1}{\sigma_j^2}\sum \frac{x_i}{\sigma_i^2}\right) \tag{46}$$

よって，σ_a, σ_b は

$$\sigma_a = \sqrt{\frac{1}{\Delta}\sum \frac{x_i^2}{\sigma_i^2}} \qquad \sigma_b = \sqrt{\frac{1}{\Delta}\sum \frac{1}{\sigma_i^2}} \tag{47}$$

参考文献

[1] 吉川泰三編「物理学実験」(学術図書出版社)

[2] Philip Bevington, D. Keith Robinson,
"Data Reduction and Error Analysis for the Physical Sciences"
McGraw-Hill Education; 3rd edition (July 23, 2002).

付　録　2

（おもに理科年表による）

付 1　ギリシャ文字

文字	名　称	文字	名　称	文字	名　称
A, α	Alpha	I, ι	Iota	P, ρ	Rho
B, β	Beta	K, κ	Kappa	$\varSigma$, σ	Sigma
$\varGamma$, γ	Gamma	$\varLambda$, λ	Lambda	T, τ	Tau
$\varDelta$, δ	Delta	M, μ	Mu	$\varUpsilon$, υ	Upsilon
E, ε	Epsilon	N, ν	Nu	$\varPhi$, ϕ	Phi
Z, ζ	Zeta	$\varXi$, ξ	Xi	X, χ	Chi
H, η	Eta	O, o	Omicron	$\varPsi$, ψ	Psi
$\varTheta$, θ	Theta	$\varPi$, π	Pi	$\varOmega$, ω	Omega

付 2　基礎物理定数

名称と記号		数　　値	単　　位
真空中の光速度	c	$2.997\,924\,58 \times 10^{8}$	$\mathrm{m \cdot s^{-1}}$
万有引力定数	G	$6.674\,30(15) \times 10^{-11}$	$\mathrm{N \cdot m^2 \cdot kg^{-2}}$
電子の質量	m_e	$9.109\,383\,701\,5(28) \times 10^{-31}$	kg
陽子の質量	m_p	$1.672\,621\,923\,69(51) \times 10^{-27}$	kg
原子質量単位	u	$1.660\,539\,066\,60(50) \times 10^{-27}$	kg
素　電　荷	e	$1.602\,176\,634 \times 10^{-19}$	C
プランク定数	h	$6.626\,070\,15 \times 10^{-34}$	$\mathrm{J \cdot s}$
	$\hbar = h/2\pi$	$1.054\,571\,817 \times 10^{-34}$	$\mathrm{J \cdot s}$
ボルツマン定数	k_B	$1.380\,649 \times 10^{-23}$	$\mathrm{J \cdot K^{-1}}$
アボガドロ定数	N_A	$6.022\,140\,76 \times 10^{23}$	$\mathrm{mol^{-1}}$
真空の誘電率	ε_0 $(= 1/\mu_0 c^2)$	$8.854\,187\,812\,8(13) \times 10^{-12}$	$\mathrm{F \cdot m^{-1}}$
真空の透磁率	μ_0	$1.256\,637\,062\,12(19) \times 10^{-6}$	$\mathrm{H \cdot m^{-1}}$

付3　単位とその換算表

a）　基本単位　SI（Système international d'unités）単位系は1961年より施行され，科学や工学だけでなく日常生活において広く使われている国際標準単位系である．これまでは，メートル原器やキログラム原器のように人工物が使われていたこともあったが，2019年5月20日より，基礎物理定数や量子現象に基づいて定める新しいSI単位系が施行された．用いられる基礎物理定数は，光速度 c，プランク定数 h，電気素量 e，ボルツマン定数 k_B，アボガドロ数 N_A である．量子現象としては，Cs原子における超微細準位間（$F = 4$，$M = 0$ および $F = 3$，$M = 0$）の遷移が利用されている．基本単位の定義は以下の通りである．

時間　秒（second，s）は，外場のない非摂動下にある ^{133}Csの2つの超微細準位間の遷移による放射の周波数が $\Delta\nu_{Cs} = 9\,192\,631\,770\ s^{-1}$ となるように決めた時間の単位である．1 sは ^{133}Csの超微細準位間の遷移による放射の9 192 631 770周期分の時間である．

長さ　メートル（metre，m）は，真空中の光の速さが $c = 299\,792\,458\ m\ s^{-1}$ となるように決めた長さの単位である．1 mは光が真空中で1/(299 792 458) sの間に進む距離である．

質量　キログラム（kilogram，kg）は，プランク定数 h の値を $6.626\,070\,15 \times 10^{-34}\ kg\ m^2\ s^{-1}$ と定めることによって定義される．1 kgは，質量とエネルギーの等価性を表すアインシュタインの式 $E = mc^2$ と対応する光子のエネルギーを用いて，$(299\,792\,458)^2/(6.626\,070\,15 \times 10^{-34})\ s^{-1}$ の振動数をもつ光子のエネルギーと等価な物体の質量である．

電流　アンペア（ampere，A）は，電気素量（電子の電荷の絶対値）が $e = 1.602\,176\,634 \times 10^{-19}\ A\ s$ となるように決めた電流の単位である．1 Aは1秒間に $1/(1.602\,176\,634 \times 10^{-19})$ 個の電気素量が流れるときの電流量である．

温度　ケルビン（kelvin，K）は，熱力学的温度を表す単位であり，$k_B = 1.380\,649 \times 10^{-23}\ J\ K^{-1}$ となることにより定義される．1 Kは，$1.380\,649 \times 10^{-23}$ Jだけの熱エネルギー k_BT の変化をもたらす熱力学的温度の変化分である．

物質の量　1モル（mole，mol）は，$6.022\,140\,76 \times 10^{23}$ 個の構成要素を含む物質の集団である．この数をアボガドロ数といい，$N_A = 6.022\,140\,76 \times 10^{23}\ mol^{-1}$ をアボガドロ定数という．構成要素は原子，分子，イオン，電子，その他の粒子またはこの種の粒子の特定の系の集合体であってもよい．

光度　1カンデラ（candela，cd）は，周波数 540×10^{12} Hzの単色放射を放出し所定の方向の放射強度が $1/683\ W \cdot sr^{-1}$ である光源の，その方向における光度である．

c）単位の10の整数乗倍の接頭語

名　　称	記号	大きさ	名　　称	記号	大きさ
エクサ（exa）	E	10^{18}	デシ（deci）	d	10^{-1}
ペタ（peta）	P	10^{15}	センチ（centi）	c	10^{-2}
テラ（tera）	T	10^{12}	ミリ（milli）	m	10^{-3}
ギガ（giga）	G	10^{9}	マイクロ（micro）	μ	10^{-6}
メガ（mega）	M	10^{6}	ナノ（nano）	n	10^{-9}
キロ（kilo）	k	10^{3}	ピコ（pico）	p	10^{-12}
ヘクト（hecto）	h	10^{2}	フェムト（femto）	f	10^{-15}
デカ（deca）	da	10	アト（atto）	a	10^{-18}

（注）　合成した接頭語は用いない．質量の単位の10の整数倍の名称は，“グラム”に接頭語をつけて構成する．

d) 単位の換算表

量	SI単位		CGS単位	その他の単位
	名　称	記号と定数		
長　さ	メートル	$1\,\mathrm{m}$	$= 10^2\,\mathrm{cm}$	$= 10^{10}$ Å オングトストローム
体　積	立方メートル	$1\,\mathrm{m}^3$	$= 10^6\,\mathrm{cm}^3$ (cc)	$= 10^3\,l$ リットル
質　量	キログラム	$1\,\mathrm{kg}$	$= 10^3\,\mathrm{g}$	$= 10^{-3}\,\mathrm{t}$ トン
力	ニュートン	$1\,\mathrm{N}$ $= 1\,\mathrm{kg\cdot m/s^2}$	$= 10^5\,\mathrm{dyn}$ ダイン	$= (9.806\,65)^{-1}\,\mathrm{kgf}$ キログラム重
圧力，応力	パスカル	$1\,\mathrm{Pa} = 1\,\mathrm{N/m^2}$	$= 10\,\mathrm{dym/cm^2}$	$= 10^{-5}$ bar バール $= (101\,325)^{-1}$ atm 気圧 $= (760/101\,325)\,\mathrm{mmHg}$
エネルギー，仕事，熱量	ジュール	$1\,\mathrm{J} = 1\,\mathrm{N\cdot m}$	$= 10^7\,\mathrm{erg}$ エルグ	$= (1.602\,176\,634)^{-1} \times 10^{19}\,\mathrm{eV}$ 電子ボルト $= (4.184)^{-1}$ cal カロリー（計量法）
仕事率	ワット	$1\,\mathrm{W} = 1\,\mathrm{J/s}$		
温　度	ケルビン	$1\,\mathrm{K}$		$0\,\mathrm{K} = -273.15\,^\circ\mathrm{C}$
周波数	ヘルツ	$\mathrm{Hz} = 1/\mathrm{s}$		
	SI単位（有理MKSA）		CGS静電単位*	CGS電磁単位*
電　流	アンペア	$1\,\mathrm{A}$	$= c \times 10^{-1}$**	$= 10^{-1}$
電　荷	クーロン	$1\,\mathrm{C} = 1\,\mathrm{A\cdot s}$	$= c \times 10^{-1}$	$= 10^{-1}$
電位差，起電力	ボルト	$1\,\mathrm{V} = 1\,\mathrm{W/A}$	$= c^{-1} \times 10^8$	$= 10^8$
電束密度		$1\,\mathrm{C/m^2}$	$= 4\pi c \times 10^{-5}$	$= 4\pi \times 10^{-5}$
電場の強さ		$1\,\mathrm{V/m}$	$= c^{-1} \times 10^6$	$= 10^6$
電気抵抗	オーム	$1\,\Omega = 1\,\mathrm{V/A}$	$= c^{-2} \times 10^9$	$= 10^9$
コンダクダンス	ジーメンス	$1\,\mathrm{S} = 1/\Omega$	$= c^2 \times 10^{-9}$	$= 10^{-9}$
電気容量	ファラド	$1\,\mathrm{F} = 1\,\mathrm{C/V}$	$= c^2 \times 10^{-9}$	$= 10^{-9}$
誘電率		$1\,\mathrm{F/m}$	$= 4\pi c^2 \times 10^{-11}$	$= 4\pi \times 10^{-11}$
磁　束	ウェーバー	$1\,\mathrm{Wb} = 1\,\mathrm{V\cdot s}$	$= c^{-1} \times 10^8$	$= 10^8$ Mx マクスウェル
磁場の強さ		$1\,\mathrm{A/m}$	$= 4\pi c \times 10^{-3}$	$= 4\pi \times 10^{-3}$ Oe エルステッド
磁束密度	テスラ	$1\,\mathrm{T} = 1\,\mathrm{Wb/m^2}$	$= c^{-1} \times 10^4$	$= 10^4$ G ガウス
インダクタンス	ヘンリー	$1\,\mathrm{H} = 1\,\Omega\cdot\mathrm{s}$	$= c^{-2} \times 10^9$	$= 10^9$
透磁率		$1\,\mathrm{H/m}$	$= (4\pi c^2)^{-1} \times 10^7$	$= (4\pi)^{-1} \times 10^7$

*　ガウス単位系は，電気的量はCGS静電単位，磁気的量はCGS電磁単位を用いる．

**　$c = 2.997\,924\,58 \times 10^{10}$

付 4　元素の密度（g/cm^3）（20 °C）

元　　素	記号	密度	元　　素	記号	密度
亜鉛	Zn	7.14	タンタル	Ta	16.64
アルミニウム	Al	2.69	炭素（ダイヤモンド）	C	3.51
アンチモン	Sb	6.69	炭素（石墨）	C	2.26
硫黄	S	2.07	チタン	Ti	4.54
インジウム	In	7.31	鉄	Fe	7.86
ウラン	U	18.7	銅	Cu	8.93
カドミウム	Cd	8.65	トリウム	Th	11.5
カリウム	K	0.86	ナトリウム	Na	0.97
カルシウム	Ca	1.55	鉛	Pb	11.34
金	Au	19.32	ニッケル	Ni	8.90
銀	Ag	10.50	白金	Pt	21.4
クロム	Cr	7.20	バリウム	Ba	3.6
ゲルマニウム	Ge	5.35	ビスマス	Bi	9.80
コバルト	Co	8.8	ヒ素	As	5.73
臭素（液）	Br	3.12	ベリリウム	Be	1.84
シリコン	Si	2.33	ホウ素（無定形）	B	2.5
ジルコニウム	Zr	6.53	マグネシウム	Mg	1.74
水銀（液）	Hg	13.55	マンガン	Mn	7.42
スズ（白）	Sn	7.31	モリブデン	Mo	10.23
スズ（灰）	Sn	5.75	ヨウ素	I	4.94
ストロンチウム	Sr	2.62	リチウム	Li	0.53
セシウム	Cs	1.87	リン（黄）	P	1.83
セレン（灰）	Se	4.82	リン（赤）	P	2.35
セレン（赤）	Se	4.42	ルビジウム	Rb	1.53
タングステン	W	19.24	ロジウム	Rh	12.41

付 5　水の密度（g·cm^{-3}）

温度（°C）	0	1	2	3	4	5	6	7	8	9
	0.	0.	0.	0.	0.	0.	0.	0.	0.	0.
0	99984	99990	99994	99996	99997	99996	99994	99990	99985	99978
10	99970	99961	99949	99938	99924	99910	99894	99877	99860	99841
20	99820	99799	99777	99754	99730	99704	99678	99651	99623	99594
30	99565	99534	99503	99470	99437	99403	99368	99333	99297	99259
40	99222	99183	99144	99104	99063	99021	98979	98936	98893	98849
50	98804	98758	98712	98665	98618	98570	98521	98471	98422	98371
60	98320	98268	98216	98163	98110	98055	98001	97946	97890	97834
70	97777	97720	97662	97603	97544	97485	97425	97364	97303	97242
80	97180	97117	97054	96991	96927	96862	96797	96731	96665	96600
90	96532	96465	96397	96328	96259	96190	96120	96050	95979	95906

付 6　水銀の密度（g/cm³）

温度（°C）	0°	1°	2°	3°	4°	5°	6°	7°	8°	9°
0°	13.5951	.5926	.5902	.5877	.5852	.5828	.5803	.5778	.5754	.5729
10	13.5705	.5680	.5655	.5631	.5606	.5582	.5557	.5533	.5508	.5483
20	13.5459	.5434	.5410	.5385	.5361	.5336	.5312	.5287	.5263	.5238
30	13.5214	.5189	.5165	.5141	.5116	.5092	.5067	.5043	.5018	.4994
40	13.4970	.4945	.4921	.4896	.4872	.4848	.4823	.4799	.4774	.4750
50	13.4726	.4701	.4677	.4653	.4628	.4604	.4580	.4555	.4531	.4507
60	13.4483	.4458	.4434	.4410	.4385	.4361	.4337	.4313	.4288	.4264
70	13.4240	.4216	.4191	.4167	.4143	.4119	.4095	.4070	.4046	.4022
80	13.3998	.3974	.3949	.3925	.3901	.3877	.3853	.3829	.3804	.3780
90	13.3756	.3732	.3708	.3684	.3660	.3635	.3611	.3587	.3563	.3539

温度	密度	温度	密度	温度	密度	温度	密度	温度	密度	温度	密度
−38.9°	13.692	100°	13.352	150°	13.232	200°	13.113	250°	12.994	300°	12.875
−30	670	110	328	160	208	210	089	260	970	310	851
−20	645	120	304	170	184	220	065	270	946	320	827
−10	620	130	280	180	160	230	041	280	922	330	803
0	595	140	256	190	137	240	018	290	899	357	737

付 7　各地の重力加速度 g（m/s²）

地　名	北　緯	g	地　名	北　緯	g
旭　川	43° 46′	9.805 22	浜　松	34° 42′	9.797 35
仙　台	38　15	9.800 65	福　岡	33　36	9.796 29
東　京	35　39	9.797 63	鹿児島	31　36	9.794 72
京　都	35　2	9.797 08	那　覇	26　14	9.790 99

付 8　水の粘性係数（Pa·s = (N/m²)·s = kg/(m·s) = 10 g/(cm·s) = 10 Poise）

温度（°C）	η	温度（°C）	η	温度（°C）	η
0	1.792×10^{-3}	25	0.890×10^{-3}	60	0.467×10^{-3}
10	1.307	30	0.797	70	0.404
15	1.138	40	0.653	80	0.355
20	1.002	50	0.548	90	0.315

付 9　弾性定数（$Pa = N/m^2$）

物　　質	ヤング率	剛性率	ポアソン比	体積弾性率
	$\times 10^{10}$	$\times 10^{10}$		$\times 10^{10}$
亜鉛	10.84	4.34	0.249	7.20
アルミニウム	7.03	2.61	0.345	7.55
インバール[1]	14.40	5.72	0.259	9.94
ガラス（クラウン）	7.13	2.92	0.22	4.12
ガラス（フリント）	8.01	3.15	0.27	5.76
金	7.8	2.7	0.44	21.7
銀	8.27	3.03	0.367	10.36
コンスタンタン	16.24	6.12	0.327	15.64
黄銅（真鍮）[2]	10.06	3.73	0.350	11.18
スズ	4.99	1.84	0.357	5.82
青銅（鋳）[3]	8.08	3.43	0.358	9.52
石英（溶融）	7.31	3.12	0.170	3.69
ジュラルミン	7.15	2.67	0.335	—
タングステンカーバイド	53.44	21.90	0.22	31.90
チタン	11.57	4.38	0.321	10.77
鉄（軟）	21.14	8.16	0.293	16.98
鉄（鋳）	15.23	6.00	0.27	10.95
鉄（鋼）	20.1—21.6	7.8—8.4	0.28—0.30	16.5—17.0
銅	12.98	4.83	0.343	13.78
ナイロン-6,6	0.12—0.29	—	—	—
鉛	1.61	0.559	0.44	4.58
ニッケル	19.9—22.0	7.6—8.4	0.30—0.31	17.7—18.8
白金	16.80	6.10	0.377	22.80
ポリエチレン	0.076	0.026	0.458	—
ポリスチレン	0.383	0.143	0.340	0.400
マンガニン[4]	12.4	4.65	0.329	12.1
木材（チーク）	1.3	—	—	—
洋銀[5]	13.25	4.97	0.333	13.20
リン青銅[6]	12.0	4.36	0.38	—

1) 36 Ni, 63.8 Fe, 0.2 C　2) 70 Cu, 30 Zn　3) 85.7 Cu, 7.2 Zn, 6.4 Sn　4) 84 Cu, 12 Mn, 4 Ni　5) 55 Cu, 18 Ni, 27 Zn　6) 92.5 Cu, 7 Sn, 0.5 P

付 10　元素の融点および沸点（1 気圧）

元素	融点（°C）	沸点（°C）	元素	融点（°C）	沸点（°C）
亜鉛	419.58	903	セレン（灰色）	220.2	684.9
アルミニウム	660.4	2486	タングステン	3387	5927
硫黄（斜方）	112.8	444.6	炭素（黒鉛）	約 3600	4918
硫黄（単斜Ⅰ）	119.0		チタン	1675	3262
インジウム	156.63	約 2000	窒素	−209.86	−195.8
カドミウム	321.1	764.3	鉄	1535	2754
カリウム	63.65	765.5	銅	1084.5	2580
金	1064.43	2710	ナトリウム	97.81	881
銀	961.93	2184	鉛	327.5	1750
クロム	1890	2212	ニッケル	1455	2731
ゲルマニウム	959	2691	白金	1772	3827
コバルト	1494	2747	ビスマス	271.4	1640
酸素	−218.4	−182.97	ヘリウム（26 気圧）	−272.2	−268.9
臭素	−7.2	57.9	ベリリウム	1278	2399
シリコン	1414	2642	マグネシウム	651	1097
水銀	−38.86	356.7	モリブデン	2610	4804
水素	−259.14	−252.8	ヨウ素	113.6	182.8
スズ	231.97	2270	リン（黄）	44.1	279.8

付 11　元素のスペクトル（nm = 10^{-9} m）

H	Li	Na	Cd	Hg
656.285	670.786	616.076	643.847	690.716
486.133	610.36	615.423	635.993	671.617
434.047	460.20	589.592	632.519	623.437
410.174		588.995	611.152	589.016
He	Ne	568.822	563.726	579.065
		498.285	515.468	576.959
706.519	650.653	497.851	508.582	546.074
667.815	640.225	K	488.173	535.405
587.562	638.299		479.992	491.604
501.568	626.650	769.898	467.815	435.835
492.193	621.728	766.491	466.235	407.781
471.314	614.306	404.722	441.463	404.656
447.148	588.190	404.414		

付 12　クロメル-アルメル熱電対の起電力

（基準接合点の温度 0 °C，単位 mV：JIS 規格）

温度（°C）	起電力	温度（°C）	起電力	温度（°C）	起電力
−250	−6.404	50	2.022	400	16.395
−200	−5.891	100	4.095	500	20.640
−150	−4.912	150	6.137	600	24.902
−100	−3.553	200	8.137	800	33.277
−50	−1.889	250	10.151	1000	41.269
0	0	300	12.207	1300	52.398

付 13　乾湿計用湿度表

湿球が氷結していないとき

乾球（t）	乾球と湿球との差（$t-t'$）																				
	0.0	0.5	1.0	1.5	2.0	2.5	3.0	3.5	4.0	4.5	5.0	5.5	6.0	6.5	7.0	7.5	8.0	8.5	9.0	9.5	10.0
40	100	97	94	91	88	85	82	79	76	73	71	68	66	63	61	58	56	53	51	49	47
35	100	97	93	90	87	83	80	77	74	71	68	65	63	60	57	55	52	49	47	44	42
30	100	96	92	89	85	82	78	75	72	68	65	62	59	56	53	50	47	44	41	39	36
25	100	96	92	88	84	80	76	72	68	65	61	57	54	51	47	44	41	38	34	31	28
20	100	95	91	86	81	77	73	68	64	60	56	52	48	44	40	36	32	29	25	21	18
15	100	95	89	84	78	73	68	63	58	53	48	44	39	34	30	25	21	16	12	8	4
10	100	93	87	81	74	68	62	56	50	44	38	32	27	21	16	10	5				
5	100	92	84	76	68	60	53	46	38	31	24	16	9	2							
0	100	90	80	70	60	50	40	31	21	12	3										
− 5	100	87	74	61	48	35	22	9													
−10	100	82	64	47	29	12															

湿球が氷結しているとき

乾球（t）	乾球と湿球との差（$t-t'$）										
	0.0	0.5	1.0	1.5	2.0	2.5	3.0	3.5	4.0	4.5	5.0
0	100	90	80	71	61	52	43	34	25	16	8
−5	95	83	71	59	47	35	23	12			
−10	91	74	58	42	26	11					
−15	86	64	42	20							
−20	82	50	19								

ぶつりがくじっけん
物理学実験

1987 年 3 月　第 1 版　第 1 刷　発行
2024 年 3 月　第 1 版　第 39 刷　発行

編　者　京都大学大学院人間·環境学研究科 物質科学講座
京都大学国際高等教育院 物理学部会
発 行 者　発 田 和 子
発 行 所　株式会社　学術図書出版社
〒113−0033　東京都文京区本郷 5 丁目 4 の 6
TEL 03−3811−0889　振替　00110−4−28454
印刷　三美印刷 (株)

定価は表紙に表示してあります.

同期設定部

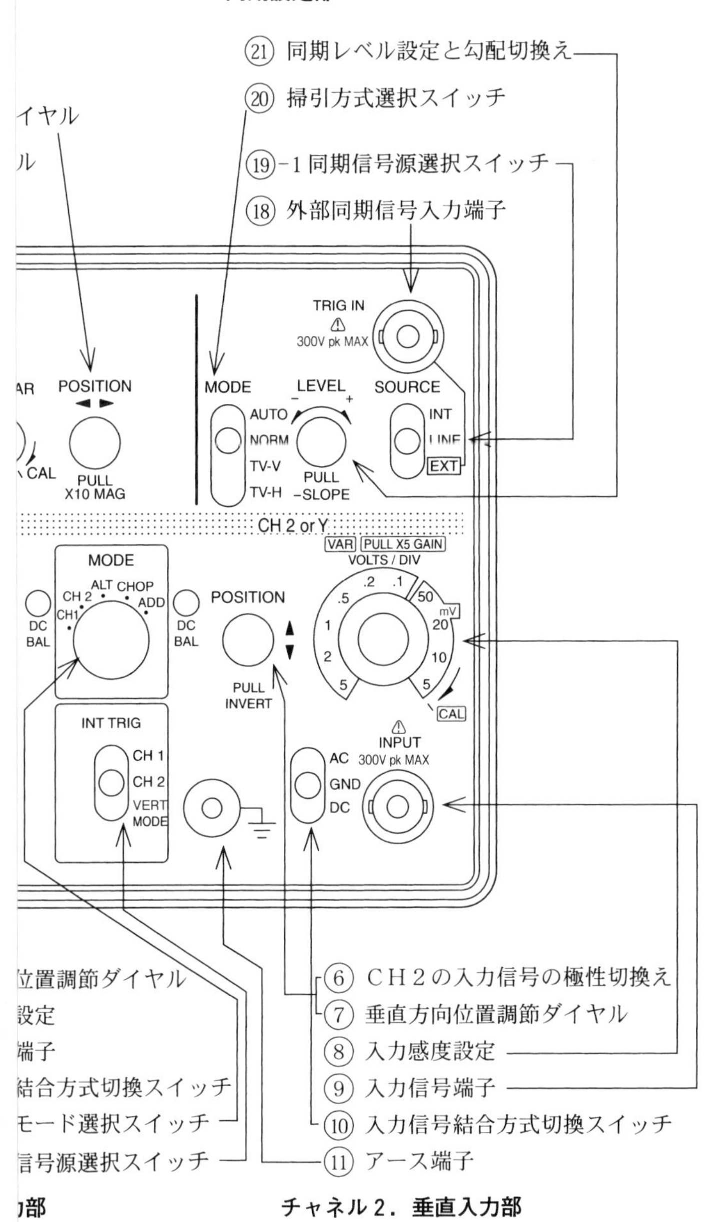

チャネル2．垂直入力部

前面パネル

折込

実験12「光電効果によるプランク定数の測定」用グラフ

実験12「光電効果によるプランク定数の測定」用グラフ

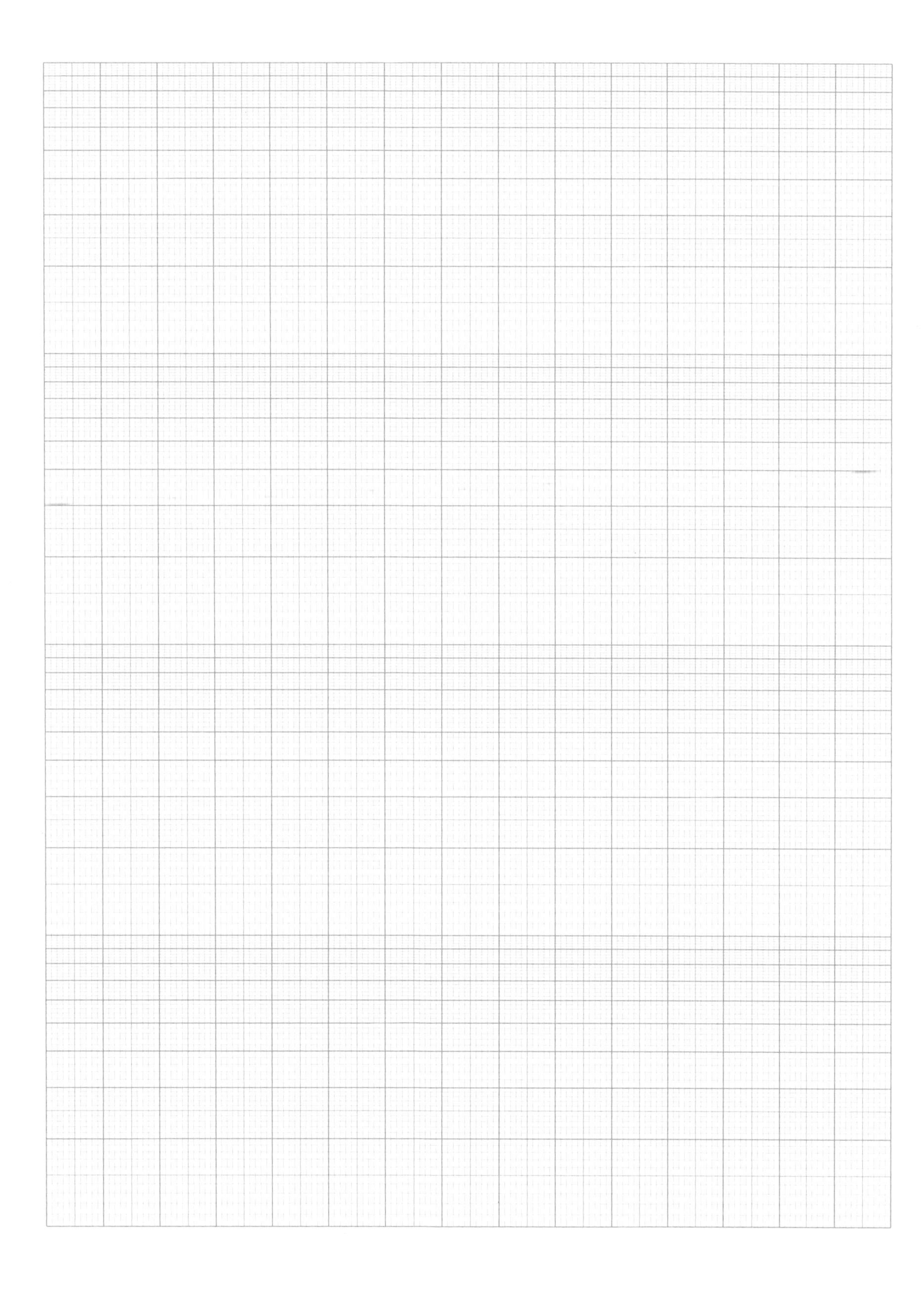

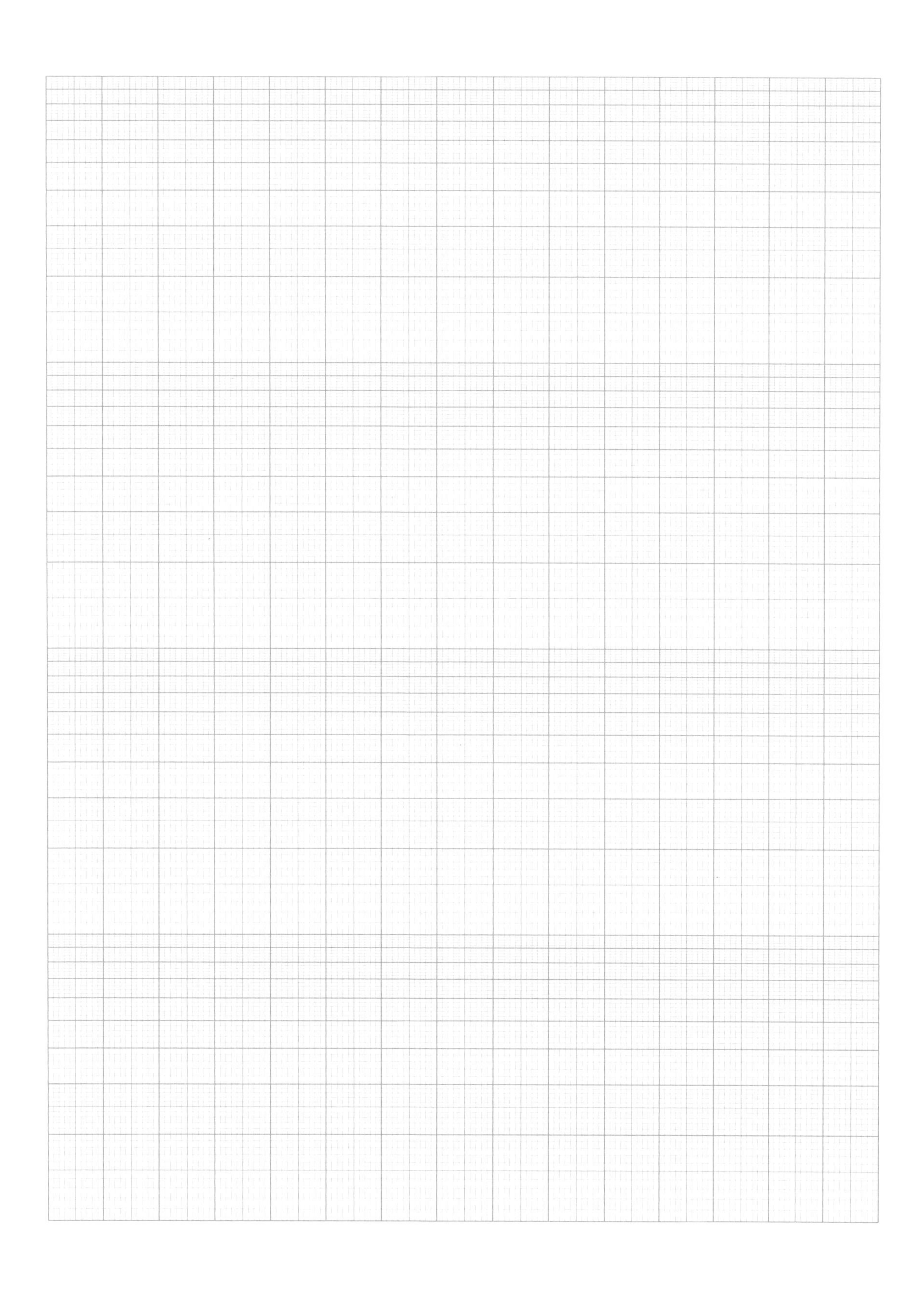